Jichu Gongcheng

基础工程

（第三版）

陈方晔　主　编

盛　湧　副主编

赵明华 ［湖南大学］　主　审

詹建辉 ［湖北省交通规划设计院］

人民交通出版社股份有限公司

China Communications Press Co.,Ltd.

内 容 提 要

本书为"十二五"职业教育国家规划教材,在第二版内容的基础上进行了全面修订。本书共有六章,分别为导论、天然地基上的浅基础、桩基础、沉井基础、软弱地基处理、特殊地基处理。

本书可作为高等职业院校交通土建专业及相关专业教材,也可作为相关施工技术人员的参考用书。

图书在版编目(CIP)数据

基础工程/陈方晔主编. —3 版. —北京:人民
交通出版社股份有限公司,2015.5
"十二五"职业教育国家规划教材
ISBN 978-7-114-12108-1

Ⅰ.①基… Ⅱ.①陈… Ⅲ.①基础(工程)—高等职业
教育—教材 Ⅳ.①TU47

中国版本图书馆 CIP 数据核字(2015)第 042497 号

"十二五"职业教育国家规划教材

书　　　名	**基础工程(第三版)**
著 作 者	陈方晔
责任编辑	卢仲贤　任雪莲
出版发行	人民交通出版社股份有限公司
地　　　址	(100011)北京市朝阳区安定门外外馆斜街 3 号
网　　　址	http://www.ccpress.com.cn
销售电话	(010)59757973
总 经 销	人民交通出版社股份有限公司发行部
经　　　销	各地新华书店
印　　　刷	北京印匠彩色印刷有限公司
开　　　本	787×1092　1/16
印　　　张	10.75
字　　　数	245 千
版　　　次	2002 年 8 月　第 1 版 2008 年 7 月　第 2 版 2015 年 6 月　第 3 版
印　　　次	2023 年 1 月　第 6 次印刷　总第 29 次印刷
书　　　号	ISBN 978-7-114-12108-1
定　　　价	26.00 元

(有印刷、装订质量问题的图书由本公司负责调换)

第三版前言

本教材第二版于 2008 年 7 月出版,系教育部"普通高等教育'十一五'国家级规划教材"。

根据 2013 年 8 月教育部《关于"十二五"职业教育国家规划教材选题立项的函》[教职成司函(2013)184 号],本教材获得"十二五"职业教育国家规划教材选题立项。

本教材编写人员在认真学习领会《教育部关于"十二五"职业教育教材建设的若干意见》(教职成[2012]9 号)、《高等职业学校专业教学标准(试行)》、《关于开展"十二五"职业教育国家规划教材选题立项工作的通知》(教职成司函[2012]237 号)等有关文件的基础上,结合当前高等职业教育发展和公路行业发展的实际情况,对第二版作了全面修订,形成了本教材第三版。2014 年 8 月,本教材被教育部正式评定为"十二五"职业教育国家规划教材。

本课程是交通土建专业学生必修的专业基础课,为了保证相关知识的系统性和完整性,使学生掌握比较扎实的理论知识和计算方法,本次教材的修订没有改变原第二版的篇章结构。

此次修订的主要内容有:

(1)完全贯彻公路行业最新技术标准或规范。采用交通运输部颁布的《公路桥涵施工技术规范》(JTG/T F50—2011)对本教材第二版的部分章节进行了更新。

(2)认真复核了第二版中的算例,对存在的疏漏进行了更正。

(3)继续聘请行业专家学者全面参与本教材的审定。湖南大学赵明华教授和湖北省交通规划设计院詹建辉(教授级高工)继续担任本教材主审,从工程管理理论和工程实践两个方面把关。在此表示感谢!

本教材第三版由湖北交通职业技术学院陈方晔教授担任主编,四川交通职业技术学院盛涌副教授任副主编。本书由陈方晔编写第一章,湖北交通职业技术学院刘德品编写第二章,湖北交通职业技术学院黄新明编写第三章,青海交通职业技术学院莫延英编写第四章,许华章、陈方晔编写第五章,盛涌编写第六章。

湖北交通职业技术学院黄新明、刘唐、代文清副教授为本教材制作了教学课件。

由于编者水平有限,再加上时间仓促,书中谬误及疏漏之处在所难免,敬请读者给予批评指正。

编　者

2014 年 10 月

第二版前言

本教材第一版于 2002 年 8 月出版。经过全国各交通职业院校近 6 年时间的教学实践检验,本书得到了相关院校师生的肯定与好评。2006 年,本教材被教育部评选为"普通高等教育'十一五'国家级规划教材"。随着我国公路建设的快速发展,地基与基础的设计与施工方法有了很大的进步与发展,因此本书的内容亦亟待更新。

2007 年 11 月,新出版了《公路桥涵地基与基础设计规范》(JTG D63—2007),在部分内容上对旧规范进行了修订。针对以上情况,在全国交通土建高职高专规划教材编审委员会的统一协调下,根据"十一五"国家级规划教材的编写要求,在充分吸取各使用院校和工程单位意见的基础上对本书进行了重新编写。2007 年 4 月,交通土建高职高专规划教材编审委员会在湖南交通职业技术学院召开"'十一五'国家级规划教材编写工作会议",会议对所属专业的教材编写工作提出了新的要求。

本书是根据《基础工程》教材编写大纲并参考《基础工程》课程基本要求编写的。全书共分六章,分别叙述了基础工程设计所需的基本资料及其设计特点、扩大基础的设计与施工、桩基础的设计与施工、沉井基础的设计与施工、地基加固、特殊地基及地震地区的基础工程等内容。

本书除了对一些基本概念着重叙述以外,对常见基础的设计计算理论与方法也作了详细介绍。为便于学生掌握所学内容,针对每一章的特点,编写了详细、典型的例题,并在每章后附有思考题与习题。

本书由湖北交通职业技术学院陈方晔编写第一章,刘德品编写第二章,黄新明、刘德品编写第三章,青海交通职业技术学院莫延英编写第四章,许华章、陈方晔编写第五章,四川交通职业技术学院盛涌编写第六章。全书由陈方晔、盛涌主编,湖北省交通规划设计院詹建辉教授级高工、湖南大学赵明华教授主审。

由于编写时间和编写水平有限,本书缺点及不当之处在所难免,敬请读者批评指正。

编　者
2007 年 5 月

第一版前言

本教材是根据交通职业技术教育路桥工程学科委员会高职教材建设联络组于2001年7月在昆明会议上作出的要求而编写的。按照高职教育人才培养模式的基本特征：以培养高等技术应用型专门人才为根本任务；以适应社会需要为目标，以培养技术应用能力为主线设计学生的知识、能力、素质结构和培养方案，具有基础理论适度、技术应用能力强、知识面较宽、素质高等特点；以"应用"为主旨和特征构建课程和教学内容体系。在编写过程中，对全书内容的权衡取舍，作了详细的斟酌，力求符合"路桥专业高职教材编审原则"。

本书编写具体情况为：第一章、第五章由安徽交通职业技术学院杨爱武编写；第二章由湖北交通职业技术学院陈晏松编写；第三章由陕西交通职业技术学院杨俊明编写；第四章、第六章由吉林交通职业技术学院张求书编写。全书由陈晏松主编，由王经羲（安徽交通职业技术学院）主审。

本教材定稿前于2002年7月在安徽交通职业技术学院召开了审稿会，参加审稿会的有王经羲、陈晏松、杨爱武老师。

考虑到地区性差异及各院校具体情况不同，授课过程中教师可对书中内容进行适当增删。

本教材在编写过程中，得到了人民交通出版社卢仲贤、安徽交通职业技术学院俞高明、陕西交通职业技术学院程兴新、吉林交通职业技术学院张洪滨的指导和帮助，同时附于书末的参考书目作者们对本书完成给予了巨大的支持，在此一并衷心致谢。

限于编者水平及能力，书中错误和不足在所难免，恳请读者提出宝贵意见。

编　者
2002 年 7 月

目　录

第一章 导 论

第一节 概 述

任何建筑物都建造在一定的地层上,建筑物的全部作用都由它下面的地层来承担。受建筑物影响的那一部分地层称为地基,建筑物与地基接触的部分称为基础。桥梁上部结构为桥跨结构,而下部结构包括桥墩、桥台及其基础,如图 1-1 所示。基础工程包括建筑物的地基与基础的设计与施工。

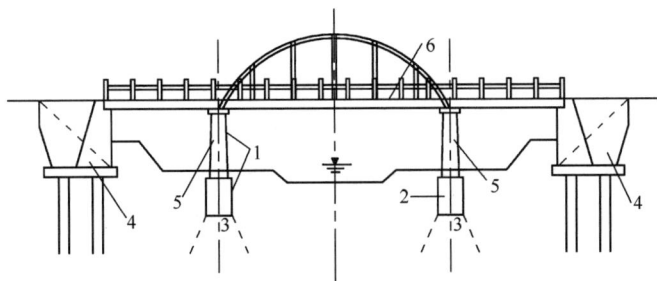

图 1-1 桥梁结构立面示意图
1-下部结构;2-基础;3-地基;4-桥台;5-桥墩;6-上部结构

地基与基础在各种作用下将产生附加应力和变形。为了保证建筑物的正常使用与安全,地基与基础必须具有足够的强度和稳定性,变形也应在允许范围之内。根据地层变化情况、上部结构的要求、作用特点和施工技术水平,可采用不同类型的地基和基础。

地基可分为天然地基与人工地基。未经人工处理就可以满足设计要求的地基称为天然地基。如果天然地层土质过于软弱或存在不良工程地质问题,需要经过人工加固或处理后才能修筑基础,这种地基称为人工地基。

基础根据埋置深度的不同分为浅基础和深基础。通常将埋置深度较浅,且施工简单的基础称为浅基础。若浅层土质不良,需将基础置于较深的良好土层上,且施工较复杂的基础称为深基础。基础埋置在土层内深度虽较浅,但在水下部分较深,如深水中桥墩基础,称为深水基础。桥梁及各种人工构造物常采用天然地基上的浅基础。当需设置深基础时,常采用桩基础或沉井基础,我国公路桥梁应用最多的深基础是桩基础。目前我国公路建筑物基础大多采用混凝土或钢筋混凝土结构,少部分用钢结构。在石料丰富的地区,为就地取材,也常用石砌基础。只有在特殊情况下(如抢修、搭建临时便桥)采用木结构。

工程实践表明:建筑物地基与基础的设计和施工质量的优劣,对整个建筑物的质量和正常使用起着根本的作用。基础工程是隐蔽工程,如有缺陷,较难发现,也较难弥补和修复,这些缺陷往往直接影响整个建筑物的使用甚至安全。基础工程的施工进度,经常控制整个建筑物的施工进度。基础工程的造价,通常在整个建筑物造价中占相当大的比例,尤其是在复杂的地质条件下或深水中修建基础更是如此。因此,对基础工程必须做到精心设计、精心施工。

第二节　基础工程设计和施工所需的原始资料及作用效应组合的计算

地基与基础的设计方案、计算中有关参数的选用,都需要根据当地的地质条件、水文条件、上部结构形式、作用特性、材料情况及施工要求等因素全面考虑。施工方案和方法也应该结合设计要求、现场地形、地质条件、施工技术设备、施工季节、气候和水文等情况来研究确定。因此,应在事前通过详细的调查研究,充分掌握必要的、符合实际情况的原始资料。本节对桥梁基础工程所需原始资料及确定作用计算原则作简要介绍。

一、基础工程设计和施工需要的原始资料

对于桥梁的地基与基础,在设计及施工开始之前,除了应掌握有关全桥的资料,包括上部结构形式、跨径、作用、墩台结构等及国家颁发的桥梁设计和施工技术规范外,还应注意地质、水文资料的搜集和分析,重视土质和建筑材料的调查与试验。主要应掌握的地质、水文、地形等资料如表1-1所列,其中各项资料内容范围可根据桥梁工程规模、重要性及建桥地点工程地质、水文条件的具体情况和设计阶段确定取舍。原始资料取得的方法和具体规定可参阅工程地质、土质学与土力学及桥涵水文等有关教材和手册。

基础工程有关设计和施工需要的地质、水文、地形及现场各种调查资料　　　　表1-1

资　料　种　类	资料主要内容	资　料　用　途
1. 桥位平面图（或桥址地形图）	(1)桥位地形; (2)桥位附近地貌、地物; (3)不良工程地质现象的分布位置; (4)桥位与两端路线平面关系; (5)桥位与河道平面关系	(1)桥位的选择、下部结构位置的研究; (2)施工现场的布置; (3)地质概况的辅助资料; (4)河岸冲刷及水流方向改变的估计; (5)墩台、基础防护构造物的布置
2. 桥位工程地质勘测报告及工程地质纵断面图	(1)桥位地质勘测调查资料,包括河床地层分层土(岩)类及岩性、层面高程、钻孔位置及钻孔柱状图; (2)地质、地史资料的说明; (3)不良工程地质现象及特殊地貌的调查勘测资料	(1)桥位、下部结构位置的选定; (2)地基持力层的选定; (3)墩台高度、结构形式的选定; (4)墩台、基础防护构造物的布置
3. 地基土质调查试验报告	(1)钻孔资料; (2)覆盖层及地基土(岩)层状生成分布情况; (3)分层土(岩)层状生成分布情况; (4)作用试验报告; (5)地下水位调查	(1)分析和掌握地基的层状; (2)地基持力层及基础埋置深度的研究与确定; (3)地基各土层强度及有关计算参数的选定; (4)基础类型和构造的确定; (5)基础下沉量的计算
4. 河流水文调查报告	(1)桥位附近河道纵、横断面图; (2)有关流速、流量、水位调查资料; (3)各种冲刷深度的计算资料; (4)通航等级、漂浮物、流冰调查资料	(1)确定根据冲刷要求基础的埋置深度; (2)桥墩身水平作用力计算; (3)施工季节、施工方法的研究

续上表

资 料 种 类	资料主要内容	资料用途
5.其他调查资料	**地震** (1)地震记录; (2)震害调查	(1)确定抗震设计强度; (2)抗震设计方法和抗震措施的确定; (3)地基土振动液化和岸坡滑移的分析研究
	建筑材料 (1)就地可采取、供应的建筑材料种类、数量、规格、质量、运距等; (2)当地工业加工能力、运输条件有关资料; (3)工程用水调查	(1)下部结构采用材料种类的确定; (2)就地供应材料的计算和计划安排
	气象 (1)当地气象台有关气温变化、降水量、风向风力等记录资料; (2)实地调查采访记录	(1)气温变化的确定; (2)基础埋置深度的确定; (3)风压的确定; (4)施工季节和方法的确定
	附近桥梁的调查 (1)附近桥梁结构形式、设计书、图纸、现状; (2)地质、地基土(岩)性质; (3)河道变动、冲刷、淤泥情况; (4)营运情况及墩台变形情况	(1)掌握架桥地点地质、地基土情况; (2)基础埋置深度的参考; (3)河道冲刷和改道情况的参考
	施工调查资料	(1)施工方法及施工适宜季节的确定; (2)工程用地的布置; (3)工程材料、设备供应、运输方案的拟订; (4)工程动力及临时设备的规划; (5)施工临时结构的规划

二、作用效应组合的计算

(一)作用的分类与计算

在桥梁墩台上的永久作用(恒载)包括结构物的自重力、土重力及土产生的侧向压力、水的浮力、预应力结构中的预应力、超静定结构中因混凝土收缩徐变和基础变位而产生的影响力;可变作用有汽车荷载、汽车冲击力、汽车离心力、汽车引起的土侧压力、人群作用、风荷载、汽车制动力、流水压力、冰压力、支座摩阻力、温度(均匀温度和梯度温度)作用;偶然作用有船舶或漂流物撞击作用、汽车撞击作用和地震作用。各种作用的计算按《公路桥涵设计通用规范》(JTG D60—2004)有关规定执行。

对在水下的土中结构物和地基土受到水的浮力可按下列规定采用:

(1)基础底面位于透水性地基上的桥梁墩台,当验算稳定性时,应考虑设计水位的浮力;当验算地基应力时,可仅考虑低水位的浮力,或不考虑水的浮力。

(2)基础嵌入不透水性地基上的桥梁墩台不考虑水的浮力。

(3)作用在桩基承台底面的浮力,应考虑全部底面积。对桩嵌入不透水地基并灌注混凝土封闭者,不应考虑桩的浮力,在计算承台底面浮力时应扣除桩的截面面积。

(4)当不能肯定地基是否透水时,应以透水或不透水两种情况与其他作用组合,取其最不利者。

(二) 作用效应组合

按照各种作用的特性及出现的几率不同,在设计计算时,应考虑结构上可能同时出现的作用,按承载能力极限状态和正常使用极限状态进行作用效应组合,取其最不利效应进行组合。

(1)按承载能力极限状态要求,结构构件自身承载力及稳定性应采用作用效应基本组合和偶然组合进行验算。

①基本组合。

进行承载力验算时,作用效应组合表达式、结构重要性系数、各效应的分项系数及效应组合系数按《公路桥涵设计通用规范》(JTG D60—2004)的规定执行;进行稳定性验算时,上述各项系数均取为1.0。

②偶然组合(不包括地震作用)。

作用效应组合可采用式(1-1):

$$\gamma_0 S_{ad} = \gamma_0 \left(\sum_{i=1}^{m} \gamma_{Gi} S_{Gik} + \gamma_a S_{ak} + \Psi_{11} S_{Q1k} + \sum_{j=2}^{n} \Psi_{2j} S_{Qjk} \right) \tag{1-1}$$

式中:γ_0——结构重要性系数,取 $\gamma_0 = 1.0$;

S_{ad}——承载能力极限状态下作用偶然组合的效应组合值;

S_{Gik}——第 i 个永久作用标准值效应;

S_{ak}——偶然作用标准值效应;

S_{Q1k}——除偶然作用外,第一个可变作用标准值效应,该标准值效应大于其他任意第 j 个可变作用标准值效应;

S_{Qjk}——其他第 j 个可变作用标准值效应;

Ψ_{11}——第一个可变作用的频遇值系数,按《公路桥涵设计通用规范》(JTG D60—2004)的规定取用;稳定验算时取 $\Psi_{11} = 1.0$;

Ψ_{2j}——其他第 j 个可变作用的准永久值系数,按《公路桥涵设计通用规范》(JTG D60—2004)的规定采用;稳定验算时取 $\Psi_{2j} = 1.0$;

γ_{Gi}、γ_a——上面表达式中相应作用效应的分项系数,均取值为1.0。

(2)当基础结构需要进行正常使用极限状态设计时,作用短期效应组合和长期效应组合表达式、频遇值系数及准永久值系数,均应按《公路桥涵设计通用规范》(JTG D60—2004)确定。

为保证地基与基础满足强度稳定性和变形方面的要求,应根据建筑物所在地区的各种条件和结构特性,按其可能出现的最不利作用组合情况进行验算。所谓"最不利作用组合",就是指组合起来的作用应产生相应的最大力学效能,例如滑动稳定验算时产生最小抗滑动稳定系数等。不同的验算内容将由不同的最不利作用组合控制设计,应分别考虑。

一般说来,不经过计算是较难判断哪一种作用组合最为不利,必须用分析的方法,对各种可能的最不利作用组合进行计算后,才能得到最后的结论。由于汽车荷载的排列位置在纵横方向都是可变的,它将影响着各支座传递给墩台及基础的支座反力的分配数值,以及台后由车辆荷载引起的土侧压力大小等,因此车辆荷载的排列位置往往对确定最不利作用组合起着决定作用。对于不同验算项目(强度、偏心距及稳定性等),可能各有其相应的最不利作用组合,应分别进行验算。

此外,许多可变作用的作用方向在水平投影面上常可以分解为纵桥向和横桥向,因此一般也需按此两个方向进行地基与基础的计算,并考虑其最不利作用组合,比较出最不利者来控制设计。桥梁的地基与基础大多数情况下为纵桥向控制设计,当有较大横桥向水平力(风荷载、船舶或漂浮物撞击力和流水压力等)作用时,也只需进行横桥向验算。

第三节 基础工程设计计算应注意的事项

一、基础工程设计计算的原则

基础工程设计计算的目的是设计一个安全、经济和可行的地基及基础,以保证结构物的安全和正常使用。因此,基础工程设计计算的基本原则是:

(1)基础底面的压应力小于地基承载力的容许值。

(2)地基及基础的变形值小于建筑物要求的变形值。

(3)地基及基础的整体稳定性有足够保证。

(4)基础本身的强度满足要求。

二、考虑地基、基础、墩台及上部结构整体作用

建筑物是一个整体,地基、基础、墩台和上部结构是共同工作且相互影响的,地基的任何变形都必定引起基础、墩台和上部结构的变形;不同类型的基础会影响上部结构的受力和工作;上部结构的力学特征也必然对基础的类型与地基的强度、变形和稳定条件提出相应的要求;地基和基础的不均匀沉降对于超静定的上部结构影响较大,因为较小的基础沉降差就能引起上部结构产生较大的内力。同时,恰当的上部结构、墩台结构形式也具有一定的适应地基基础受力条件和位移情况的能力。

因此,基础工程设计应紧密结合上部结构、墩台特性和要求进行;上部结构的设计也应充分考虑地基的特点,把整个结构物作为一个整体,考虑其整体作用和各个组成部分的共同作用;全面分析建筑物整体和各组成部分的设计可行性、安全性和经济性;把强度、变形和稳定等要求紧密地与现场条件、施工条件结合起来,进行全面分析,综合考虑。

三、基础工程极限状态设计

应用可靠度理论进行工程结构设计是当前国际上一种共同发展的趋势,是工程结构设计领域一次带有根本性的变革。可靠性分析设计,又称概率极限状态设计。可靠性是指系统在规定的时间内在规定的条件下完成预定功能的概率。系统不能完成预定功能的概率即失效概率。这种以统计分析确定的失效概率来度量系统可靠性的方法即概率极限状态设计方法。

在 20 世纪 80 年代,我国在建筑结构工程领域开始逐步全面引入概率极限状态设计原则。1984 年颁布的国家标准《建筑结构设计统一标准》(GBJ 68—1984)采用了概率极限状态设计方法,以分项系数描述的设计表达式代替原来的用总安全系数描述的设计表达式。1999 年 6 月建设部批准颁布了推荐性国家标准《公路工程可靠度设计统一标准》,2001 年 11 月建设部又颁发了新的国家标准《建筑结构可靠度设计统一标准》(GB 50068—2001)。根据《公路工程可靠度设计统一标准》(GB 50068—2001)的规定,一批结构设计规范都作了相应的修订,如

《公路钢筋混凝土及预应力混凝土桥涵设计规范》（JTG D62—2004）也采用了概率极限状态法的设计表达式。

由于地基土是在漫长的地质年代中形成的，是大自然的产物，其性质十分复杂。不仅不同地点的土性差别很大，即使同一地点、同一土层的土，其性质也随位置不同而发生变化。所以地基土具有比任何人工材料大得多的变异性，它的复杂性质不仅难以人为控制，而且要清楚地认识它也很不容易。在进行地基可靠性研究的过程中，取样、代表性样品选择、试验、成果整理分析等各个环节都有可能带来一系列的不确定性，增加测试数据的变异性，从而影响到最终分析结果。地基土因位置不同引起的固有可变性，样品测值与真实土性值之间的差异性，以及有限数量所造成误差等，就构成了地基土材料特性变异的主要来源。这种变异性比一般人工材料的变异性大。因此，地基可靠性分析的精度，在很大程度上取决于土性参数统计分析的精度。如何恰当地对地基土性参数进行概率统计分析，是基础工程最重要的问题。

基础工程极限状态设计与结构极限状态设计相比，还具有物理和几何方面的特点。

地基是一个半无限体，与板梁柱组成的结构体系完全不同。在结构工程中，可靠性研究的第一步是先解决单构件的可靠度问题，目前列入规范的亦仅仅是这一步，至于结构体系的系统可靠度分析还处在研究阶段，还没有成熟到可以用于设计标准的程度。地基设计与结构设计不同的地方在于无论是地基稳定和强度问题或者是变形问题，求解的都是整个地基的综合响应。地基的可靠性研究无法区分构件与体系，从一开始就必须考虑半无限体的连续介质，或至少是一个大范围连续体。显然，这样的验算不论是从计算模型还是涉及的参数方面都比单构件的可靠性分析复杂得多。

在结构设计时，所验算的截面尺寸与材料试样尺寸之比并不很大。但在地基问题中却不然，地基受力影响范围的体积与土样体积之比非常大。这就引起了两方面的问题，一是小尺寸的试件如何代表实际工程的性状；二是由于地基的范围大，决定地基性状的因素不仅是一点处土的特性，而是取决于一定空间范围内平均土层特性，这是结构工程与基础工程在可靠度分析方面的最基本的区别所在。

我国基础工程可靠度研究始于20世纪80年代初，虽然起步较晚，但发展很快，研究涉及的课题范围较广，有些课题的研究成果已达国际先进水平。但由于研究对象的复杂性，基础工程的可靠度研究落后于上部结构可靠度的研究。可喜的是，现已将基础工程可靠度研究成果纳入设计规范，进入实用阶段。

我国现行的地基基础设计规范，已开始采用概率极限状态设计方法[如1995年7月颁布的《建筑桩基技术规范》（JGJ 94—1994）]。《公路桥涵地基基础设计规范》（JTG D63—2007）（以下简称《公桥基规》）引入了公路桥涵设计的极限状态原则。根据地基的变形性质，明确将地基设计定位于正常使用极限状态，相应的作用采用短期效应组合或长期效应组合。计算地基承载力时，承载力的选取以不出现长期塑性变形为原则，同时考虑相应于承载力的地基变形与结构构件的变形具有不同的功能，作用不采用构件变形计算的短期效应组合，而取用短期效应标准值组合。计算基础沉降时，则不仅考虑结构自重力对沉降有影响，而且在桥涵使用期内可变作用的准永久值持续时间很长，对沉降也有很大的影响，作用采用了其长期效应组合，摒弃了原规范按结构自重力计算的规定。至于基础结构，与结构构件一样也进行两类极限状态设计：基础结构承载力和稳定性按承载能力极限状态设计；裂缝宽度等按正常使用极限状态设计,使得公路桥涵地基基础设计规范与公路桥梁系列设计规范的体系相协调。

第四节 基础工程学科发展概况

基础工程与其他技术学科一样,是在人类长期的生产实践中不断发展起来的。在世界各文明古国数千年前的建筑活动中,就有很多关于基础工程的工艺技术成就,但由于当时受社会生产力和技术条件的限制,在相当长的时期内发展很缓慢,仅停留在经验积累的感性认识阶段。国外在18世纪产业革命以后,城建、水利、道路建筑规模的扩大促使人们对基础工程的重视与研究,对有关问题开始寻求理论上的解答。在此阶段,作为本学科的理论基础的土力学方面,如土压力理论、土的渗透理论等有局部的突破,基础工程也随着工业技术的发展而得到新的发展,如19世纪中叶利用气压沉箱法修建深水基础。20世纪20年代,基础工程有比较系统、完整的专著问世,1936年召开第一届国际土力学与基础工程会议后,土力学与基础工程作为一门独立的学科取得了不断的发展。20世纪50年代起,现代科学新成就的渗入,使基础工程技术与理论得到更进一步的发展与充实,成为一门较成熟的独立的现代学科。

我国是一个具有悠久历史的文明古国,我国古代劳动人民在基础工程方面,也早就表现出高超的技艺和创造才能。例如,早在1 300多年前,隋朝时所修建的赵州安济石拱桥,不仅在建筑结构上有独特的技艺,而且在地基基础的处理上也非常合理。该桥桥台坐落在较浅的密实粗砂土层上,沉降很小,现反算其基底压应力为500~600kPa,与现行的各设计规范中所采用的该土层承载力的容许值(550kPa)极为接近。

基础工程,既是一项古老的工程技术,又是一门年轻的应用科学,发展至今,在设计理论和施工技术及测试工作中都存在不少有待进一步解决的问题。随着我国现代化建设和大型建筑物的发展,将对基础工程提出更高的要求,我国基础工程科学技术可着重开展以下工作:地基的强度、变形特性的基本理论研究;各类基础形式设计理论和施工方法的研究。

思考与练习

1-1 何谓地基与基础?各包括哪几类?

1-2 地基与基础方案选择的原则是什么?

1-3 基础工程设计与计算时常用的资料有哪些?

1-4 基础工程设计与计算时对浮力的考虑有哪些要求?

1-5 何谓最不利作用组合?

第二章　天然地基上的浅基础

浅基础是指埋入地层深度较浅,施工一般采用敞口开挖基坑修筑的基础。浅基础在设计计算时可以忽略基础侧面土体对基础的影响,基础结构形式和施工方法也较简单。而深基础埋入地层较深,结构形式和施工方法较浅基础复杂,在设计计算时需考虑基础侧面土体的影响。

天然地基上的浅基础,由于埋深浅,结构形式简单,施工方法简便,造价也较低,因此是建筑物最常用的基础类型。

第一节　天然地基上浅基础的类型、构造及适用条件

根据受力条件及构造不同,天然地基浅基础可分为刚性基础和柔性基础。

一、刚性基础

刚性基础:基础在外力(包括基础自重)作用下,基底的地基反力为 σ ,此时基础的悬出部分[图 2-1a)],a-a 断面左端,相当于承受着强度为 σ 的均布作用的悬臂梁,在承受作用后,a-a 断面将产生弯曲拉应力和剪应力。当基础圬工具有足够的截面使材料的容许应力大于由地基反力产生的弯曲拉应力和剪应力时,a-a 断面不会出现裂缝,这时基础内不需配置受力钢筋,这种基础称为刚性基础[图 2-1a)]。它是桥梁、涵洞和房屋等建筑物常用的基础类型。其形式有:刚性扩大基础[图 2-1a)及图 2-2],单独柱下刚性基础[图 2-3a)、d)]、条形基础(图 2-4)等。

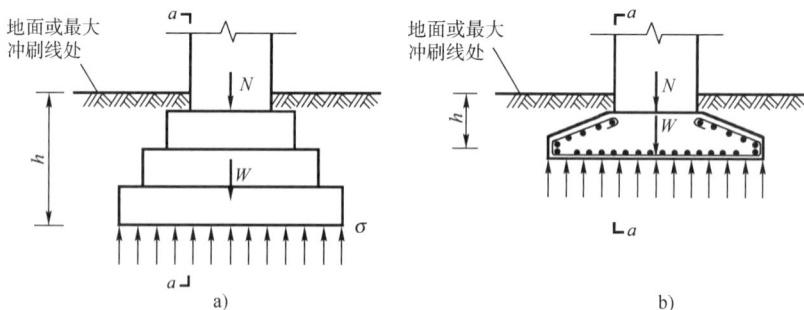

图 2-1　基础类型

刚性基础常用的材料主要有水泥混凝土、粗料石和片石。水泥混凝土是修筑基础最常用的材料,它的优点是强度高、耐久性好,可浇筑成任意形状的砌体。水泥混凝土强度等级一般不宜小于 C15。对于大体积混凝土基础,为了节约水泥用量,可掺入不多于砌体体积20%的片石(称片石混凝土)。

刚性基础的特点:稳定性好,施工简便,能承受较大的作用。它的主要缺点是自重大,并且当持力层为软弱土时,由于扩大基础面积有一定限制,需要对地基进行处理或加固后才能采

用,否则会因所受的作用压力超过地基强度而影响建筑物的正常使用。所以对于承受作用大或上部结构对沉降差较敏感的建筑物,当持力层的土质较差又较厚时,刚性基础作为浅基础是不适宜的。

1. 刚性扩大基础(图2-2)

将基础平面尺寸扩大以满足地基强度要求,这种刚性基础又称刚性扩大基础。刚性基础的平面形状常为矩形,其每边扩大的尺寸最小为 0.20~0.50m,每边扩大的最大尺寸应受到材料刚性角的限制。当基础较厚时,可在纵横两个剖面上都做成台阶形,以减小基础自重力,节省材料。它是桥涵及其他建筑物常用的基础形式。

2. 单独和联合基础(图2-3)

单独基础是立柱式桥墩和房屋建筑常用的基础形式之一。它的纵横剖面均可砌筑成台阶式[图2-3a)、b)],但柱下单独基础用石或砖砌筑时,则在柱子与基础之间用混凝土连接。个别情况如柱下基础用钢筋混凝土浇筑时,其剖面也可浇筑成锥形[图2-3c)]。当为了满足地基强度要求,必须扩大基础平面尺寸,而扩大结果使相邻的单独基础在平面上相连甚至重叠时,则可将它们连在一起成为联合基础[图2-3b)]。

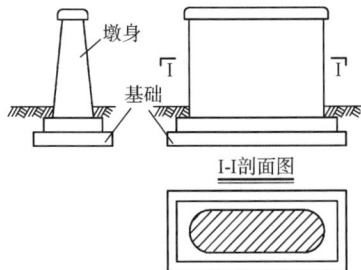

图2-2 刚性扩大基础

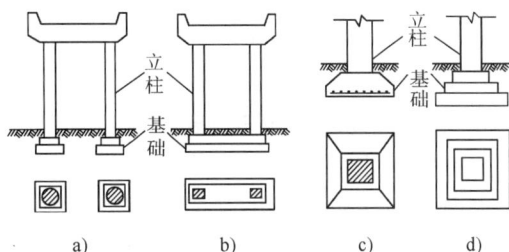

图2-3 单独和联合基础

二、柔性基础

基础在基底反力作用下,在 a-a 断面产生的弯曲拉应力和剪应力若超过了基础圬工的强度极限值,为了防止基础在 a-a 断面开裂甚至断裂,可将刚性基础尺寸重新设计,并在基础中配置足够数量的钢筋,这种基础称为柔性基础[图2-1b)]。柔性基础主要是用钢筋混凝土浇筑,其整体性能较好,抗弯刚度较大。常见的形式有柱下扩展基础、条形和十字形基础(图2-5)、筏板及箱形基础(图2-6、图2-7)。

1. 条形基础(图2-4)

条形基础分为墙下和柱下条形基础。墙下条形基础是挡土墙下或涵洞下常用的基础形式,其横剖面可以是矩形或将一侧筑成台阶形。如挡土墙很长,为了避免在沿墙长方向因沉降不匀而开裂,可根据土质和地形予以分段,设置沉降缝。有时为了增强桥柱下基础的承载能力,将同一排若干个柱子的基础联合起来,也就成为柱下条形基础(图2-5)。其构造与倒置的T形截面梁相类似,在沿柱子的排列方向的剖面可以是等截面的,也可以如图2-5所示在柱位处加腋。在桥梁基础中,一般是做成刚性基础,个别的也可做成柔性基础。

如地基土很软,基础在宽度方向需进一步扩大面积,同时又要求基础具有空间的刚度来调整不均匀沉降时,可在柱下纵、横两个方向均设置条形基础,成为十字形基础。这是房屋建筑常用的基础形式,也是一种交叉条形基础。

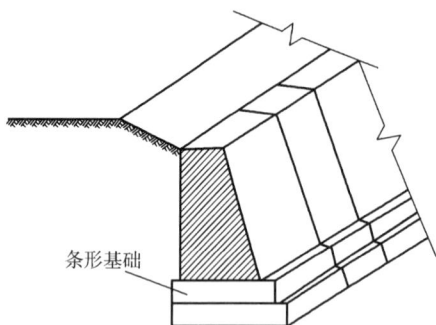

图 2-4　挡土墙下的条形基础

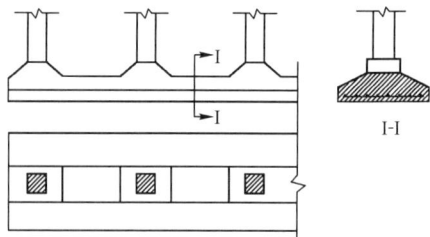

图 2-5　柱下条形基础

2.筏板和箱形基础

筏板和箱形基础都是房屋建筑常用的基础形式(图 2-6、图 2-7)。

当立柱或承重墙传来的作用较大,地基土质软弱又不均匀,采用单独或条形基础均不能满足地基承载力或沉降的要求时,可采用筏板式钢筋混凝土基础,这样既扩大了基底面积又增加了基础的整体性,并避免了建筑物局部发生不均匀沉降。

筏板基础在构造上类似于倒置的钢筋混凝土楼盖,它可以分为平板式[图 2-6a)]和梁板式[图 2-6b)]。平板式常用于柱作用较小而且柱子排列较均匀和间距也较小的情况。

为增大基础刚度,可将基础做成由钢筋混凝土顶板、底板及纵横隔墙组成的箱形基础(图 2-7),它的刚度远大于筏板基础,而且基础顶板和底板间的空间常可利用作为地下室。它适用于地基较软弱、土层厚、建筑物对不均匀沉降较敏感或作用较大而基础建筑面积不太大的高层建筑。

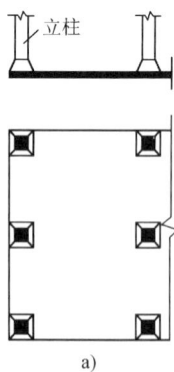

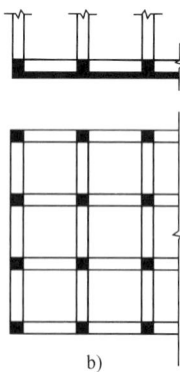

图 2-6　筏板基础

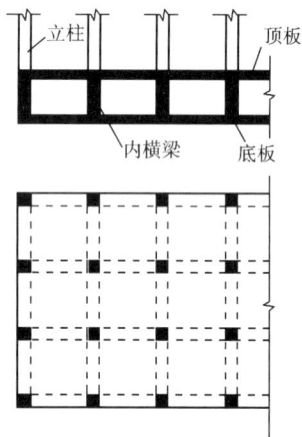

图 2-7　箱形基础

第二节　刚性扩大基础施工

刚性扩大基础的施工,可采用明挖的方法进行基坑开挖。开挖工作,应尽量在枯水或少雨季节进行,且不宜间断。基坑挖至基底设计高程时,应立即对基底土质及坑底情况进行检验,验收合格后,应尽快修筑基础,不得将基坑暴露过久。

基坑可用机械或人工开挖,接近基底设计高程应预留30cm高度由人工开挖,以免破坏基底土的结构。基坑开挖过程中要注意排水,基坑尺寸要比基底尺寸每边大0.5~1.0m,以方便设置排水沟及立模板和砌筑工作。基坑开挖时,根据土质及开挖深度对坑壁予以围护或不围护,围护的方式有多种多样。水中开挖基坑还需先修筑防水围堰。

一、旱地上基坑开挖及围护

(一)无围护基坑

无围护基坑适用于基坑较浅、地下水位较低或渗水量较少、不影响坑壁稳定的情况。此时可将坑壁挖成竖直或斜坡形。竖直坑壁只适宜在岩石地基或基坑较浅又无地下水的硬黏土中采用。在一般土质条件下开挖基坑时,应采用放坡开挖的方法。

(二)有围护基坑

1. 板桩墙支护

板桩是在基坑,开挖前先将板桩垂直打入土中至坑底以下一定深度,然后边挖边设支撑,开挖基坑过程中始终是在板桩支护下进行。

板桩墙分无支撑式[图2-8a)]、支撑式和锚撑式[图2-8d)]。支撑式板桩墙按设置支撑的层数可分为单支撑板桩墙[图2-8b)]和多支撑板桩墙[图2-8c)]。由于板桩墙多应用于较深基坑的开挖,故多支撑板桩墙应用较多。

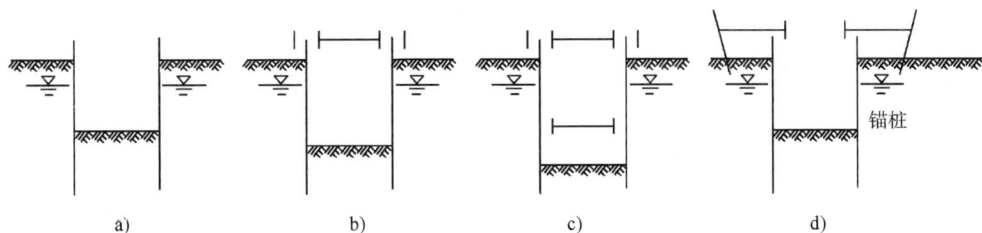

图2-8　板桩墙

2. 喷射混凝土护壁

喷射混凝土护壁,宜用于土质较稳定,渗水量不大,深度小于10m,直径为6~12m的圆形基坑。对于有流沙或淤泥夹层的土质,也有使用成功的实例。

喷射混凝土护壁的基本原理是以高压空气为动力,将搅拌均匀的砂、石、水泥和速凝剂干料,由喷射机经输料管吹送到喷枪,在通过喷枪的瞬间,加入高压水进行混合,自喷嘴射出,喷射在坑壁,形成环形混凝土护壁结构,以承受土压力。

3. 混凝土围圈护壁

采用混凝土围圈护壁时,基坑自上而下分层垂直开挖,开挖一层后随即浇筑一层混凝土壁。为防止已浇筑的围圈混凝土施工时因失去支撑而下坠,顶层混凝土应一次整体浇筑,以下各层均间隔开挖和浇筑,并将上下层混凝土纵向接缝错开。开挖面应均匀分布对称施工,及时浇筑混凝土壁支护,每层坑壁无混凝土壁支护总长度应不大于周长的一半。分层高度以垂直开挖面不坍塌为原则，一般顶层高 2m 左右，以下每层高 1～1.5m。混凝土围圈护壁也是用混凝土环形结构承受土压力，但其混凝土壁是由普通混凝土现场浇筑的，壁厚较喷射混凝土大，一般为 15～30cm。也可按土压力作用下的环形结构进行计算。

喷射混凝土护壁要求有熟练的技术工人和专门设备，对混凝土用料的要求也较严，用于超过 10m 的深基坑尚无成熟经验，因而有其局限性。混凝土围圈护壁则适应性较强，可以按一般混凝土施工，基坑深度可达 15～20m，除流沙及呈流塑状态黏土外，可适用于其他各种土类。

二、基坑排水

基坑如在地下水位以下，随着基坑的下挖，渗水将不断涌集基坑，因此施工过程中必须不断地排水，以保持基坑的干燥，便于基坑挖土和基础的砌筑与养护。目前常用的基坑排水方法有表面排水法和井点法降低地下水位两种。

1. 表面排水法

它是在基坑整个开挖过程及基础砌筑和养护期间，在基坑四周开挖集水沟汇集坑壁及基底的渗水，并引向一个或数个比集水沟挖得更深一些的集水坑。集水沟和集水坑应设在基础范围以外，在基坑每次下挖以前，必须先挖沟和坑，集水坑的深度应大于抽水机吸水龙头的高度。在吸水龙头上套竹筐围护，以防土石堵塞龙头。

这种排水方法设备简单、费用低，一般土质条件下均可采用。但当地基土为饱和粉细砂土等黏聚力较小的细粒土层时，由于抽水会引起流沙现象，造成基坑的破坏和坍塌。因此，当基坑为这类土时，应避免采用表面排水法。

2. 井点法降低地下水位

对粉质土、粉砂类土等的基坑如采用表面排水极易引起流沙现象，影响基坑稳定，此时可采用井点法降低地下水位排水。根据使用设备的不同，主要有轻型井点、喷射井点、电渗井点和深井泵井点等多种类型，可根据土的渗透系数、要求降低水位的深度及工程特点选用。

轻型井点降水是在基坑开挖前预先在基坑四周打入（或沉入）若干根井管，井管下端1.5m左右为滤管，上面钻有若干直径约 2mm 的滤孔，外面用过滤层包扎起来，各个井管用集水管连接并抽水。通过抽水使井管两侧一定范围内的水位逐渐下降，各井管相互影响形成了一个连续的疏干区。在整个施工过程中，保持不断抽水，以保证在基坑开挖和基础砌筑的整个过程中基坑始终保持着无水状态。该法可以避免发生流沙和边坡坍塌现象，且由于流水负压力对疏干土层还有一定的压密作用。

三、水中基坑开挖时的围堰工程

在水中修筑桥梁基础时，开挖基坑前需在基坑周围先修筑一道防水围堰，把围堰内水排干后，再开挖基坑修筑基础。如排水较困难，也可在围堰内进行水下挖土，挖至预定高程后先灌注水下封底混凝土，然后再抽干水继续修筑基础。在围堰内不但可以修筑浅基础，也可以修筑桩基础等。

围堰的种类有土围堰、草（麻）袋围堰、钢板桩围堰、双壁钢围堰和地下连续墙围堰等，应按水文地质、通航情况、基础埋深及具体施工条件等因素选用。各种围堰都须满足下列要求：

(1)围堰顶面高程应高出施工期间中可能出现的最高水位0.5m以上,有风浪时应适当加高。

(2)修筑围堰后,将压缩河道断面,使流速增大引起冲刷,或堵塞河道影响通航,因此要求河道断面压缩一般不超过流水断面面积的30%。对两边河岸河堤或下游建筑物有可能造成危害时,必须征得有关主管单位同意并采取有效防护措施。

(3)围堰内尺寸,应满足基础施工要求,留有适当工作面积,由基坑边缘至堰脚距离一般不小于1m。

(4)围堰结构应能承受施工期间产生的土压力、水压力以及其他可能发生的作用,满足强度和稳定要求。

(5)围堰应具有良好的防渗性能。

1.土围堰和草袋围堰

土围堰适用于水深2.0m以内,流速小于0.5m/s,河床土质为不透水或透水甚微的河道中。在修筑前,应将河底杂物清理干净,以防漏水。修筑时,应从上游开始,至下游合拢。堰顶宽一般为1~2m,当采用机械挖基时,应视机械的种类确定,但不宜小于3.0m。堰外侧边坡视填土在水中的自然坡度而定,一般为1:2~1:3;背水冲刷的一侧的边坡坡度可在1:2之内,堰内边坡一般为1:2~1:1,坡脚距基坑边缘根据河床土质及基坑深度而定,但不得小于1m。筑堰材料宜用黏性土或砂夹黏土。当水的流速较大时,可在外坡面用草皮、柴排、草袋加以防护。

土袋围堰水深不超过3.0m,流速小于1.5m/s,河床土质渗水性较小时,可筑土袋围堰。

此外,还可以用竹、铅丝围堰,适用于流速较大而水深在1.5~4m的情况。其结构制作应坚固,可使用钢筋串联、螺栓连接以及铁丝捆扎等方法加固。

2.钢板桩围堰

当水较深时,可采用钢板桩围堰。修建水中桥梁基础,常使用单层钢板桩围堰,其支撑(一般为万能杆件构架,也采用浮箱拼装)和导向(由槽钢组成内外导环)系统的框架结构称"围图"或"围笼"(图2-9)。

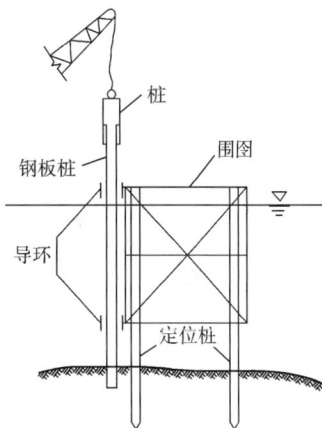

图2-9 围图法打钢板桩

第三节 板桩墙的计算

在基坑开挖时,坑壁常用板桩予以支撑,板桩也用作水中桥梁墩台施工时的围堰结构。

板桩墙的作用是挡住基坑四周的土体,防止土体下滑和防止水从坑壁周围渗入或从坑底上涌,避免渗水过大或形成流沙而影响基坑开挖。板桩墙主要承受土压力和水压力,因此,它本身也是挡土墙,但又非一般刚性挡墙,它在承受水平压力时是弹性变形较大的柔性结构。它的受力条件与板桩墙的支撑方式、支撑的构造、板桩和支撑的施工方法以及板桩入土深度密切相关,需要进行专门的设计计算。

一、侧向压力计算

作用于板桩墙的外力主要来自坑壁土压力和水压力，或坑顶其他作用（如挖、运土机械等）所引起的侧向压力。

板桩墙土压力计算比较复杂，由于它大多是临时结构物，因此常采用近似计算，即不考虑板桩墙的实际变形，仍沿用古典土压力理论计算作用于板桩墙上的土压力。一般用朗金理论来计算不同深度 z 处每延米宽度内的主、被动土压力强度 p_a、p_p（kPa）：

$$p_a = \gamma \cdot z \cdot \tan^2\left(45° - \frac{\varphi}{2}\right) = \gamma \cdot z \cdot K_a \tag{2-1}$$

$$p_p = \gamma \cdot z \cdot \tan^2\left(45° + \frac{\varphi}{2}\right) = \gamma \cdot z \cdot K_p \tag{2-2}$$

二、悬臂式板桩墙的计算

图 2-10 所示的悬臂式板桩墙，因板桩不设支撑，故墙身位移较大，通常可用于挡土高度不大的临时性支撑结构。

悬臂式板桩墙的破坏，一般是板桩绕桩底端 b 点以上的某点 o 转动。这样在转动点 o 以上的墙身前侧以及 o 点以下的墙身后侧，将产生被动土压力；在相应的另一侧产生主动土压力。由于精确地确定土压力的分布规律困难，一般近似地假定土压力的分布图形如图 2-10 所示。墙身前侧是被动土压力（bcd），其合力为 E_{p1}，并考虑有一定的安全系数 K（一般取 $K=2$）；在墙身后方为主动土压力（abe），合力为 E_A。另外，在桩下端还作用有被动土压力 E_{p2}，由于 E_{p2} 的作用位置不易确定，计算时假定作用在桩端 b 点处。考虑到 E_{p2} 的实际作用位置应在桩端以上一段距离，因此，在最后求得板桩的入土深度 t 后，再适当增加 10% ~ 20%。

三、单支撑（锚碇式）板桩墙的计算

当基坑开挖高度较大时，不能采用悬臂式板桩墙，此时可在板桩顶部附近设置支撑或锚碇拉杆，成为单支撑板桩墙，如图 2-11 所示。

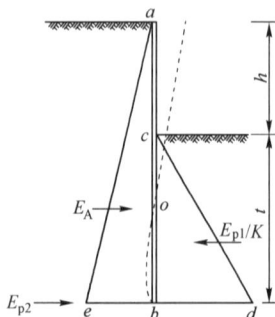

图 2-10　悬臂式板桩墙的计算　　　图 2-11　下端为简支支承时单支撑板桩墙的计算

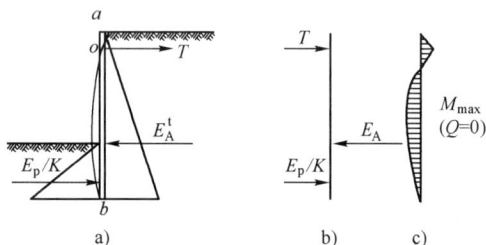

单支撑板桩墙的计算，可以把它作为有两个支承点的竖直梁。一个支点是板桩上端的支撑杆或锚碇拉杆；另一个是板桩下端埋入基坑底下的土。下端的支承情况又与板桩埋入土中的深度大小有关，一般分为两种支承情况：第一种是简支支承，如图 2-11a）所示，这类板桩埋

入土中较浅,桩板下端允许产生自由转动;第二种是固定端支承,如图2-12a)所示,若板桩下端埋入土中较深,可以认为板桩下端在土中嵌固。

1. 板桩下端简支支承时的土压力分布(图2-11)

板桩墙受力后挠曲变形,上下两个支承点均允许自由转动,墙后侧产生主动土压力E_A。由于板桩下端允许自由转动,故墙后下端不产生被动土压力。墙前侧由于板桩向前挤压,故产生被动土压力E_p。由于板桩下端入土较浅,板桩墙的稳定安全度可以用墙前被动土压力E_p除以安全系数K保证。此种情况下的板桩墙受力图式如同简支梁[图2-11b)],按照板桩上所受土压力计算出的每延米板桩跨间的弯矩如图2-11c)所示,并以M_{max}值设计板桩的厚度。

2. 板桩下端固定支承时的土压力分布(图2-12)

板桩下端入土较深时,板桩下端在土中嵌固,板桩墙后侧除主动土压力E_A外,在板桩下端嵌固点下还产生被动土压力E_{p2},假定E_{p2}作用在桩底b点处。与悬臂式板桩墙计算相同,板桩的入土深度可按计算值适当增加10%~20%。板桩墙的前侧作用被动土压力E_{p1},由于板桩入土较深,板桩墙的稳定性安全度由桩的入土深度保证,故被动土压力E_{p1}不再考虑安全系数。由于不知道板桩下端的嵌固点位置,因此,不能用静力平衡条件直接求解板桩的入土深度t。在图2-12a)中给出了板桩受力后的挠曲形状,在板桩下部有一挠曲反弯点c,在c点以上板桩产生最大正弯矩,c点以下产生最大负弯矩,挠曲反弯点c相当于弯矩零点,弯矩分布图如图2-12b)所示。确定反弯点c的位置后,已知c点的弯矩等于零,则将板桩分成ac和cb两段,根据平衡条件可求得板桩的入土深度t。

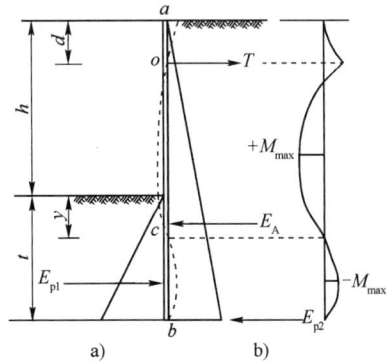

图2-12 下端为固定支承时的单支撑板桩的计算

四、多支撑板桩墙计算

当坑底在地面或水面以下很深时,为了减少板桩的弯矩,可以设置多层支撑。支撑的层数及位置要根据土质、坑深、支撑结构杆件的材料强度,以及施工要求等因素拟定。板桩支撑的层数和支撑间距布置一般采用以下两种方法设置。

1. 等弯矩布置

当板桩强度已定,即板桩作为常备设备使用时,可按支撑之间最大弯矩相等的原则设置。

2. 等反力布置

当把支撑作为常备构件使用时,甚至要求各层支撑的断面都相等时,可把各层支撑的反力设计成相等。

支撑是按在轴向力作用下的压杆计算,若支撑长度很大时,应考虑支撑自重产生的弯矩影响。从施工角度出发,支撑间距不应小于2.5m。

多支撑板桩上的土压力分布形式与板桩墙位移情况有关,由于多支撑板桩墙的施工程序往往是先打好板桩,然后随挖土随支撑,因而板桩下端在土压力作用下容易向内倾斜,如图2-13中虚线所示。这种位移与挡土墙绕墙顶转动的情况相似,但墙后土体达不到主动极限平

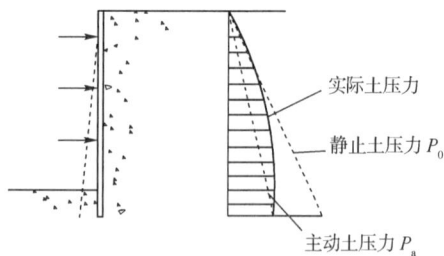

图 2-13　多支撑板桩墙的位移及土压力分布

衡状态,故土压力不能按库仑或朗金理论计算。根据试验结果证明,这时土压力呈中间大、上下小的抛物线形状分布,其变化在静止土压力与主动土压力之间,如图 2-13 所示。

太沙基和佩克根据实测及模型试验结果,提出作用在板桩墙上的土压力分布经验图形,如图 2-14 所示。

多支撑板桩墙计算时,也可假定板桩在支撑之间为简支支承,由此计算板桩弯矩及支撑作用力。

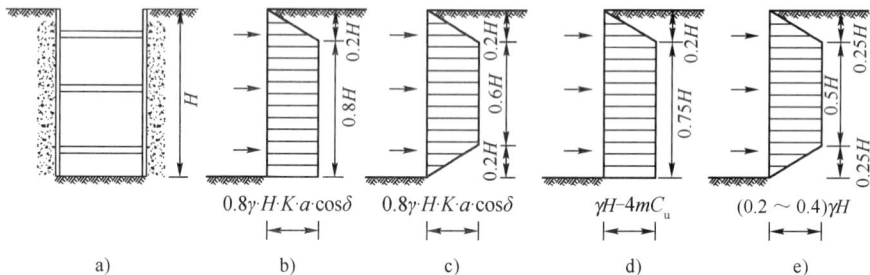

图 2-14　多支撑板桩墙土压力的分布图形
a)板桩支撑;b)松砂;c)密砂;d)黏土 $\gamma H > 6C_u$;e)黏土 $\gamma H > 4C_u$

五、基坑稳定性验算

1. 坑底流沙验算

若坑底土为粉砂、细砂等时,在基坑内抽水可能引起流沙的危险。一般可采用简化计算方法进行验算,其原则是板桩有足够的入土深度以增大渗流长度,减少向上动水力。由于基坑内抽水后引起的水头差 h'(图 2-15)造成的渗流,其最短渗流途径为 $h_1 + t$,在流程 t 中水对土粒动水力应是垂直向上的,故可要求此动水力不超过土的有效重度 γ_b,则不产生流沙的安全条件为:

$$K \cdot i \cdot \gamma_w \leq \gamma_b \qquad (2\text{-}3)$$

式中:K——安全系数,取 2.0;

$\quad i$——水力梯度,$i = \dfrac{h'}{h_1 + t}$;

$\quad \gamma_b$——土的有效重度;

$\quad \gamma_w$——水的重度。

由此可计算确定板桩要求的入土深度 t。

2. 坑底隆起验算

开挖较深的软土基坑时,在坑壁土体自重力和坑顶作用的作用下,坑底软土可能受挤在坑底发生隆起现象,常用简化方法验算。即假定地基破坏时会发生如图 2-16 所示的滑动面,其滑动面圆心在最底层支撑点 A 处,半径为 x,垂直面上的抗滑阻力不予考虑,则

滑动力矩为:

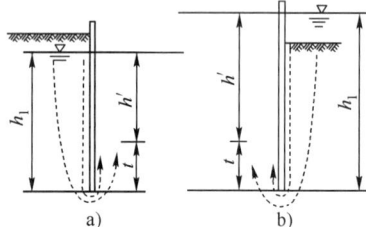

图 2-15　基坑抽水后水头差引起的渗流

$$M_{\mathrm{d}} = (q + \gamma H)\frac{x^2}{2} \tag{2-4}$$

稳定力矩为:

$$M_{\gamma} = x\int_0^{\frac{\pi}{2}+\alpha}(S_{\mathrm{u}}x)\mathrm{d}\theta,\alpha < \frac{\pi}{2} \tag{2-5}$$

式中:S_{u}——滑动面上不排水抗剪强度,如土为饱和软黏土,则 $\varphi = 0$,$S_{\mathrm{u}} = C_{\mathrm{u}}$。

M_{γ} 与 M_{d} 之比即为安全系数 K,如基坑处地层土质均匀,则安全系数为:

$$K_{\mathrm{s}} = \frac{(\pi + 2\alpha)S_{\mathrm{u}}}{\gamma H + q} \geqslant 1.2$$

式中,$\pi + 2\alpha$ 以弧度表示。

六、封底混凝土厚度计算

有时钢板桩围堰需进行水下混凝土封底后,再在围堰内抽水修筑基础和墩身。在抽干水后封底混凝土底面因围堰内外水头差而受到向上的静水压力,若板桩围堰和封底混凝土之间的黏结作用不致被静水压力破坏,则封底混凝土及围堰有可能被水浮起,或者封底混凝土产生向上挠曲而折裂,因此封底混凝土应有足够的厚度,以确保围堰安全(图2-17)。

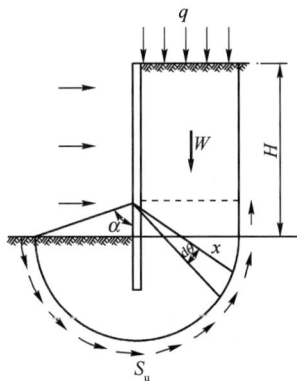

图 2-16 板桩支护的软土滑动面   图 2-17 封底混凝土的最小厚度

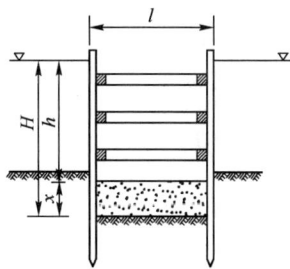

作用在封底层的浮力是由封底混凝土和围堰自重,以及板桩和土的摩阻力来平衡的。当板桩打入基底以下深度不大时,平衡浮力主要靠封底混凝土自重,若封底混凝土最小厚度为 x,如图2-17 所示,则

$$\gamma_{\mathrm{c}} \cdot x = \gamma_{\mathrm{w}}(\mu h + x)$$

$$x = \frac{\mu \cdot \gamma_{\mathrm{w}}h}{\gamma_{\mathrm{c}} - \gamma_{\mathrm{w}}} \tag{2-6}$$

式中:μ——考虑未计算桩土间摩阻力和围堰自重的修正系数,小于1,具体数值由经验确定;

γ_{w}——水的重度,取10kN/m³;

γ_{c}——混凝土重度,取23kN/m³;

h——封底混凝土顶面处水头高度（m）。

如板桩打入基坑下较深，板桩与土之间摩阻力较大，加上封底层及围堰自重，整个围堰不会被水浮起，此时封底层厚度应由其强度确定。现一般按容许应力法并简化计算，假定封底层为一简支单向板，其顶面在静水压力作用下产生弯曲拉应力。

$$\sigma = \frac{1}{8}\frac{pl^2}{W} = \frac{l^2}{8}\frac{\gamma_w(h + x) - \gamma_c x}{\frac{1}{6}x^2} \leq [\sigma]$$

经整理得：

$$\frac{4}{3}\frac{[\sigma]}{l^2}x^2 + \gamma_c x - \gamma_w H = 0 \tag{2-7}$$

式中：W——封底层每米宽断面的截面模量（m³）；

l——围堰宽度（m）；

$[\sigma]$——水下混凝土容许弯拉应力，考虑水下混凝土表层质量较差、养护时间短等因素，不宜取值过高，一般用 $100 \sim 200$ kPa。

封底混凝土灌注时厚度宜比计算值大 $0.25 \sim 0.50$ m，以便在抽水后将顶层浮浆、软弱层凿除，以保证质量。

由此可解得封底混凝土层厚 x。

第四节　地基承载力的确定

地基承载力容许值是在地基原位测试或规范给出的各类岩土承载力基本容许值$[f_{a0}]$的基础上，经修正后得到的。

一、岩土地基承载力

地基承载力基本容许值，应首先考虑由荷载试验或其他原位测试取得，其值不应大于地基极限承载力的 1/2；对中小桥、涵洞，当受现场条件限制，或荷载试验和原位测试确有困难时，可根据岩土类别、状态及其物理力学特性指标按表 2-1 ~ 表 2-7 选用。

一般岩石地基可根据强度等级、节理按表 2-1 确定承载力基本容许值$[f_{a0}]$。对于复杂的岩层（如溶洞、断层、软弱夹层、易溶岩石、软化岩石等）应按各项因素综合确定。

岩石地基承载力基本容许值$[f_{a0}]$（kPa）　　　　　　　　　　　　表 2-1

$[f_{a0}]$ 节理发育程度　坚硬程度	节理不发育	节 理 发 育	节理很发育
坚硬岩、较硬岩	>3 000	3 000 ~ 2 000	2 000 ~ 1 500
较软岩	3 000 ~ 1 500	1 500 ~ 1 000	1 000 ~ 800
软岩	1 200 ~ 1 000	1 000 ~ 800	800 ~ 500
极软岩	500 ~ 400	400 ~ 300	300 ~ 200

碎石土地基可根据其类别和密实程度,按表2-2确定承载力基本容许值$[f_{a0}]$。

碎石土地基承载力基本容许值$[f_{a0}]$(kPa) 表2-2

$[f_{a0}]$ 密实程度 土名	密 实	中 密	稍 密	松 散
卵石	1 200 ~ 1 000	1 000 ~ 650	650 ~ 500	500 ~ 300
碎石	1 000 ~ 800	800 ~ 550	550 ~ 400	400 ~ 200
圆砾	800 ~ 600	600 ~ 400	400 ~ 300	300 ~ 200
角砾	700 ~ 500	500 ~ 400	400 ~ 300	300 ~ 200

注:1. 由硬质岩组成,填充砂土者取高值;由软质岩组成,填充黏性土者取低值。
   2. 半胶结的碎石土,可按密实的同类土的$[f_{a0}]$值提高10% ~ 30%。
   3. 松散的碎石土在天然河床中很少遇见,需特别注意鉴定。
   4. 漂石、块石的$[f_{a0}]$值,可参照卵石、碎石适当提高。

砂土地基可根据土的密实度和水位情况,按表2-3确定承载力基本容许值$[f_{a0}]$。

砂土地基承载力基本容许值$[f_{a0}]$(kPa) 表2-3

土名	$[f_{a0}]$ 密实度 湿度	密实	中密	稍密	松散
砾砂、粗砂	与湿度无关	550	430	370	200
中砂	与湿度无关	450	370	330	150
细砂	水上	350	270	230	100
细砂	水下	300	210	190	—
粉砂	水上	300	210	190	—
粉砂	水下	200	110	90	—

粉土地基可根据土的天然孔隙比e和天然含水率$w(\%)$,按表2-4确定承载力基本容许值$[f_{a0}]$。

粉土地基承载力基本容许值$[f_{a0}]$(kPa) 表2-4

$[f_{a0}]$ $w(\%)$ e	10	15	20	25	30	35
0.5	400	380	355	—	—	—
0.6	300	290	280	270	—	—
0.7	250	235	225	215	205	—
0.8	200	190	180	170	165	—
0.9	160	150	145	140	130	125

老黏性土地基可根据压缩模量E_s,按表2-5确定承载力基本容许值$[f_{a0}]$。

老黏性土地基承载力基本容许值[f_{a0}]　　　　表2-5

E_s(MPa)	10	15	20	25	30	35	40
[f_{a0}](kPa)	380	430	470	510	550	580	620

注：当老黏性土 E_s<10MPa 时，承载力基本容许值[f_{a0}]按一般黏性土（表2-6）确定。

　　一般黏性土，可根据液性指数 I_L 和天然孔隙比 e，按表2-6确定地基承载力基本容许值[f_{a0}]。

一般黏性土地基承载力基本容许值[f_{a0}]（kPa）　　　　表2-6

e ＼ $\dfrac{[f_{a0}]\,\diagdown\,I_L}{}$	0	0.1	0.2	0.3	0.4	0.5	0.6	0.7	0.8	0.9	1.0	1.1	1.2
0.5	450	440	430	420	400	380	350	310	270	240	220	—	—
0.6	420	410	400	380	360	340	310	280	250	220	200	180	—
0.7	400	370	350	330	310	290	270	240	220	190	170	160	150
0.8	380	330	300	280	260	240	230	210	180	160	150	140	130
0.9	320	280	260	240	220	210	190	180	160	140	130	120	100
1.0	250	230	220	210	190	170	160	150	140	120	110	—	—
1.1	—	—	160	150	140	130	120	110	100	90	—	—	—

注：1. 土中含有粒径大于2mm的颗粒质量超过总质量的30%以上者，[f_{a0}]可适当提高。

　　2. 当 e<0.5 时，取 e=0.5；当 I_L<0 时，取 I_L=0。此外，超过表列范围的一般黏性土，[f_{a0}]=57.22$E_s^{0.57}$。

　　新近沉积黏性土地基，可根据液性指数 I_L 和天然孔隙比 e，按表2-7确定承载力基本容许值[f_{a0}]。

新近沉积黏性土地基承载力基本容许值[f_{a0}]（kPa）　　　　表2-7

e ＼ $\dfrac{[f_{a0}]\,\diagdown\,I_L}{}$	≤0.25	0.75	1.25
≤0.8	140	120	100
0.9	130	110	90
1.0	120	100	80
1.1	110	90	—

　　修正后的地基承载力容许值[f_a]按式(2-8)确定。当基础位于水中不透水地层上时，[f_a]按平均常水位至一般冲刷线的水深每米再增大10kPa。

$$[f_a] = [f_{a0}] + k_1\gamma_1(b - 2) + k_2\gamma_2(h - 3) \tag{2-8}$$

式中：[f_a]——修正后的地基承载力容许值(kPa)；

　　　　b——基础底面的最小边宽(m)，当 b<2m 时，取 b=2m；当 b>10m 时，取 b=10m；

　　　　h——基底埋置深度(m)，当不受水流冲刷时，自天然地面起算；当有水流冲刷时，自一般冲刷线起算；当 h<3m 时，取 h=3m；当 h/b>4 时，取 h=4b；

　　　　k_1、k_2——基底宽度、深度修正系数，根据基底持力层土的类别按表2-8确定；

　　　　γ_1——基底持力层土的天然重度(kN/m³)，若持力层在水面以下且为透水者，应取浮重度；

γ_2——基底以上土层的加权平均重度(kN/m^3),换算时,若持力层在水面以下,且不透水,则不论基底以上土的透水性质如何,一律取饱和重度;当透水时,水中部分土层则应取浮重度。

地基土承载力宽度、深度修正系数 k_1、k_2　　　　　　　　　表 2-8

系数 \ 土类	黏 性 土				粉土	砂 土								碎石土			
	老黏性土	一般黏性土		新近沉积黏性土	—	粉砂		细砂		中砂		砾砂、粗砂		碎石、圆砾角砾		卵石	
		$I_L \geqslant 0.5$	$I_L < 0.5$			中密	密实	中密	密实	中密	密实	中密	密实	中密	密实	中密	密实
k_1	0	0	0	0	0	1.0	1.2	1.5	2.0	2.0	3.0	3.0	4.0	3.0	4.0	3.0	4.0
k_2	2.5	1.5	2.5	1.0	1.5	2.0	2.5	3.0	4.0	4.0	5.5	5.0	6.0	5.0	6.0	6.0	10.0

注:1. 对于稍密和松散状态的砂、碎石土,k_1、k_2 值可采用表列中密值的 50%。
　　2. 强风化和全风化的岩石,可参照所风化成的相应土类取值;其他状态下的岩石不修正。

二、软土地基承载力

软土地基承载力容许值[f_a],按下列规定确定。

软土地基承载力基本容许值[f_{a0}]应由荷载试验或其他原位测试取得。荷载试验和原位测试确有困难时,对于中小桥、涵洞基底未经处理的软土地基承载力容许值[f_a]可采用以下两种方法确定:

(1)根据原状土天然含水率 w,按表 2-9 确定软土地基承载力基本容许值[f_{a0}],然后按式(2-9)计算修正后的地基承载力容许值[f_a]。

$$[f_a] = [f_{a0}] + \gamma_2 h \tag{2-9}$$

式中,γ_2、h 的意义同式(2-8)。

软土地基承载力基本容许值[f_{a0}]　　　　　　　　　表 2-9

天然含水率 w(%)	36	40	45	50	55	65	75
[f_{a0}](kPa)	100	90	80	70	60	50	40

(2)根据原状土强度指标确定软土地基承载力容许值[f_a]。

$$[f_a] = \frac{5.14}{m} k_p C_u + \gamma_2 h \tag{2-10}$$

$$k_p = \left(1 + 0.2\frac{b}{l}\right)\left(1 - \frac{0.4H}{blC_u}\right) \tag{2-11}$$

式中:m——抗力修正系数,可视软土灵敏度及基础长宽比等因素选用 1.5 ~ 2.5;

$\quad C_u$——地基土不排水抗剪强度标准值(kPa);

$\quad k_p$——系数;

$\quad H$——由作用(标准值)引起的水平力(kN);

$\quad b$——基础宽度(m),有偏心作用时,取 $b - 2e_b$;

$\quad l$——垂直于 b 边的基础长度(m),有偏心作用时,取 $l - 2e_l$;

$\quad e_b$、e_l——偏心作用在宽度和长度方向的偏心距。

经排水固结方法处理的软土地基,其承载力基本容许值[f_{a0}]应通过荷载试验或其他原位测试方法确定；经复合地基方法处理的软土地基，其承载力基本容许值应通过荷载试验确定，然后按式(2-9)计算修正后的软土地基承载力容许值$[f_a]$。

地基承载力容许值$[f_a]$应根据地基受荷阶段及受荷情况乘以下列规定的抗力系数γ_R。

使用阶段：

(1)当地基承受的作用短期效应组合或作用效应偶然组合时，可取$\gamma_R=1.25$；但对承载力容许值$[f_a]$小于150kPa的地基，应取$\gamma_R=1.0$。

(2)当地基承受的作用短期效应组合仅包括结构自重、预加力、土重力、土侧压力、汽车和人群效应时，应取$\gamma_R=1.0$。

(3)当基础建于经多年压实未遭破坏的旧桥基（岩石旧桥基除外）上时，不论地基承受的作用情况如何，抗力系数均可取$\gamma_R=1.5$；对$[f_a]$小于150kPa的地基可取$\gamma_R=1.25$。

(4)基础建于岩石旧桥基上，应取$\gamma_R=1.0$。

施工阶段：

(1)地基在施工荷载作用下，可取$\gamma_R=1.25$。

(2)当墩台施工期间承受单向推力时，可取$\gamma_R=1.5$。

第五节　刚性扩大基础的设计与计算

刚性扩大基础的设计与计算的主要内容：基础埋置深度的确定；刚性扩大基础尺寸的拟定；地基承载力验算；基底合力偏心距验算；基础稳定性验算；基础沉降验算。

一、基础埋置深度的确定

在确定基础埋置深度时，必须考虑把基础设置在变形较小而强度又比较大的持力层上，以保证地基强度满足要求，而且不致产生过大的沉降或沉降差。此外，还要使基础有足够的埋置深度，以保证基础的稳定性，确保基础的安全。确定基础的埋置深度时，必须综合考虑以下各种因素的作用。

1.地基的地质条件

覆盖土层较薄（包括风化岩层）的岩石地基，一般应清除覆盖土和风化层后，将基础直接修建在新鲜岩面上；如岩石的风化层很厚，难以全部清除时，基础放在风化层中的埋置深度应根据其风化程度、冲刷深度及相应的容许承载力来确定。如岩层表面倾斜时，不得将基础的一部分置于岩层上，而另一部分置于土层上，以防基础因不均匀沉降而发生倾斜甚至断裂。在陡峭山坡上修建桥台时，还应注意岩体的稳定性。

当基础埋置在非岩石地基上，如受压层范围内为均质土，基础埋置深度除满足冲刷、冻胀等要求外，可根据作用大小，由地基土的承载能力和沉降特性来确定（同时考虑基础需要的最小埋深）。当地质条件较复杂，如地层为多层土组成等，或对大中型桥梁及其他建筑物基础持力层的选定，应通过较详细的计算或方案比较后确定。

2.河流的冲刷深度

在有水流的河床上修建基础时，要考虑洪水对基础下地基土的冲刷作用。洪水水流越急，流量越大,洪水的冲刷越大。整个河床面被洪水冲刷后下降,这叫一般冲刷,被冲下去的深度叫一般冲刷深度。同时,由于桥墩的阻水作用,使洪水在桥墩四周冲出一个深坑,这叫局部冲刷。

因此,在有冲刷的河流中,为了防止桥梁墩、台基础四周和基底下土层被水流掏空冲走导致倒塌,基础必须埋置在设计洪水的最大冲刷线以下不小于1.5m。特别是在山区和丘陵地区的河流,更应注意考虑季节性洪水的冲刷作用。

非岩石河床桥梁墩台基底埋深安全值,可按表2-10确定。

基底埋深安全值(m)   表2-10

基底埋深安全值 · 总冲刷深度(m) · 桥梁类别	0	5	10	15	20
大桥、中桥、小桥(不铺砌)	1.5	2.0	2.5	3.0	3.5
特大桥	2.0	2.5	3.0	3.5	4.0

注:1. 总冲刷深度为自河床面算起的河床自然演变冲刷、一般冲刷与局部冲刷深度之和。

2. 表列数值为墩台基底埋入总冲刷深度以下的最小值;若对设计流量、水位和原始断面资料无把握或不能获得河床演变准确资料时,其值宜适当加大。

3. 若桥位上下游有已建桥梁,应调查已建桥梁的特大洪水冲刷情况,新建桥墩台基础埋置深度不宜小于已建桥梁的冲刷深度且酌加必要的安全值。

岩石河床墩台基底最小埋置深度,可参考《公路工程水文勘测设计规范》(JTG C30—2002)附录 C 确定。

位于河槽的桥台,当其最大冲刷深度小于桥墩总冲刷深度时,桥台基底的埋深应与桥墩基底相同;当桥台位于河滩时,对河槽摆动不稳定的河流,桥台基底高程应与桥墩基底高程相同;在稳定河流上,桥台基底高程可按照桥台冲刷结果确定。

3. 当地的冻结深度

在寒冷地区,应该考虑由于季节性的冰冻和融化对地基土引起的冻胀影响。对于冻胀性土,如土温在较长时间内保持在冻结温度以下,水分能从未冻结土层不断地向冻结区迁移,引起地基的冻胀和隆起,这些都可能使基础遭受损坏。当墩台基底设置在不冻胀土层中时,基底埋深可不受冻深的限制。上部为超静定结构的桥涵基础,其地基为冻胀土层时,应将基底埋入冻结线以下不小于0.25m。

当墩台基础设置在季节性冻胀土层中时,基底的最小埋置深度可按下列公式计算:

$$d_{\min} = z_{\mathrm{d}} - h_{\max} \tag{2-12}$$

$$z_{\mathrm{d}} = \psi_{\mathrm{zs}}\psi_{\mathrm{zw}}\psi_{\mathrm{ze}}\psi_{\mathrm{zg}}\psi_{\mathrm{zf}}z_0 \tag{2-13}$$

式中:$d_{\min}$——基底最小埋置深度(m);

z_{d}——设计冻深(m);

z_0——标准冻深(m),无实测资料时,可按规范附录采用;

ψ_{zs}——土的类别对冻深的影响系数,按表2-11查取;

ψ_{zw}——土的冻胀性对冻深的影响系数,按表2-12查取;

ψ_{ze}——环境对冻深的影响系数,按表2-13查取;

ψ_{zg}——地形坡向对冻深的影响系数,按表2-14查取;

ψ_{zf}——基础对冻深的影响系数，取 $\psi_{zf}=1.1$；

h_{max}——基础底面下容许最大冻层厚度(m)，按表 2-15 查取。

土的类别对冻深的影响系数 ψ_{zs} 　　　表 2-11

土 的 类 别	ψ_{zs}	土 的 类 别	ψ_{zs}
黏性土	1.00	中砂、粗砂、砾砂	1.30
细砂、粉砂、粉土	1.20	碎石土	1.40

土的冻胀性对冻深的影响系数 ψ_{zw} 　　　表 2-12

冻 胀 性	ψ_{zw}	冻 胀 性	ψ_{zw}
不冻胀	1.00	强冻胀	0.85
弱冻胀	0.95	特强冻胀	0.80
冻胀	0.90	极强冻胀	0.75

注：季节性冻土分类见本规范附录 H。

环境对冻深的影响系数 ψ_{ze} 　　　表 2-13

周 围 环 境	ψ_{ze}	周 围 环 境	ψ_{ze}
村、镇、旷野	1.00	城市市区	0.90
城市近郊	0.95	—	—

注：当城市市区人口为 20 万～50 万时，按城市近郊取值；当城市市区人口大于 50 万小于或等于 100 万时，按城市市区取值；当城市市区人口超过 100 万时，按城市市区取值；5km 以内的郊区应按城市近郊取值。

地形坡向对冻深的影响系数 ψ_{zg} 　　　表 2-14

地 形 坡 向	平　　坦	阳　　坡	阴　　坡
ψ_{zg}	1.0	0.9	1.1

不同冻胀土类别在基础底面下容许最大冻层厚度 h_{max} 　　　表 2-15

冻胀土类别	弱冻胀	冻胀	强冻胀	特强冻胀	极强冻胀
h_{max}	$0.38z_0$	$0.28z_0$	$0.15z_0$	$0.08z_0$	0

注：z_0-标准冻深(m)；季节性冻胀土分类见规范附录。

涵洞基础设置在季节性冻土地基上时，出入口和自两端洞口向内各 2～6m 范围内(或可采用不小于 2m 的一段涵节长度)涵身基底的埋置深度可按式(2-12)计算确定。涵洞中间部分的基础埋深，可根据地区经验确定。严寒地区，当涵洞中间部分基础的埋深与洞口埋深相差较大时，其连接处应设置过渡段。冻结较深地区，也可采用将基底至冻结线处的地基土换填为粗颗粒土(包括碎石土、砾砂、粗砂、中砂，但其中粉黏粒含量不应大于 15%，或粒径小于 0.1mm 的颗粒不应大于 25%)的措施。

4.上部结构形式

上部结构的形式不同，对基础产生的位移要求也不同。对中、小跨度简支梁桥来说，这项因素对确定基础的埋置深度影响不大，但对超静定结构，即使基础发生较小的不均匀沉降也会使内力产生一定变化。例如，对拱桥桥台，为了减小可能产生的水平位移和沉降差值，有时需将基础设置在埋藏较深的坚实土层上。

5. 当地的地形条件

当墩台、挡土墙等结构位于较陡的土坡上,在确定基础埋深时,还应考虑土坡连同结构物基础一起滑动的稳定性。由于在确定地基容许承载力时,一般是按地面为水平的情况下确定的,因而当地基为倾斜土坡时,应结合实际情况,予以适当折减并采取一定措施。

若基础位于较陡的岩体上,可将基础做成台阶形,但要注意岩体的稳定性。

6. 保证持力层稳定所需的最小埋置深度

地表土,在温度和湿度的影响下,会产生一定的风化作用,其性质是不稳定的,再加上人类和动物的活动以及植物的生长作用,也会破坏地表土层的结构,影响其强度和稳定,所以一般地表土不宜作为持力层。为了保证地基和基础的稳定性,基础的埋置深度(除岩石地基外)应在天然地面或无冲刷河底以下不小于1m。

除此以外,在确定基础埋置深度时,还应考虑相邻建筑物的影响,如新建筑物基础比原有建筑物基础深,则施工挖土有可能影响原有基础的稳定。施工技术条件(施工设备、排水条件、支撑要求等)及经济分析等对基础埋深也有一定影响,这些因素也应考虑。

上述影响基础埋深的因素不仅适用于天然地基上的浅基础,有些因素也适用于其他类型的基础(如沉井基础)。

二、刚性扩大基础尺寸的拟定

基础尺寸拟定,主要根据基础埋置深度确定基础平面尺寸和基础分层厚度。所拟定的基础尺寸,应是在可能的最不利作用组合的条件下,能保证基础本身有足够的结构强度,并能使地基与基础的承载力和稳定性均能满足规定要求,并且是经济合理的。

基础厚度:应根据墩、台身结构形式,作用大小,选用的基础材料,基础埋置深度,地质条件等因素来确定。水中基础顶面一般不高于最低水位,在季节性流水的河流或旱地上的桥梁墩、台基础,则不宜高出地面,以防碰损。一般情况下,大、中桥墩、台混凝土基础厚度不宜小于1.0m。

基础平面尺寸:基础平面形状一般应考虑墩、台身底面的形状而确定,基础平面形状常用矩形。基础底面长宽尺寸与高度有如下的关系式。

长度(横桥向) $a = l + 2H \cdot \tan\alpha$

宽度(顺桥向) $b = d + 2H \cdot \tan\alpha$

式中:l——墩、台身底截面长度(m);

d——墩、台身底截面宽度(m);

H——基础高度(m);

α——墩、台身底截面边缘至基础边缘线与垂线间的夹角,其值根据基础材料确定,一般为圬工材料的刚性角。

基础剖面尺寸:刚性扩大基础的剖面形式,一般做成矩形或台阶形,如图2-18所示。自墩、台身底边缘至基顶边缘距离 c_1 称襟边,其作用一方面是扩大基底面积,增加基础承载力,同时也便于调整基础施工时在平面尺寸上可能发生的误差;另一方面也为了支立墩、台身模板的需要。其值应视基底面积的要求、基础厚度及施工方法而定。桥梁墩台基础襟边最小值为 20~30cm。基础较厚（超过 1m 以上）时，可将基础的剖面砌筑成台阶形，如图 2-18 所示。

基础悬出总长度（包括襟边与台阶宽度之和）：应使悬出部分在基底反力作用下，在 a-a 截面[图 2-18b)]所产生的弯曲拉力和剪应力应不超过基础圬工的强度限值。所以满足上述要求时，就可得到自墩台身边缘处的垂线与基底边缘的连线间的最大夹角 α_{max}，称为刚性角。在设计时，应使每个台阶宽度 c_i 与厚度 t_i 保持在一定比例内，使其夹角 $\alpha_i \leqslant \alpha_{max}$，这时可认为属刚性基础，不必对基础进行弯曲拉应力和剪应力的强度验算，在基础中也可不设置受力钢筋。刚性角 α_{max} 的数值是与基础所用的圬工材料强度有关。

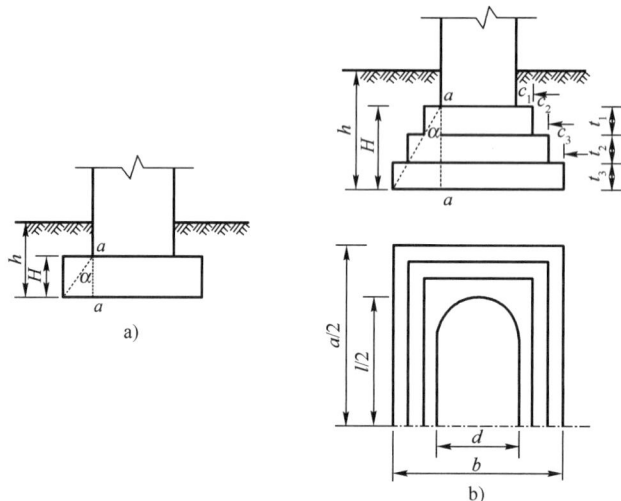

图 2-18　刚性扩大基础剖面、平面图

基础每层台阶高度 t_i，通常为 0.50~1.00m。在一般情况下，各层台阶宜采用相同厚度。

三、地基承载力验算

基础底面岩土的承载力，当不考虑嵌固作用时，可按下式验算。

(1)当基底只承受轴心荷载时：

$$p = \frac{N}{A} \leqslant [f_a] \qquad (2\text{-}14)$$

式中：p——基底平均压应力；

　　N——由作用短期效应组合在基底产生的竖向力；

　　A——基础底面面积。

(2)当基底单向偏心受压，承受竖向力 N 和弯矩 M 共同作用时，除满足式(2-14)外，尚应符合下列条件：

$$p_{max} = \frac{N}{A} + \frac{M}{W} \leqslant \gamma_R [f_a] \qquad (2\text{-}15)$$

式中：p_{max}——基底最大压应力；

　　M——由作用短期效应组合产生于墩台的水平力和竖向力对基底重心轴的弯矩；

　　W——基础底面偏心方向边缘弹性抵抗矩。

（3）当基底双向偏心受压，承受竖向力 N 和绕 x 轴弯矩 M_x 与绕 y 轴弯矩 M_y 共同作用时，除满足式(2-14)外，尚应符合下列条件：

$$p_{max} = \frac{N}{A} + \frac{M_x}{W_x} + \frac{M_y}{W_y} \le \gamma_R [f_a] \qquad (2-16)$$

式中：M_x、M_y——作用于基底的水平力和竖向力绕 x 轴、y 轴的对基底的弯矩；

$\quad\quad\quad W_x$、W_y——基础底面偏心方向边缘绕 x 轴、y 轴的弹性抵抗矩。

当设置在基岩上的基底承受单向偏心荷载，其偏心距 e_0 超过核心半径时，可仅按受压区计算基底最大压应力（不考虑基底承受拉应力，见图 2-19）。基底为矩形截面的最大压应力 p_{max} 按式(2-17)计算：

$$p_{max} = \frac{2N}{3da} = \frac{2N}{3\left(\dfrac{b}{2} - e_0\right)a} \qquad (2-17)$$

式中：b——偏心方向基础底面的边长；

$\quad\quad\quad a$——垂直于 b 边基础底面的边长；

$\quad\quad\quad d$——N 作用点至基底受压边缘的距离；

$\quad\quad\quad e_0$——N 作用点距截面重心的距离。

当设置在基岩上的墩台基底承受双向偏心压应力且计算的 $e_0/\rho > 1.0$（ρ 为核心半径）时，可仅按受压区计算基底压应力（不考虑基底承受拉应力），墩台基底最大压应力可按《公桥基规》附录 K 确定。

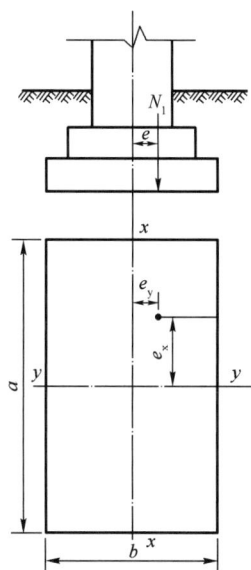

图 2-19　偏心竖直力作用在任意点

四、基底合力偏心距验算

对于桥涵墩台，应验算作用于基底的合力偏心距。

（1）桥涵墩台基底的合力偏心距容许值 $[e_0]$，应符合表 2-16 的规定。

墩台基底的合力偏心距容许值 $[e_0]$　　　　　　　　　表 2-16

作 用 情 况	地 基 条 件	合力偏心距	备　　注
墩台仅承受永久作用标准值效应组合	非岩石地基	桥墩 $[e_0] \le 0.1\rho$	拱桥、刚构桥墩台，其合力作用点应尽量保持在基底重心附近
		桥台 $[e_0] \le 0.75\rho$	
墩台承受作用标准值效应组合或偶然作用（地震作用除外）标准值效应组合	非岩石地基	$[e_0] \le \rho$	拱桥单向推力墩不受限制，但应符合《公桥基规》规定的抗倾覆稳定系数
	较破碎~极破碎岩石地基	$[e_0] \le 1.2\rho$	
	完整、较完整岩石地基	$[e_0] \le 1.5\rho$	

（2）基底以上外力作用点对基底重心轴的偏心距 e_0 按下式计算：

$$e_0 = \frac{M}{N} \leqslant [e_0] \tag{2-18}$$

式中：N、M——作用于基底的竖向力和所有外力（竖向力、水平力）及对基底截面重心的弯矩。

（3）基底承受单向或双向偏心受压的 ρ 值可按下列公式计算：

$$\rho = \frac{e_0}{1 - \frac{p_{\min}A}{N}} \tag{2-19}$$

$$p_{\min} = \frac{N}{A} - \frac{M_x}{W_x} - \frac{M_y}{W_y} \tag{2-20}$$

式中：$p_{\min}$——基底最小压应力，当为负值时表示拉应力；

e_0——N 作用点距截面重心的距离；

其余符号意义同前。

在基础底面下或基桩桩端下有软土层或软弱地基时，应按下式验算软土层或软弱地基的承载力：

$$p_z = \gamma_1(h + z) + \alpha(p - \gamma_2 h) \leqslant \gamma_R[f_a] \tag{2-21}$$

式中：p_z——软土层或软弱地基的压应力；

h——基底或桩端处的埋置深度（m），当基础受水流冲刷时，由一般冲刷线起算；当不受水流冲刷时，由天然地面起算；如位于挖方内，则由开挖后地面起算；

z——从基底或桩基桩端处到软土层或软弱地基顶面的距离（m）；

γ_1——深度（$h + z$）范围内各土层的换算重度（kN/m³）；

γ_2——深度 h 范围内各土层的换算重度（kN/m³）；

α——土中附加压应力系数，参见《公桥基规》附录；

p——基底压应力（kPa），当 $z/b > 1$ 时，p 采用基底平均压应力；当 $z/b \leqslant 1$ 时，p 按基底压应力图形采用距最大压应力点 $b/3 \sim b/4$ 处的压应力（对于梯形图形前后端压应力差值较大时，可采用上述 $b/4$ 点处的压应力值，反之，则采用上述 $b/3$ 处压应力值），以上 b 为矩形基底的宽度；

$[f_a]$——软土层或软弱地基顶面土的承载力容许值，按公式（2-8）、公式（2-9）采用。

若下卧层为压缩性较大的厚层软黏土时，应验算沉降量。

五、基础沉降计算

当墩台建筑在地质情况复杂、土质不均匀及承载力较差的地基上，以及相邻跨径差别很大而需计算沉降差或跨线桥净高需预先考虑沉降量时，均应计算其沉降。

墩台的沉降，应符合下列规定：

（1）相邻墩台间不均匀沉降差值（不包括施工中的沉降），不应使桥面形成大于2‰的附加纵坡。

（2）超静定结构桥梁墩台间不均匀沉降差值，还应满足结构的受力要求。

墩台基础的最终沉降量，可按下式计算：

$$s = \psi_s s_0 = \psi_s \sum_{i=1}^{n} \frac{p_0}{E_{si}} (z_i \overline{\alpha_i} - z_{i-1} \overline{\alpha_{i-1}}) \tag{2-22}$$

$$p_0 = p - \gamma h \qquad (2\text{-}23)$$

式中：s——地基最终沉降量（mm）；

s_0——按分层总和法计算的地基沉降量（mm）；

ψ_s——沉降计算经验系数，根据地区沉降观测资料及经验确定，缺少沉降观测资料及经验数据时，可按《公桥基规》确定；

n——地基沉降计算深度范围内所划分的土层数（图2-20）；

p_0——对应于荷载长期效应组合时的基础底面处附加压应力（kPa）；

E_{si}——基础底面下第 i 层土的压缩模量（MPa），应取土的"自重压应力"至"土的自重压应力与附加压应力之和"的压应力段计算；

z_i、z_{i-1}——基础底面至第 i 层土、第 $i-1$ 层土底面的距离（m）；

$\overline{\alpha_i}$、$\overline{\alpha_{i-1}}$——基础底面计算点至第 i 层土、第 $i-1$ 层土底面范围内平均附加压应力系数，可按《公桥基规》附录取用；

p——基底压应力（kPa），当 $z/b > 1$ 时，p 采用基底平均压应力；$z/b \leqslant 1$ 时，p 按压应力图形采用距最大压应力点 $b/3 \sim b/4$ 处的压应力（对梯形图形前后端压应力差值较大时，可采用上述 $b/4$ 处的压应力值，反之，则采用上述 $b/3$ 处压应力值），以上 b 为矩形基底宽度；

h——基底埋置深度（m），当基础受水流冲刷时，从一般冲刷线起算；当不受水流冲刷时，从天然地面起算；如位于挖方内，则由开挖后地面起算；

γ——h 内土的重度（kN/m³），基底为透水地基时水位以下取浮重度。

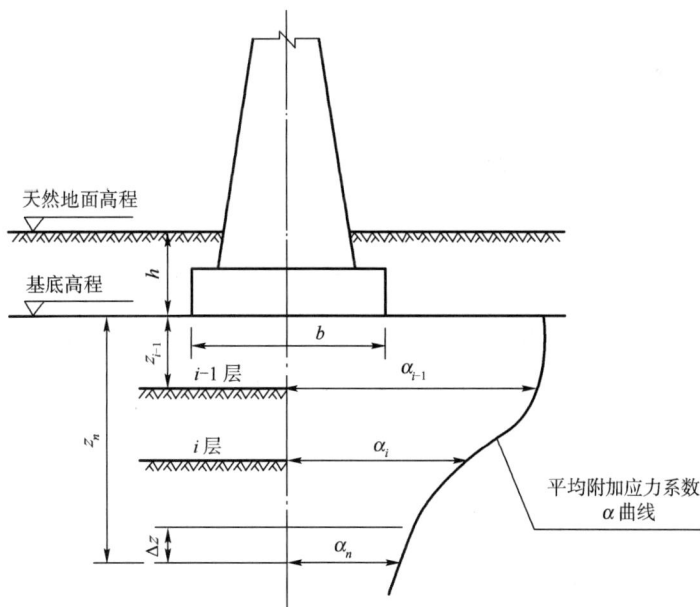

图2-20 基底沉降计算分层示意图

沉降计算经验系数 ψ_s 可按表2-17确定。

沉降计算经验系数 ψ_s　　　　　表2-17

经验系数 ψ_s　　$\overline{E}_s$(MPa) 基底附加压应力	2.5	4.0	7.0	15.0	20.0
$p_0 \geqslant [f_{a0}]$	1.4	1.3	1.0	0.4	0.2
$p_0 \leqslant 0.75[f_{a0}]$	1.1	1.0	0.7	0.4	0.2

注：1. 表中 $[f_{a0}]$ 为地基承载力基本容许值。

　　2. 表中 $\overline{E}_s$ 为沉降计算范围内压缩模量的当量值，应按下列公式计算：

$$\overline{E}_s = \frac{\sum A_i}{\sum \dfrac{A_i}{E_{si}}}$$

式中：A_i——第 i 层土的附加压应力系数沿土层厚度的积分值。

地基沉降计算时，设定计算深度 z_n，在 z_n 以上取 Δz 厚度（表2-18），其沉降量应符合下列公式：

$$\Delta s_n \leqslant 0.025 \sum_{i=1}^{n} \Delta s_i \tag{2-24}$$

式中：Δs_n——在计算深度底面向上取厚度为 Δz 的土层的计算沉降量，Δz 见图 2-20，并按表 2-18 采用；

　　　Δs_i——在计算深度范围内，第 i 层土的计算沉降量。

Δz　值　　　　　表2-18

基底宽度 b(m)	$b \leqslant 2$	$2 < b \leqslant 4$	$4 < b \leqslant 8$	$b > 8$
Δz(m)	0.3	0.6	0.8	1.0

已确定的计算深度下面，如仍有较软土层时，应继续计算。

当无相邻荷载影响，基底宽度在 $1 \sim 30$m 范围内时，基底中心的地基沉降计算深度 z_n 也可按下列简化公式计算：

$$z_n = b(2.5 - 0.4\ln b) \tag{2-25}$$

式中：b——基础宽度（m）。

在计算深度范围内存在基岩时，z_n 可取至基岩表面；当存在较厚的坚硬黏土层，其孔隙比小于0.5、压缩模量大于50MPa，或存在较厚的密实砂卵石层，其压缩模量大于80MPa 时，z_n 可取至该土层表面。

六、基础稳定性计算

1. 倾覆稳定性验算

桥涵墩台基础的抗倾覆稳定，按下列公式计算（图2-21）：

$$k_0 = \frac{s}{e_0} \tag{2-26}$$

$$e_0 = \frac{\sum P_i e_i + \sum H_i h_i}{\sum P_i} \tag{2-27}$$

式中：k_0——墩台基础抗倾覆稳定性系数；

　　　s——在截面重心至合力作用点的延长线上，自截面重心至验算倾覆轴的距离（m）；

　　　e_0——所有外力的合力 R 在验算截面上的作用点对基底重心轴的偏心距；

　　　P_i——不考虑其分项系数和组合系数的作用标准值组合或偶然作用（地震除外）标准值组合引起的竖向力（kN）；

　　　e_i——竖向力 P_i 对验算截面重心的力臂（m）；

　　　H_i——不考虑其分项系数和组合系数的作用标准值组合或偶然作用（地震除外）标准值组合引起的水平力（kN）；

　　　h_i——水平力 H_i 对验算截面重心的力臂（m）。

2. 滑动稳定性验算

桥涵墩台基础的抗滑动稳定性系数 k_c 按式（2-28）计算：

$$k_c = \frac{\mu \sum P_i + \sum H_{iP}}{\sum H_{ia}} \qquad (2-28)$$

式中：k_c——桥涵墩台基础的抗滑动稳定性系数；

　　$\sum P_i$——竖向力总和；

　　$\sum H_{iP}$——抗滑稳定水平力总和；

　　$\sum H_{ia}$——滑动水平力总和；

　　　μ——基础底面与地基土之间的摩擦系数，通过试验确定，当缺少实际资料时，可参照表 2-19 采用。

注：$\sum H_{iP}$ 和 $\sum H_{ia}$ 分别为两个相对方向的各自水平力总和，绝对值较大者为滑动水平力 $\sum H_{ia}$，另一个为抗滑稳定力 $\sum H_{iP}$；$\mu \sum P_i$ 为抗滑动稳定力。

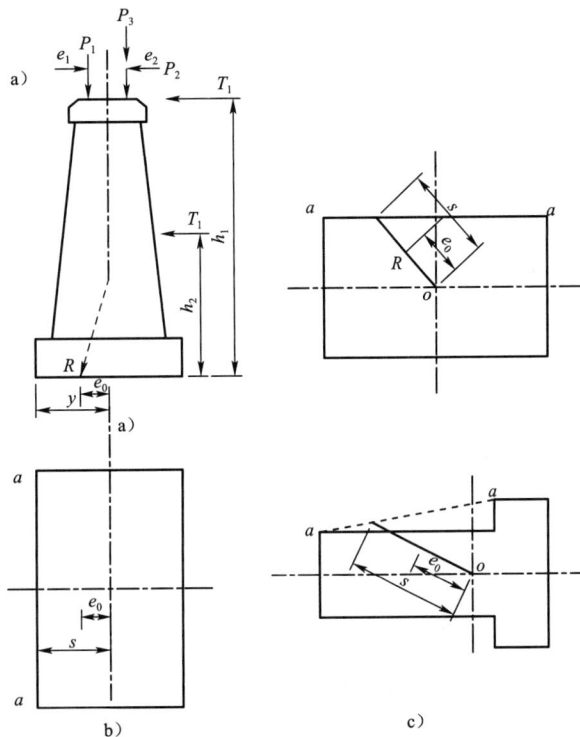

图 2-21　墩台基础的稳定验算示意图

a) 立面；b) 平面（单向偏心）；c) 平面（双向偏心）

o-截面重心；R-合力作用点；a-a-验算倾覆轴

注：1. 弯矩应视其绕验算截面重心轴的不同方向取正负号。

　　2. 对于矩形凹缺的多边形基础，其倾覆轴应取基底截面的外包线。

基 底 摩 擦 系 数　　　　　　　　　　　　　表 2-19

地基土分类	μ	地基土分类	μ
黏土（流塑～坚硬）、粉土	0.25	软岩（极软岩～较软岩）	0.40～0.60
砂土（粉砂～砾砂）	0.30～0.40	硬岩（较硬岩、坚硬岩）	0.60、0.70
碎石土（松散～密实）	0.40～0.50		

验算墩台抗倾覆和抗滑动的稳定性时，稳定性系数不应小于表2-20的规定。

抗倾覆和抗滑动的稳定性系数 表2-20

作 用 组 合		验 算 项 目	稳定性系数
使用阶段	永久作用（不计混凝土收缩及徐变、浮力）和汽车、人群的标准值效应组合	抗倾覆	1.5
		抗滑动	1.3
	各种作用（不包括地震作用）的标准值效应组合	抗倾覆	1.3
		抗滑动	1.2
施工阶段作用的标准值效应组合		抗倾覆	1.2
		抗滑动	

七、埋置式桥台刚性扩大基础设计示例

（一）设计资料及基本数据

某桥上部结构采用装配式钢筋混凝土简支T形梁，标准跨径是20.00m，计算跨径 $L = 19.50m$，摆动支座，桥面宽度为净 $7m + 2 \times 1.0m$，该工程设计安全等级为二级，设计汽车荷载等级为公路—Ⅱ级，双车道，按《公桥基规》进行计算。

材料：台帽、耳墙及截面 a-a 以上混凝土强度等级为C25，$\gamma_1 = 25.00kN/m^3$，台身自截面 a-a 以下用浆砌石（面墙用块石，其他用片石，石料强度不小于MU30），采用水泥砂浆的强度等级为M7.5，$\gamma_2 = 23.00kN/m^3$，基础用C15素混凝土浇筑，$\gamma_3 = 24.00kN/m^3$。台后及溜坡填土 $\gamma_4 = 17.00kN/m^3$，填土的内摩擦角 $\varphi = 35°$，黏聚力 $c = 0$。

水文、地质资料：设计洪水水位高程离基底的距离为7.00m（即在 a-a 截面处），地基土的物理、力学指标见表2-21。

土工试验成果表 表2-21

取土深度（自基底算起）（m）	天然状态下土的物理性指标				土粒相对密度 d_s	塑 性 试 验				抗 剪 试 验		压缩系数
	含水率 w（%）	密度 ρ（g/m³）	空隙比 e	饱和度 s_r（%）		液限 w_L（%）	塑限 w_P（%）	塑性指数 I_P	液性指数 I_L	内摩擦角 φ（°）	黏聚力 c（MPa）	a_{1-2}（MPa⁻¹）
3.40~3.60	24.4	2.03	0.608	99.0	2.73	51.0	22.1	28.9	0.05	19.3	89.8	0.11
8.90~9.10	30.5	1.90	0.889	94.3	2.75	51.3	23.1	28.2	0.26	16.3	43.2	0.16

（二）桥台与基础构造及拟定的尺寸

基础分两层，每层厚度为0.5m，襟边和台阶等宽，取0.40m。根据襟边和台阶构造要求初拟出平面较小尺寸，见图2-22，经验算不满足要求时再调整尺寸。基础用C15混凝土浇筑混凝土的刚性角 $\alpha_{max} = 40°$。基础的扩散角为：

$$\alpha = \tan^{-1}\frac{0.8}{1.0} = 38.66° < \alpha_{max} = 40°（满足要求）$$

（三）荷载计算及组合

1. 上部构造恒载反力及桥台台身、基础自重与基础上土重计算（表2-22）

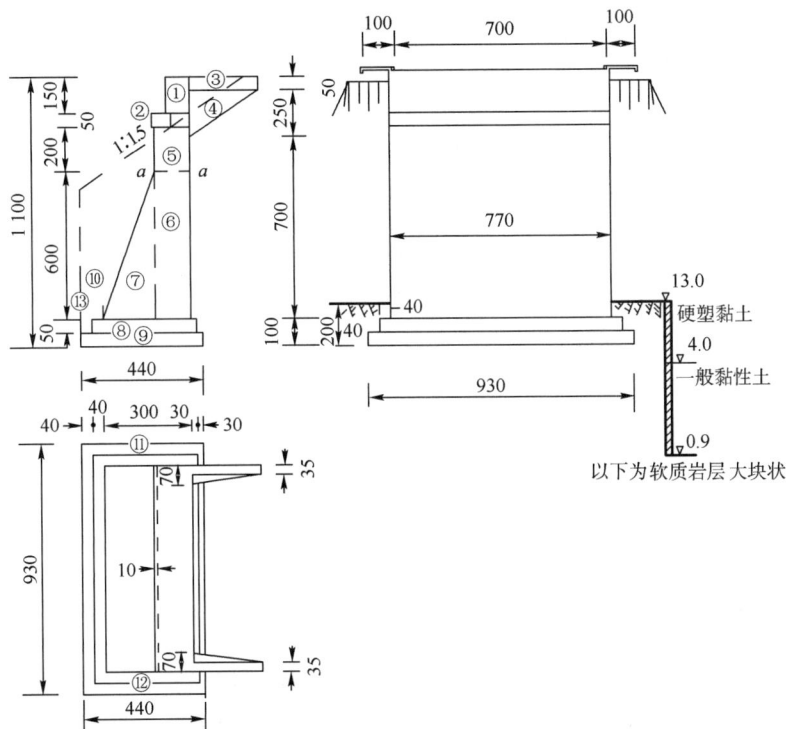

图 2-22　桥台与基础构造尺寸拟定(尺寸单位:cm,高程单位:m)

荷 载 计 算　　　　　　　　　　　　　　　　　　表 2-22

序号	计　算　式	竖直力 P (kN)	对基底中心轴偏心距 ρ (m)	弯矩 M (kN·m)	备　　注
1	$0.9 \times 1.5 \times 7.7 \times 25.00$	259.88	1.15	298.86	
2	$0.5 \times 1.5 \times 7.7 \times 25.00$	144.38	0.85	122.72	
3	$0.5 \times 2.4 \times 0.35 \times 25.00 \times 2$	21.00	2.80	58.80	
4	$\frac{1}{2} \times 2.5 \times 2.4 \times \frac{1}{2}(0.35+0.7) \times 2 \times 25.00$	78.75	2.40	189.00	(1)弯矩正、负值规定如
5	$2.0 \times 1.4 \times 7.7 \times 25.00$	539.00	0.90	485.10	下:逆时针方
6	$6.0 \times 1.4 \times 7.7 \times 23.00$	1 617	0.90	1 455.3	向取"－"号;
7	$\frac{1}{2} \times 1.6 \times 6.0 \times 7.7 \times 23.00$	850.08	-0.33	-280.53	顺时针方向取 "＋"号;
8	$0.5 \times 3.7 \times 8.5 \times 24.00$	377.40	0.05	18.87	(2)偏心距
9	$0.5 \times 4.4 \times 9.3 \times 24.00$	491.04	0.00	0.00	在基底中心轴 之右为"＋",
10	$\left[\frac{1}{2}(6.2+7.8) \times 2.4 - \frac{1}{2} \times 1.6 \times 6.0\right] \times 7.7 \times 17.00$	1 570.80	-1.20	$-1 884.96$	在中心轴之左 为"－"
11	$\frac{1}{2}(6.2 \times 8.73) \times 0.8 \times 3.8 \times 2 \times 17.00$	771.58	-0.19	-146.60	
12	$0.5 \times 0.4 \times 4.4 \times 2 \times 17.00$	29.92	0.00	0.00	
13	$0.5 \times 0.4 \times 8.5 \times 17.00$	28.90	-2.00	-57.80	
14	上部构造恒载	823.07	0.45	370.38	

2. 土压力计算

土压力按台背竖直，$\alpha = 0°$，填土内摩擦角 $\varphi = 35°$，台背（圬工）与填土之间的外摩擦角 $\delta = \varphi/2 = 17.5°$计算，后台填土水平，$\beta = 0°$。

（1）后台填土表面无车辆荷载时，主动土压力标准值的计算

台后填土自重所引起的主动土压力计算式为：

$$E_a = \frac{1}{2}\gamma_4 H^2 B \mu_a$$

已知：$\gamma_4 = 17.00 \text{kN/m}^3$，$B$ 为桥台宽度，取 7.7m，H 为自基底至填土表面的距离，等于 11.00m，μ_a 为主动土压力系数。

$$\mu_a = \frac{\cos^2(\varphi - \alpha)}{\cos^2\alpha \cdot \cos(\alpha + \delta)\left[1 + \sqrt{\frac{\sin(\varphi + \delta) \cdot \sin(\varphi - \beta)}{\cos(\alpha + \delta) \cdot \cos(\alpha - \beta)}}\right]^2}$$

$$= \frac{\cos^2 35°}{\cos 17.5°\left[1 + \sqrt{\frac{\sin 52.5° \cdot \sin 35°}{\cos 17.5°}}\right]^2}$$

$$= 0.247$$

$$\sum p = 7\,602.8 \text{kN}$$
$$\sum M = 629.04 \text{kN} \cdot \text{m}$$

$$E = \frac{1}{2} \times 17.00 \times 11^2 \times 7.7 \times 0.247 = 1\,956.10 \text{kN}$$

其水平向分力：

$$E_x = - E \cdot \cos(\delta + \alpha) = -1\,956.1 \times \cos 17.5° = -1\,865.57 \text{kN}$$

离基础底面的距离：

$$e_y = \frac{1}{3} \times 11 = 3.67 \text{m}$$

对基底形心轴的力矩：

$$M_{ex} = -1\,865.57 \times 3.67 = -6\,846.64 \text{kN} \cdot \text{m}$$

其竖向分力：

$$E_y = E \cdot \sin(\delta + \alpha) = 1\,956.1 \times \sin 17.5° = 588.21 \text{kN}$$

作用点离基底形心轴的距离：

$$e_x = 2.2 - 0.6 = 1.6 \text{m}$$

对基底形心轴的力矩：

$$M_{ey} = 588.21 \times 1.6 = 941.14 \text{kN} \cdot \text{m}$$

（2）台后填土表面有汽车荷载时

由汽车荷载换算的等代均布荷载土层厚度：

$$h = \frac{\sum G}{B l_0 r}$$

式中：l_0——破坏棱体长度，当台背竖直时，$l_0 = H \cdot \tan\theta$，$H = 11.00 \text{m}$。

由 $\quad \tan\theta = -\tan\omega + \sqrt{(\cot\varphi + \tan\omega) \cdot (\tan\omega - \tan\alpha)} = 0.583$

其中
$$\omega = \varphi + \delta + \alpha = 52.5°$$
得：
$$l_0 = 11.00 \times 0.583 = 6.413m$$
在破坏棱体长度范围内只能布置一辆汽车，因是双车道，故
$$\sum G = 2 \times 280 = 560kN$$
$$h = \frac{560}{7.7 \times 6.413 \times 17.00} = 0.667m$$
车辆荷载作用下在台背破坏棱体上所引起的土压力标准值：
$$E = \gamma_4 HhB\mu_a = 17.00 \times 11 \times 0.667 \times 7.7 \times 0.247 = 237.22kN$$
其水平分向力：
$$E_x = -E \cdot \cos(\delta + \alpha) = -237.22 \times \cos 17.5° = -226.24kN$$
作用点离基础底面的距离：
$$e_y = \frac{H}{2} = \frac{11}{2} = 5.5m$$
对基底形心轴的力矩：
$$M_{ex} = -226.24 \times 5.5 = -1244.32kN \cdot m$$
竖直分向力：
$$E_y = E \cdot \sin(\delta + \alpha) = 237.22 \times \sin 17.5° = 71.33kN$$
作用点离基底形心轴的距离：
$$e_x = 2.2 - 0.6 = 1.6m$$
对基底形心轴的力矩：
$$M_{ey} = 71.33 \times 1.6 = 114.13kN \cdot m$$

(3)台前溜坡填土自重对桥台前侧面上的主动土压力

计算时，以基础前侧边缘垂线作为假想台背，土表面的倾斜度以溜坡度为1:1.5算得，$\beta = -33.69°$，则基础边缘至坡面的垂直距离为$H' = 11 - (3.8 + 1.9)/1.5 = 7.2m$，桥台前斜面与竖直面的夹角$\alpha = 0$，取填土内摩擦角$\varphi = 35°$，则填土间的摩擦角$\delta = \varphi/2 = 17.5°$，主动土压力系数为：

$$\mu' = \frac{\cos^2(\varphi - \alpha)}{\cos^2\alpha\cos(\alpha + \delta)\left[1 + \sqrt{\frac{\sin(\varphi + \delta) \cdot \sin(\varphi - \beta)}{\cos(\alpha + \delta) \cdot \cos(\alpha - \beta)}}\right]^2}$$

$$= \frac{\cos^2 35°}{\cos 17.5°\left[1 + \sqrt{\frac{\sin 52.5° \times \sin 68.69°}{\cos 17.5° \times \cos 33.69°}}\right]^2}$$

$$= 0.182$$

则主动土压力：
$$E' = \frac{1}{2}\gamma_4 H^2 B\mu' = \frac{1}{2} \times 17.00 \times 7.2^2 \times 7.7 \times 0.182 = 617.51kN$$
其水平向分力：
$$E'_x = E' \cdot \cos(\delta + \alpha) = 617.51 \times \cos 17.5° = 588.93kN$$

作用点离基础底面的距离：

$$e_y = \frac{1}{3} \times 7.2 = 2.4\text{m}$$

对基底形心轴的力矩：

$$M'_{ex} = 588.93 \times 2.4 = 1\,413.43\text{kN} \cdot \text{m}$$

竖直向分力：

$$E'_y = E' \cdot \sin(\delta + \alpha) = 617.51 \times \sin 17.5° = 185.69\text{kN}$$

作用点离基底形心轴的距离：

$$e_x = -2.2\text{m}$$

对基底形心轴的力矩：

$$M'_{ey} = -185.69 \times 2.2 = -408.52\text{kN} \cdot \text{m}$$

3. 支座活载反力计算

(1) 汽车荷载反力

根据《公路桥涵设计通用规范》(JTG D60—2004)规定,计算支座对桥上作用的汽车荷载产生反力时,应采用车道荷载。车道荷载由均布荷载和集中荷载组成,均布荷载满布于使结构产生最不利效应的同号影响线上,集中荷载只作用于相应影响线中一个最大影响线峰值处。在本例中,均布荷载满布全跨,集中荷载作用于支座处。公路—Ⅱ级车道荷载的均布荷载标准值为 $q_k = 0.75 \times 10.5\text{kN/m} = 7.875\ \text{kN/m}$,集中荷载标准值 P_k 采用直线内插求得：

$$P_k = 0.75 \times [270 + 90 \times (19.5 - 5) \div (50 - 5)] = 224.25\text{kN}$$

支座反力标准值为

$$R_1 = (178.5 + \frac{7.875 \times 19.5}{2}) \times 2 = 510.56\text{kN （以两行车队计算,不予折减）}$$

支座反力作用点离基底形心轴的距离为：

$$e_{R1} = 2.2 - 1.75 = 0.45\text{m}$$

对基底形心轴的力矩为：

$$M_{R1} = 602.06 \times 0.45 = 270.93\text{kN} \cdot \text{m}$$

(2) 人群荷载反力

人群荷载标准值为 3.0kN/m^2,支座反力标准值为：

$$R'_1 = \frac{1}{2} \times 19.5 \times 1 \times 3.0 \times 2 = 58.5\text{kN}$$

对基底形心轴的力矩为：

$$M'_R = 58.5 \times 0.45 = 26.33\text{kN} \cdot \text{m}$$

4. 汽车荷载制动力计算

汽车荷载制动力按同向行驶的汽车荷载(不计冲击力)计算,一条设计车道上由汽车荷载产生的制动力标准值按车道荷载标准值在加载长度上计算的总重的10%计算,但公路—Ⅰ级汽车荷载的制动力标准值不得小于160kN,公路—Ⅱ级汽车荷载的制动力标准值不得小于90kN,同向行驶双车道的汽车荷载制动力标准值为一条设计车道制动力标准值的2倍。

依照上述规定,一条设计车道上车道荷载标准值在加载长度上计算总重力的10%为：

$$T_1 = (224.25 + 7.875 \times 19.5) \times 0.1 = 37.78\text{kN} < 90\text{kN}$$

因此,取 90kN 计算,双车道为 $2 \times 90 = 180\text{kN}$,简支梁摆动支座应计算的制动力为:

$$T = 0.25 \times 2 \times T_1 = 45\text{kN}$$

5. 支座摩阻力计算

取摆动支座摩擦系数 $\mu = 0.05$,则支座摩阻力标准值为:

$$F = \mu W = 0.05 \times 823.07\text{kN} = 41.15\text{kN}$$

对基底形心轴的力矩为:

$$M_F = 41.15 \times 9.5 = 390.93\text{kN} \cdot \text{m}(\text{方向按组合需要确定})$$

对于实体埋置式桥台,不计汽车荷载的冲击力,同时从以上对制动力和支座摩阻力的计算结果表明,支座摩阻力小于制动力。根据规定,活动支座传递的制动力,其值不应大于其摩阻力;当大于摩阻力时,按摩阻力计算。因此,在荷载组合中,应以支座摩阻力作为控制设计。

6. 荷载组合

根据规定,在进行结构设计时,应按承载能力极限状态和正常使用极限状态进行作用效应组合,取其最不利效应组合进行设计。当结构需作不同受力方向的验算时,则应以不同方向的最不利的作用效应进行组合。当可变作用的出现对结构产生有利影响时,该作用不参与组合。

公路桥涵结构按承载能力极限状态设计时,应采用作用效应基本组合或偶然组合。

作用效应基本组合表达式为:

$$\gamma_0 S_{ud} = \gamma_0 \left(\sum_{i=1}^{m} \gamma_{Gi} S_{Gik} + \gamma_{Q1} S_{Q1k} + \psi_c \sum_{j=2}^{n} \gamma_{Qj} S_{Qjk} \right) = \gamma_0 \left(\sum_{i=1}^{m} S_{Gid} + S_{Q1d} + \psi_c \sum_{j=2}^{n} S_{Qjd} \right)$$

结构设计安全等级为二级时,结构重要性系数 $\gamma_0 = 1.0$;当除汽车荷载效应外,只有人群荷载或其他一种可变作用时,组合系数取 $\psi_c = 0.80$;还有其他两项可变荷载进行组合时,其组合系数取 $\psi_c = 0.70$;有其他三项可变荷载进行组合时,其组合系数取 $\psi_c = 0.60$。

公路桥涵结构按正常使用极限状态设计时,应根据不同的设计要求,采用作用短期效应组合或作用长期效应组合。

(1)作用短期效应组合。永久作用标准值效应与可变作用频遇值效应相组合,其效应组合表达式为:

$$S_{sd} = \sum_{i=1}^{m} S_{Gik} + \sum_{j=1}^{n} \psi_{1j} S_{Qjk}$$

式中:S_{sd}——作用短期效应组合设计值;

ψ_{1j}——第 j 个可变作用效应的频遇值系数,汽车荷载(不计冲击力)$\psi_1 = 0.7$,人群荷载 $\psi_1 = 1.0$,风荷载 $\psi_1 = 0.75$,温度梯度作用 $\psi_1 = 0.8$,其他作用 $\psi_1 = 1.0$;

$\psi_{1j} S_{Qjk}$——第 j 个可变作用效应的频遇值。

(2)作用长期效应组合。永久作用标准值效应与可变作用第 j 个可变作用效应的准永久值效应相组合,其效应组合表达式为:

$$S_{ld} = \sum_{i=1}^{m} S_{Gik} + \sum_{j=1}^{n} \psi_{2j} S_{Qjk}$$

式中:S_{ld}——作用长期效应组合设计值;

ψ_{2j}——第 j 个可变作用效应的准永久值系数,汽车荷载(不计冲击力)$\psi_2 = 0.7$,人群荷

载 $\psi_2 = 0.4$，风荷载 $\psi_2 = 0.75$，温度梯度作用 $\psi_2 = 0.8$，其他作用 $\psi_2 = 1.0$；

$\psi_{2j}S_{Qjk}$ ——第 j 个可变作用效应的准永久值。

根据实际可能出现的荷载情况，可按以下几种状况进行荷载组合：桥上有活载，台后无汽车荷载；桥上无活载，台后有汽车荷载；桥上有活载，台后也有汽车荷载；同时还应对施工期间桥台仅受台身自重及土压力作用的情况进行验算。各种组合的荷载标准值汇总如表 2-23 所示。

桥台作用效应标准值汇总表

表 2-23

工作状况		桥上有活载，台后有汽车荷载			桥上无活载，台后有汽车荷载		
作用类别		水平力	竖直力	力矩	水平力	竖直力	力矩
永久作用	结构重力	0	5 201.6	2 718.4	0	5 201.6	2 718.4
	土的重力	0	2 401.20	−2 089.36	0	2 401.20	−2 089.36
	台后土侧压力	−1 865.27	588.21	−5 905.5	−1 865.57	588.21	−5 905.5
	台前土侧压力	588.93	185.69	1 004.91	185.69	185.69	1 004.91
可变作用	汽车荷载	0	602.06	270.93	0	0	0
	汽车引起的土侧压力	−226.24	71.33	−1 130.19	71.33	71.33	−1 130.19
	人群荷载	0	58.50	26.33	0	0	0
	支座摩阻力	±41.15	0	±390.39	0	0	0
工作状况		桥上有活载，台后无汽车荷载			施工期无上部构造时		
作用类别		水平力	竖直力	力矩	水平力	竖直力	力矩
永久作用	结构重力	0	5 201.6	2 718.4	0	5 201.6	2 718.4
	土的重力	0	2 401.20	−2 089.36	0	2 401.20	−2 089.36
	台后土侧压力	−1 865.57	588.21	−5 905.5	−1 865.57	588.21	−5 905.5
	台前土侧压力	588.93	185.69	1 004.91	185.69	185.69	1 004.91
可变作用	汽车荷载	0	602.06	270.93	0	0	0
	汽车引起的土侧压力	0	0	0	0	0	0
	人群荷载	0	58.50	26.33	0	0	0
	支座摩阻力	±41.15	0	±390.39	0	0	0

注：表中力的单位为 kN，力矩的单位为 kN·m。

(四) 地基承载力验算

1. 台前、台后填土对基底产生的附加应力计算

因台后填土较高，由于填土自重在基底下地基土中所产生的附加压力为：

$$p_i = \alpha_i \gamma_i h_i$$

后台填土高度 $h_1 = 9\text{m}$。当基础埋置深 2.0m 时，取基础后边缘附加应力系数 $\alpha'_1 = 0.464$，基础前边缘附加应力系数 $\alpha''_1 = 0.096$。则

后边缘处 $\qquad p'_1 = 0.464 \times 17.00 \times 9 = 70.99\text{kPa}$

前边缘处 $\qquad p''_1 = 0.069 \times 17.00 \times 9 = 10.56\text{kPa}$

此外，计算台前溜坡锥体对前边缘底面处引起的附加应力时，填土高度可近似取基础边缘作垂线与坡面交点的距离（$h_2 = 5.2\text{m}$），并取系数 $\alpha_2 = 0.3$，则

$$p''_2 = 0.3 \times 17.00 \times 5.2 = 26.52\text{kPa}$$

因此,基础前边缘总的竖向附加应力为:
$$p'_2 = p''_1 + p''_2 = 10.56 + 26.52 = 37.08\text{kPa}$$

2. 基底压应力计算

(1)根据规定,按基础底面积验算地基承载力时,传至基础或承台底面上的荷载效应应采用正常使用极限状态下作用短期效应组合值,相应的抗力应采用地基承载力容许值。

经试算,桥上有活载,台后有汽车荷载的作用组合为计算基底应力的最不利效应组合。

竖向力总计:
$$\sum P = 5\,201.6 + 2\,401.2 + 588.21 + 185.69 + 602.06 + 71.33 + 58.5 = 9\,108.59\text{kN}$$

力矩总计:
$$\sum M = (2\,718.4 - 2\,089.36 - 5\,905.5 + 1\,004.91) \times 1 + 270.93$$
$$- 1\,130.19 + 26.33 - 390.93$$
$$= -5\,495.41(\text{kN} \cdot \text{m})$$

$$\frac{p_{max}}{p_{min}} = \frac{\sum P}{A} \pm \frac{\sum M}{W} = \frac{9\,108.59}{4.4 \times 9.3} \pm \frac{5\,495.41}{\frac{1}{6} \times 9.3 \times 4.4^2} = \frac{405.73\text{kPa}}{39.47\text{kPa}}$$

考虑台前、台后填土产生附加应力的总应力:

前台　　　　$p_{max} = 405.73 + 37.08 = 442.81\text{kPa}$

台后　　　　$p_{min} = 39.47 + 70.99 = 110.46\text{kPa}$

(2)施工时:
$$\frac{p_{max}}{p_{min}} = \frac{8\,376.7}{4.4 \times 9.3} \pm \frac{4\,271.6}{\frac{1}{6} \times 9.3 \times 4.4^2} = \frac{347.05\text{kPa}}{62.35\text{kPa}}$$

考虑台前、台后填土产生附加应力后的总应力:

前台　　　　$p_{max} = 347.05 + 37.08 = 384.13\text{kPa}$

后台　　　　$p_{min} = 62.35 + 70.99 = 133.34\text{kPa}$

3. 地基强度验算

(1)根据土工试验资料,持力层为一般黏性土,根据《公桥基规》,当 $e = 0.608$,$I_L = 0.05$ 时,查得$[f_{a0}] = 412.6\text{kN/m}^2$;因基础埋置深度为原地面下 2.0m(<3.0m),不考虑深度修正;对黏性土地基,虽 $b > 2.0$m,但不进行修正。

$$\therefore \quad [f_a] = \gamma_R[f_{a0}] = 1.25 \times 412.6 = 515.75\text{kPa} > p_{max} = 442.65\text{kPa}$$

满足要求。

(2)下卧层为一般黏性土,由 $e = 0.889$,$I_L = 0.26$,可查得容许承载力$[f_{a0}] = 252.40\text{kPa}$,小于持力层容许承载力,故作如下验算:

地基至土层 II 顶面(高程为 +4.0)处的距离为:
$$z = 13.0 - 2.0 - 4.0 = 7.0\text{m}$$

当 $\frac{a}{b} = \frac{9.3}{4.4} = 2.11$,$\frac{z}{b} = \frac{7.0}{4.4} = 1.59$,附加应力系数 $\alpha = 0.277$,且计算下卧层顶面处压应力 p_z 时,若 $z/b > 1$,基底压应力取平均值,即

$$p_平 = \frac{p_{max} + p_{min}}{2} = \frac{441.21 + 93.77}{2} = 267.49 \text{kPa}$$

$$\therefore \quad p_z = 19 \times (2 + 7.0) + 0.277 \times (267.49 - 19 \times 2) = 234.57 \text{kPa}$$

而下卧层顶面处的容许承载力可按下式计算：

$$[f_a] = [f_{a0}] + k_1 \gamma_1 (b - 2) + k_2 \gamma_2 (h - 3)$$

其中：$k_1 = 0$，而 $I_L = 0.26 < 0.5$，故 $k_2 = 2.5$，则

$$\gamma_R [f_a] = 1.25 \times [252.40 + 2.5 \times 19 \times (9.0 - 3)]$$
$$= 671.75 \text{kPa} > p_z = 234.57 \text{kPa}$$

满足要求。

（五）基底偏心距验算

控制基底合力偏心距的目的是尽可能使基底应力分布比较均匀，以免基础产生较大的不均匀沉降，使墩台倾斜，影响正常使用。

1. 永久作用效应的偏心距

偏心距应满足 $e_0 \leq 0.75 \rho$

$$\rho = \frac{W}{A} = \frac{1}{6} b = \frac{1}{6} \times 4.4 = 0.73 \text{m}$$

$$\sum M = 2718.4 - 2089.36 - 5905.5 + 1004.91 = -4271.55 \text{kN·m}$$

$$\sum P = 5201.6 + 2401.2 + 588.21 + 185.69 = 8376.7 \text{kN}$$

$$\therefore \quad e_0 = \frac{\sum M}{\sum P} = \frac{4271.55}{8376.7} = 0.51 < 0.75\rho = 0.548 \text{m}$$

满足要求。

2. 永久作用效应与可变作用效应相组合

经试算，桥上有活载，台后有汽车荷载的状况为最不利的作用效应组合。

$$\sum M = 2718.4 - 2089.36 - 5905.5 + 1004.91 + 270.93 - 1130.19 + 26.33 - 390.93$$
$$= -5495.41 \text{kN·m}$$

$$\sum P = 5201.6 + 2401.2 + 588.21 + 185.69 + 602.06 + 71.33 + 58.4 = 9108.49 \text{kN}$$

$$e_0 = \frac{5495.41}{9108.49} = 0.603 \text{m} < \rho = 0.72 \text{m}$$

满足要求。

（六）基础稳定性验算

在验算基础稳定性时，作用效应应采用承载能力极限状态下作用效应的基本组合，但其分项系数均为 1.0。

1. 倾覆稳定性验算

经试算，桥上无活载，台后有汽车荷载的状况为最不利的作用效应组合。

$$\sum M = 2718.4 - 2089.36 - 5905.5 + 1004.91 - 1130.19 = -5401.7 \text{kN·m}$$

$$\sum P = 5201.6 + 2401.2 + 588.21 + 185.69 + 71.33 = 8448.03 \text{kN}$$

$$e_0 = \frac{5401.7}{8448.03} = 0.639 \text{m}$$

$$k_0 = \frac{s}{e_0} = \frac{2.2}{0.639} = 3.44 > 1.5$$

满足要求。

2. 滑动稳定性验算

基底处为硬塑状态黏土,查得摩擦系数为 0.3,作用效应组合以桥上无活载,台后有车荷载的状态下为最不利的作用效应组合。

$$\sum H_{iP} = 588.93\text{kN}$$

$$\sum H_{ia} = -1\,865.57 - 226.24 = -2\,091.81\text{kN}$$

$$\sum P_i = 5\,201.6 + 2\,401.2 + 588.21 + 185.69 + 71.33 = 8\,448.03\text{kN}$$

$$k_c = \frac{\mu \sum P_i + H_{ip}}{H_{ia}} = \frac{0.30 \times 8\,448.03 + 588.93}{2\,091.81} = 1.49 > 1.3$$

满足要求。

(七)沉降计算

根据规定,计算地基变形时,按正常使用极限状态设计,传至基础底面上的作用采用作用长期效应组合。因此桥梁墩台基础的沉降量采用永久作用标准值效应与可变作用准永久值效应相组合的最不利值,采用分层总和法计算。基底附加应力:

$$\sum P = 5\,201.6 + 2\,401.2 + 588.21 + 185.69 + 0.4 \times 602.06 + 0.4 \times 58.5 = 8\,640.9\text{kN}$$

$$p_0 = \frac{8\,640.9}{9.3 \times 4.4} - 2 \times 17.00 + \frac{70.99 + 37.08}{2} = 285.23\text{kPa}$$

将土层 I(持力层)分为 2.0m、2.5m、2.5m 三层,土层 II 分成 2.1m 和 1.0m 两层。则每一薄层底面处的附加应力分别计算,如表 2-24 所示。

沉 降 计 算 表 表 2-24

分层序号	z(m)	l/b	z/b	$\bar{\alpha}_i$	$z_i\bar{\alpha}_i$	$z_i\bar{\alpha}_i - z_{i-1}\bar{\alpha}_{i-1}$	E_{si}	Δs_i	$\sum \Delta s_i$
0	0	2.11	0	1.000	0				
1	2.0	2.11	0.455	0.949	1.898	1.898	14.62	29.49	29.49
2	4.5	2.11	1.023	0.780	3.510	1.612	14.62	25.04	54.53
3	7.0	2.11	1.59	0.650	4.550	1.040	14.62	16.16	70.69
4	9.1	2.11	2.068	0.550	5.005	0.455	11.81	8.75	79.44
5	10.1	2.11	2.295	0.501	5.060	0.055	11.81	1.06	80.5

$$\bar{E}_s = \frac{\sum A_i}{\sum \dfrac{A_i}{E_{si}}}$$

$$= \frac{p_0(z_n\bar{\alpha}_n)}{p_0\left(\dfrac{z_1\alpha_1}{E_{s1}} + \dfrac{z_2\alpha_2 - z_1\alpha_1}{E_{s2}} + \dfrac{z_3\alpha_3 - z_2\alpha_2}{E_{s3}} + \dfrac{z_4\alpha_4 - z_3\alpha_3}{E_{s4}} + \dfrac{z_5\alpha_5 - z_4\alpha_4}{E_{s5}}\right)}$$

$$= \frac{5.06}{\dfrac{1.898 + 1.612 + 1.04}{14.62} + \dfrac{0.455 + 0.055}{11.81}}$$

$$= 14.28\text{MPa}$$

$p_0 = 285.23\text{kPa} \geqslant 0.75[f_{a0}] = 0.75 \times 412.6 = 309.45\text{kPa}$，$\overline{E}_s = 14.28\text{MPa}$，查表得沉降计算经验系数 $\psi_s = 0.427$。

$$s = \psi_s s_0 = 0.427 \times 80.5 = 34.37\text{mm}$$

按《公桥基规》，墩台容许总的均匀沉降极限值为 $20\sqrt{L}(\text{mm})$；其中 L 为相邻墩台间最小跨径长度，跨径小于25m时仍以25m的计算。故本题取 $L = 25\text{m}$。容许的墩台均匀沉降值为：

$$[s] = 20\sqrt{25} = 100\text{mm} > s = 34.37\text{mm}$$

故沉降满足要求。

地基压缩层厚度验算：

$$\Delta s_n = \Delta s_5 = 1.06\text{mm} \leqslant 0.025\sum\Delta s_i = 0.025 \times 80.5 = 2.01\text{mm}$$

满足要求。

思考与练习

2-1 浅基础与深基础有哪些区别？

2-2 什么是刚性基础？它具有什么特点？

2-3 什么是刚性角？它与哪些因素有关？

2-4 何谓襟边？它具有什么作用？

2-5 水中开挖基坑对围堰有哪些要求？工程上常用的围堰有哪几种？它们各有什么特点？

2-6 确定基础埋置深度应考虑哪些因素？

2-7 地基的沉降计算包括哪些内容？在什么情况下应验算桥梁基础的沉降？

2-8 有一桥墩底为矩形 $2\text{m} \times 8\text{m}$，刚性扩大基础（C20混凝土）顶面设在河床下1m，作用于基础顶面作为：轴心重力 $N = 5200\text{kN}$，弯矩 $M = 840\text{kN·m}$，水平力 $H = 96\text{kN}$。地基土为一般黏性土，第一层厚5m（自河床算起），$\gamma = 19.0\text{kN/m}^3$，$e = 0.9$，$I_L = 0.8$；第二层厚5m，$\gamma = 19.5\text{kN/m}^3$，$e = 0.45$，$I_L = 0.35$，低水位在河床以上1m（第二层下为泥质页岩）。请确定基础埋置深度及尺寸，并经过验算说明其合理性。

第三章 桩 基 础

第一节 概 述

当地基浅层土质不良,采用浅基础无法满足建筑物对地基强度、变形和稳定性方面的要求时,往往需要采用深基础。

桩基础是一种历史悠久、应用广泛的深基础形式。随着工业技术和工程建设的发展,桩的类型和成桩工艺、桩的设计理论和设计方法、桩的承载力与桩体结构的检测技术等方面均有迅速的发展,以使桩与桩基础的应用更为广泛,具有很强的生命力。

一、桩基础的组成与特点

桩基础由若干根桩和承台两部分组成。桩平面上可以排列成一排或几排,所有桩的顶部由承台联成一个整体并传递荷载。在承台上再修筑桥墩、桥台或直接修筑上部结构,如图3-1所示。桩身可全部或部分埋入地基土中。当桩身外露在地面以上较高时,在桩与桩之间应加设横系梁,以加强各桩的横向联系。

桩基础的作用是将承台以上结构物传来的外力通过承台,由桩传到较深的地基持力层中去。

承台的作用是将外力传递给各桩并将各桩连成一整体共同承受外荷载。基桩的作用在于穿过软弱的压缩性土层,使桩底落在更密实的地基持力层上。

桩基础如果设计正确,施工得当,它具有承载力高、稳定性好、沉降量小而均匀等特点。而且耗用材料少、施工简便,在深水河道中,可避免(或减少)水下工程,简化施工设备和技术要求,加快施工速度并改善工作条件。

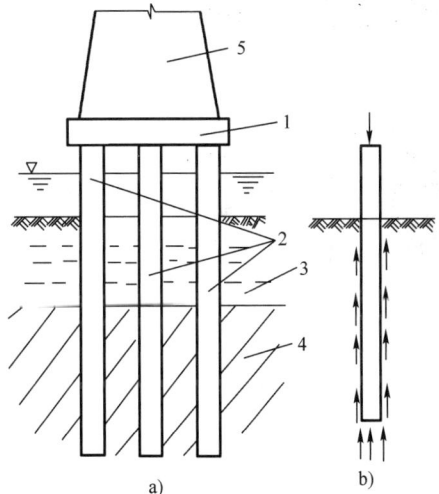

图 3-1 桩基础
1-承台;2-基桩;3-松软土层;4-持力层;5-墩身

二、桩基础的适用条件

桩基础适宜在下列情况下采用:

(1)荷载较大,地基上部土层软弱,适宜的地基持力层位置较深,采用浅基础或人工地基在技术上、经济上不合理时。

(2)河床冲刷较大,河道不稳定或冲刷深度不易被正确估算,位于基础或结构物下面的土层有可能被侵蚀、冲刷,如采用浅基础不能保证基础安全时。

（3）当地基计算沉降过大或建筑物对不均匀沉降敏感时,采用桩基础穿过松软(高压缩性)土层,将荷载传到较坚实(低压缩性)土层,以减少建筑物沉降并使沉降较均匀。

（4）当建筑物承受较大的水平荷载,需要减少建筑物的水平位移和倾斜时。

（5）当施工水位或地下水位较高,采用桩基础可减少施工困难和避免水下施工时。

（6）地震区,在可液化地基中,采用桩基础可增加建筑物抗震能力,桩基础穿越可液化土层并伸入下部密实稳定土层,可消除或减轻地震对建筑物的危害。

桩基础虽有许多优点,但当上层软弱土层很厚、桩底不能到达坚实土层时,就需要用较多、较长的桩来传递荷载,且沉降量较大,稳定性也稍差。当覆盖层很薄时,桩的稳定性也会有问题,就不一定是最佳的基础形式,应经过多种方案比较才能较好地确定基础类型。

因此,在考虑桩基础的适用性时,必须根据上部结构特征与使用要求,认真分析研究建设地点的工程地质与水文地质材料,考虑不同桩基类型特点和施工环境条件,经多方面比较,精心设计,慎重选择方案。以上情况也可以采用其他形式的深基础,但桩基础由于耗材少、施工快速简便,往往是优先考虑的深基础方案。

第二节　桩和桩基础的类型及构造

桩可以从不同的方面进行分类,分类的目的是为了掌握桩的不同特点,以便设计时根据现场的具体条件(位置、地形、地质条件以及上部结构)合理地选择桩的类型。根据不同的需要,按照不同的标准,桩基的分类如下。

一、按桩受力条件分类

结构物荷载通过桩基础传递给地基。垂直荷载一般由桩底土层抵抗力和桩侧与土产生的摩阻力来支承,地基土的分层与其物理力学性质不同,桩的尺寸和设置在土中的方法不同,都会影响桩的受力状态。水平荷载一般由桩和桩侧土水平抗力来支承,而桩承受水平荷载的能力与桩轴线方向的倾斜度有关。因此,根据桩的受力条件基桩可分为以下两种。

1. 摩擦桩与端承桩

（1）摩擦桩

桩在竖向荷载作用下,桩顶荷载由桩侧摩阻力和桩端阻力共同承担。桩侧阻力、桩端阻力的大小及分担荷载的比例,主要由桩侧、桩端地基土的物理力学性质、桩的尺寸和施工工艺决定,如图3-2b)所示。以下几种情况均可视为摩擦桩:

①当桩端无坚实持力层且不扩底时;

②当桩的长径比很大,即使桩端置于坚实持力层上,由于桩身直接压缩量过大,传递到桩端的荷载较小时;

③当预制桩沉桩过程由于桩距小、桩数多、沉桩速度快,使已沉入桩上涌,桩端阻力明显降低时。

（2）端承桩

桩顶荷载主要由桩端阻力承受,并考虑桩侧阻力。桩穿过较松软土层,桩底支承在坚实土层(砂、砾石、卵石、坚硬老黏土等)或岩层中,且桩的长径比不太大时,在竖向荷载作用下,基桩所发挥的承载力以桩底土层的抵抗力为主时,称为端承桩,如图 3-2a)所示。

2. 竖直桩与斜桩

按桩轴线方向可分为竖直桩、单向斜桩和多向斜桩等,如图 3-3 所示。斜桩的特点是能承受较大的水平荷载,但需要有相应的施工设备和工艺。因此,在桩基础中是否需要设置斜桩,斜度如何确定,应根据荷载的具体情况而定。一般结构物基础承受的水平力常较竖直力小得多,且现已广泛采用的大直径钻、挖孔灌注桩具有一定的抗剪强度,因此,桩基础常全部采用竖直桩。拱桥墩台等结构物桩基础往往需设斜桩以承受上部结构传来的较大水平推力,减小桩身弯矩、剪力和整个基础的侧向位移。

斜桩的桩轴线与竖直线所成倾斜角的正切不宜小于 1/8,否则斜桩作用不大,且施工斜度误差将显著地影响桩的受力情况。

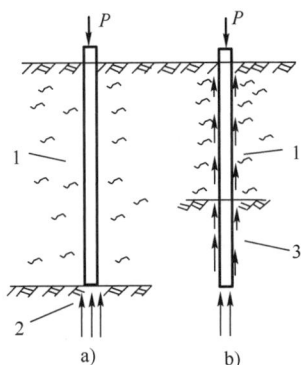

图 3-2 端承桩和摩擦桩
1-软弱土层;2-岩层或硬土层;3-中等土层

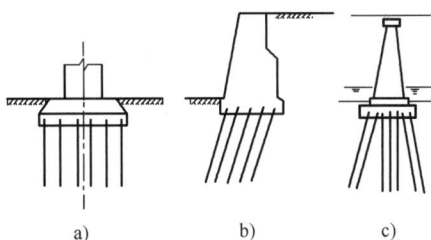

图 3-3 竖直桩和斜桩
a)竖直桩;b)单向斜桩;c)多向斜桩

二、按成桩方法分类

桩基础的施工方法不同,不仅在于采用的机具设备和工艺过程的不同,而且将影响桩与桩周围土接触边界处的状态,也影响桩与土间的共同作用性能。桩的施工方法种类较多,但基本形式为沉桩(预制桩)和灌注桩。

1. 沉桩

沉桩的施工方法均为将各种预先制备好的桩(主要是钢筋混凝土或预应力混凝土实心桩和管桩,也有钢桩和木桩)以不同的沉桩方式(设备)沉入地基内达到所需要的深度。预制桩是按设计要求,在地面良好条件下制作(长桩可在桩端设置钢板、法兰盘等接桩构造分节制作),桩体质量高,可大量工厂化生产,加速施工进度。沉桩有明显的排挤土体作用,应考虑对邻近结构(包括邻近基桩)的影响。按沉桩方式不同,沉桩可分为下列几种:

(1)打入桩(锤击桩)

打入桩是通过锤击(或以高压射水辅助)将各种预先制好的桩(主要是钢筋混凝土实心桩或管桩,也有木桩或钢桩)打入地基内达到所需要的深度。这种施工方法适应于桩径较小,地基土质为可塑状黏性土、砂性土、粉土、细砂以及松散的不含大卵石或漂石的碎卵石类土的情况。打入桩伴有较大的振动和噪声,在城市人口密集地区施工时,应考虑对环境的影响。

（2）振动下沉桩

振动下沉桩是将大功率的振动打桩机安装在桩顶,一方面利用振动以减小土对桩的阻力,另一方面用向下的振动力使桩沉入土中。振动下沉桩适用于可塑状的黏性土和砂土。用于土的抗剪强度受振动时有较大降低的砂土等地基和自重不大的钢桩,其效果更为明显。

（3）静力压桩

静力压桩是通过反力系统提供的静反力将预制桩压入土中的桩。它适用于较均质的可塑状黏性土地基,对于砂土及其他较坚硬土层,由于压桩阻力大而不宜采用。静力压桩在施工过程中无振动,无噪声,并能避免锤击时桩顶及桩身的损伤。但较长的桩分节压入时受桩架高度的限制,使接头变多而影响压桩的效率。

2. 灌注桩

灌注桩可选择适当的钻具设备和施工方法,适用于各种类型的地基,并可做成较大直径以提高桩的承载力,可避免预制桩打桩时对周围土体的挤压影响和振动及噪声对周围环境的影响。但在成孔、成桩过程中应采取相应的措施和方法,以保证孔壁的稳定和提高桩体的质量。

（1）钻孔、挖孔灌注桩

钻孔灌注桩是指用钻（冲）孔机具在土中钻进、边破碎土体边出土渣而成孔,然后在孔内放入钢筋骨架,灌注混凝土而形成的桩。钻孔灌注桩的施工设备简单,操作较方便。钻（挖）孔桩适用于各类土层（包括碎石类土层和岩石层）,但应注意,钻孔桩用于淤泥及可能发生流沙的土层时,宜先做试桩。钻孔灌注桩在我国公路桥梁的设计与施工中的应用十分广泛,目前其最大深度已达百余米。

依靠人工（用部分机械配合）或机械在地基中挖出桩孔,然后浇筑钢筋混凝土或混凝土所形成的桩称为挖孔灌注桩。其特点是不受设备限制,施工简单。挖孔灌注桩适用于无地下水或少量地下水,且较密实的土层或风化岩层。当孔内产生的空气污染物超过现行《环境空气质量标准》（GB 3095—1996）规定的三级标准浓度限值时,必须采取通风措施,方可采用人工挖孔施工。

（2）沉管灌注桩

沉管灌注桩是指采用锤击或振动的方法把带有钢筋混凝土桩尖或带有活瓣式桩尖的钢套管沉入土中成孔,然后在套管内放置钢筋骨架,并边灌注混凝土边拔出套管成桩。也可将钢套管打入土中挤土成孔后向套管中灌注混凝土并拔出套管成桩。它适用于黏性土、砂性土、砂土地基。由于采用了套管,可以避免钻孔灌注桩施工中可能产生的流沙、塌孔的危害和由泥浆护壁所带来的排渣等弊病。值得注意的是,在软黏土中,沉管的挤压作用对邻桩有挤压影响,且挤压时产生的孔隙水压力易使拔管时出现混凝土颈缩现象。

（3）爆扩桩

爆扩桩是指就地成孔后,用炸药爆炸扩大孔底,然后灌注混凝土而成的桩。扩大桩底增大了桩与地基土的接触面积,提高了桩的承载能力,爆扩桩宜用于较浅持力层。

3. 管柱基础

管柱是将预制的大直径（1~5m）钢筋混凝土、预应力钢筋混凝土或钢管柱,用大型的振动桩锤沿导向结构振动下沉到基岩（一般以高压射水和吸泥机辅助下沉）,然后在管内钻岩成孔,下放钢筋骨架,灌注混凝土。管柱基础可以在深水及各种覆盖层条件下进行施工,没有水下作业,不受季节限制,但施工需要有振动沉桩锤、凿岩机、起重设备等大型机具,对机具的动力要求较高,所以一般在大跨径桥梁的深水基础中被采用。

三、按承台位置分类

桩基础按承台位置可分为高桩承台基础和低桩承台基础(简称高桩承台、低桩承台),如图 3-4 所示。

高桩承台的承台底面位于地面(或冲刷线)以上,低桩承台的承台底面位于地面(或冲刷线)以下。高桩承台的结构特点是基桩部分桩身沉入土中,部分桩身外露在地面以上(称为桩的自由长度);而低桩承台则基桩全部沉入土中(桩的自由长度为零)。

高桩承台由于承台位置较高或设在施工水位以上,可减少墩台的圬工数量,避免或减少水下作业,施工较为方便。然而,在水平力的作用下,由于承台及基桩露出地面的一段自由长度周围无土来共同承受水平外力,对基桩的受力情况较为不利,桩身内力和位移都比同样水平外力作用下的低桩承台要大,在稳定性方面低桩承台也较高桩承台好。

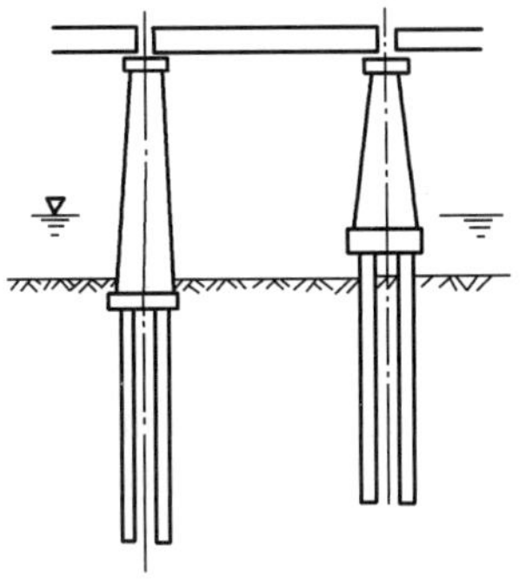

图 3-4　高桩承台基础和低桩承台基础
a)低桩承台;b)高桩承台

四、不同桩身材料的桩及其构造

不同材料、不同类型的桩基础具有不同的构造特点,为了保证桩的质量和桩基础的正常工作能力,在设计桩基础时应满足其构造的基本要求。现仅以目前国内桥梁工程中最常用的桩基础的构造特点及要求简述如下。

1.就地灌注钢筋混凝土桩

钻孔桩设计直径不宜小于 0.8m;挖孔桩直径或最小边宽度不宜小于 1.2m;钢筋混凝土管桩直径可采用 0.4~0.8m,管壁最小厚度不宜小于 80mm。钻(挖)孔桩及沉管桩是采用就地灌注的钢筋混凝土桩,混凝土强度等级不低于 C25,管桩填芯混凝土强度等级不应低于 C15。

桩内钢筋应按照内力和抗裂性要求计算确定。端承桩和短摩擦桩可按桩身最大弯矩通长均匀配置。长摩擦桩根据桩身弯矩分段配筋,当按内力计算桩身不需要钢筋时,也应在桩顶 3~5m 内设置构造钢筋。孔内钢筋不设弯钩,以利水下混凝土的灌注。为了保证钢筋骨架有一定的刚性,便于吊装及保证钢筋受力后的纵向稳定,主筋直径不宜小于 16mm,每根桩不宜少于 8 根钢筋,并应沿桩周均匀布置,其净距不应小于 80mm 且不应大于 350mm。为防止因骨架移动发生露筋现象,钢筋保护层净距不应小于 60mm。箍筋宜采用闭合式箍筋或螺旋筋,直径不应小于主筋直径的 1/4,且不应小于 8mm,其中距不应大于主筋直径的 15 倍且不应大于 300mm;当骨架较重时,为增加吊装时的骨架刚度,一般沿钢筋笼骨架每隔 2.0~2.5m 设置直径 16~22mm 的加劲箍一道。钢筋笼四周应设置凸出的定位钢筋、定位混凝土块或采用其他定位措施;钢筋笼底部的主筋宜稍向内弯曲,作为导向。图 3-5 为灌注桩钢筋布置示意图。

钻(挖)孔桩的端承桩根据桩底受力情况如需嵌入岩层时,嵌入深度应根据受力情况计算确定,并不得小于0.5m。

2.钢筋混凝土预制桩

钢筋混凝土预制桩有实心的圆桩和方桩、空心的管桩,另外还有用于管柱基础的管柱。方形截面因其生产、制作、运输和堆放均较为方便,因此经常采用。

实心方桩的截面边长一般为0.3～0.5m,预应力钢筋混凝土预制桩截面边长不宜小于0.35m。就地预制桩的长度取决于沉桩设备,一般在30m以内;工厂预制桩的分节长度应根据施工条件及运输条件确定,一般不超过12m,沉桩时在现场连接到所需长度。

桩身混凝土强度等级不宜低于C25,桩身配筋应按起吊、运输、沉桩和使用各阶段的内力要求通长配筋,最小配筋率不小于0.8%。箍筋直径一般不小于8mm,间距为100～200mm,

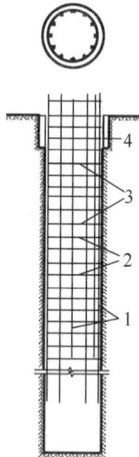

图 3-5　钢筋混凝土灌注桩
1-主筋;2-箍筋;3-加强箍;4-护筒

桩的两端处应加密,间距一般为50mm。由于桩尖穿过土层时受到正面阻力,应在桩尖处把所有的钢筋弯在一起并焊在一根芯棒上。在密实砂和碎石类土中,可在桩尖处包以钢板桩靴,加强桩尖。桩头直接受到锤击,因此在桩顶需放置三层方格网片以增加桩头强度。钢筋保护层厚度不应小于3.5cm。桩内需预埋直径为20～25mm的钢筋吊环。图3-6为预制桩钢筋布置示意。

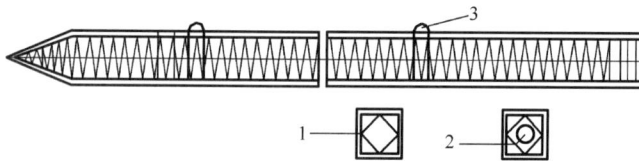

图 3-6　预制钢筋混凝土方桩
1-实心方桩;2-空心方桩;3-吊环

钢筋混凝土桩一般采用法兰盘接头。钢筋混凝土预制桩的分节长度应根据施工条件决定,为节省用钢量和加快施工进度,应尽量减少接头数量。接头强度不应低于桩身强度,接头法兰盘不应凸出于桩身之外,在沉桩时和使用过程中接头不应出现松动和开裂。

3.钢桩

钢桩的型式很多,主要有钢管桩和H型钢桩,常用的是钢管桩。钢管桩强度高,能承受强大的冲击力和获得较高的承载力;其设计的灵活性大,壁厚、直径的选择范围大,便于割接,桩长容易调节;轻便易于搬运,沉桩时贯入能力强、速度较快可缩短工期,且排挤土量小,对邻近建筑影响小,也便于小面积密集的打桩施工。钢桩的最大缺点是造价高和存在锈蚀问题。

钢管桩的分段长度按施工条件确定,不宜超过12～15m,常用直径为400～1 000mm,钢桩焊接接头应采用等强度连接。钢管桩可采用下列桩端形式:

(1)敞口带加强箍(带内隔板、不带内隔板)、敞口不带加强箍(带内隔板、不带内隔板);

(2)闭口平底、锥底。

4. 承台的构造及桩与承台的连接

对于多排桩基础,桩顶由承台连接成为一个整体。承台的平面尺寸和形状应根据上部结构(墩、台身)底截面尺寸和形状以及基桩的平面布置而定,一般采用矩形和圆端形。

承台厚度应保证承台有足够的强度和刚度,公路桥梁墩台多采用钢筋混凝土,承台的厚度宜为大于等于桩直径的1.0倍,且不宜小于1.5m,混凝土强度等级不应低于C25。

桩顶直接埋入承台连接:当桩径(或边长)小于0.6m时,埋入长度不应小于2倍桩径(或边长);当桩径(或边长)为0.6~1.2m时,埋入长度不应小于1.2m;当桩径(或边长)大于1.2m时,埋入长度不应小于桩径(或边长)。

当桩顶主筋伸入承台连接时,承台在桩身混凝土顶端平面内须设一层钢筋网,此钢筋网须全长通过桩顶,并与桩的主筋绑扎在一起,以防止承台受拉区裂缝开展。在每米内(按每一方向)设钢筋网1 200~1 500mm²,钢筋直径采用12~16mm,钢筋网应通过桩顶且不应截断。承台的顶面和侧面应设置表层钢筋网,每个面在两个方向的截面面积均不宜小于400mm²/m,钢筋间距不应大于400mm,见图3-7。

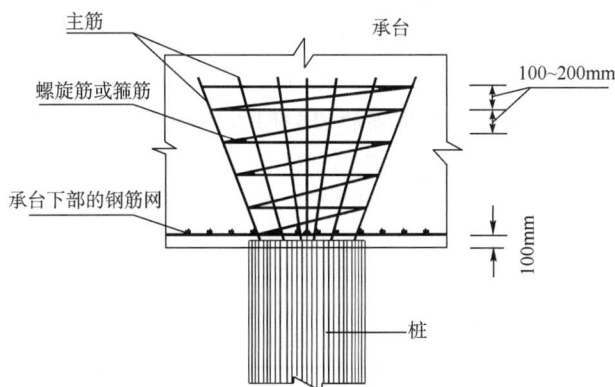

图3-7 桩顶和承台的连接

为加强桩和承台的连接,混凝土桩顶应埋入承台内100mm。伸入承台内的桩顶主筋可做成喇叭形(大约与竖直线倾斜15°)。伸入承台内的主筋长度,光圆钢筋不应小于30倍钢筋直径(设弯钩),带肋钢筋不应小于35倍钢筋直径(不设弯钩)。

对于双柱式或多柱式墩(台)单排桩基础,在桩与桩之间为加强横向联系而设有横系梁。当用横系梁加强桩之间的整体性时,横系梁的高度可取为0.8~1.0倍桩的直径,宽度可取为0.6~1.0倍桩的直径。混凝土的强度等级不应低于C25。纵向钢筋不应少于横系梁截面面积的0.15%;箍筋直径不应小于8mm,其间距不应大于400mm。横系梁的主钢筋应伸入桩内,其长度不应小于35倍主筋直径。

第三节 桩基础施工

桩基础的施工方法较多,概括起来可分两大类,一类是挤入法,即把预制桩直接挤入土中,或者先把闭口钢管打至设计高程,然后拔出套管放入钢筋骨架,再灌注混凝土;另一类是就地成孔法,即先在桩孔位置钻、挖成孔,然后放置钢筋骨架,再灌注混凝土。我国公路桥梁桩基础大多采用后一类施工方法。本节主要介绍钻孔灌注桩桩基础的施工。

一、钻孔灌注桩的施工

钻孔灌注桩施工应根据土质、桩径大小、入土深度和机具设备等条件选用适当的钻具和钻孔方法,以保证能顺利达到预计孔深,然后清孔、吊放钢筋骨架、灌注水下混凝土。

目前我国常使用的钻具有旋转钻、冲击钻和冲抓钻三种类型。现按施工顺序介绍其主要工序如下。

(一)准备工作

1. 准备场地

施工前应将场地平整好,以便安装钻架进行钻孔。当墩台位于无水岸滩时钻架位置处应整平夯实,清除杂物,换挖软土;当场地有浅水时,宜采用土或草袋围堰筑岛,如图3-9c)所示;当场地为深水或陡坡时,可用木桩或钢筋混凝土桩搭设支架,安装施工平台支承钻机(架);深水中在水流较平稳时,也可将施工平台架设在浮船上,就位锚固稳定后在水上钻孔。

2. 埋置护筒

护筒的作用是:①固定桩位,并作钻孔导向;②保护孔口,防止孔口土层坍塌;③隔离孔内外表层水,并保持钻孔内水位高出施工水位以稳固孔壁。护筒制作要求坚固、耐用、不易变形、不漏水、装卸方便并能重复使用。一般用木材、薄钢板或钢筋混凝土制成,如图3-8所示。护筒内径应比钻头直径稍大,旋钻增大10~20cm,冲击或冲抓钻增大20~30cm。

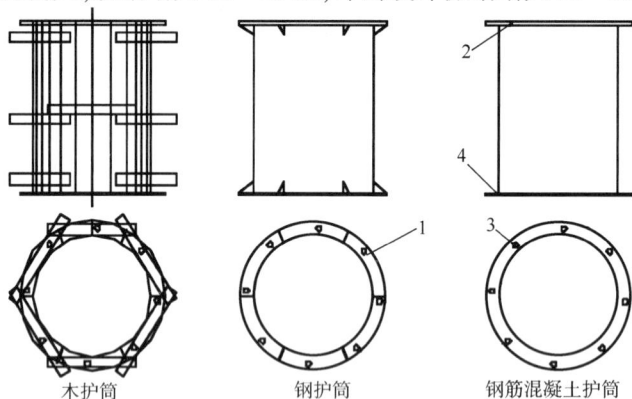

图3-8 护筒
1-连接螺栓孔;2-连接钢板;3-纵向钢筋;4-连接钢板或刃脚

护筒埋设可采用下埋式[适于旱地埋量,如图3-9a)所示]、上埋式[适于旱地或浅水筑岛埋置,如图3-9b)、c)所示]和下沉埋设[适于深水埋置,如图3-9d)所示]。埋设护筒时应注意以下几点:

(1)护筒平面位置应埋设正确,偏差不宜大于50mm。

(2)护筒顶高程应高出地下水位和施工最高水位1.5~2.0m;在无水地层钻孔,因护壁顶部设有溢浆口,因此护筒顶也应高出地面20~30cm。

(3)护筒底应低于施工最低水位(一般低于30cm即可)。深水下沉埋设的护筒应沿导向架借自重、射水、振动或锤击等方法将护筒下沉至稳定深度,入土深度黏性土应达到0.5~1.0m,砂性土则应达到3~4m。

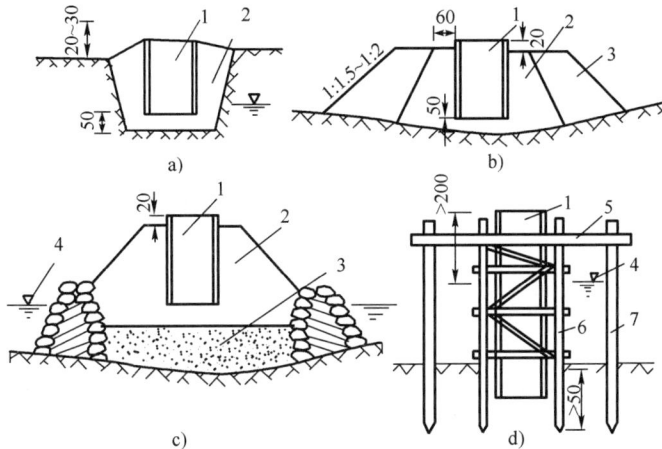

图 3-9 护筒的埋置(尺寸单位:cm)
1-护筒;2-夯实黏土;3-砂土;4-施工水位;5-工作平台;6-导向架;7-脚手架

(4)下埋式及上埋式护筒挖坑不宜太大(一般比护筒直径大0.6~1.0m),护筒四周应夯填密实的黏土,护筒底应埋置在稳定的黏土层中,否则也应换填黏土并夯密实,其厚度一般为0.5m。

3. 制备泥浆

泥浆在钻孔中的作用是:①在孔内产生较大的悬浮液压力,可防止坍孔;②泥浆向孔外土层渗漏,在钻进过程中,由于钻头的活动,孔壁表面形成一层胶泥,具有护壁作用,同时将孔内外水流切断,能稳定孔内水位;③泥浆相对密度大,具有浮渣作用,利于钻渣的排出。钻孔泥浆一般由水、黏土(或膨润土)和添加剂按适当配合比配制而成,其性能指标可参照表3-1选用。

泥浆性能指标选择 表3-1

钻孔方法	地层情况	泥浆性能指标							
		相对密度	黏度(Pa·s)	含砂率(%)	胶体率(%)	失水率(mL/30min)	泥皮厚(mm/30min)	静切力(Pa)	酸碱度(pH)
正循环	一般地层	1.05~1.20	16~22	8~4	≥96	≤25	≤2	1.0~2.25	8~10
	易坍地层	1.20~1.45	19~28	8~4	≥96	≤15	≤2	3~5	8~10
反循环	一般地层	1.02~1.06	16~20	≤4	≥95	≤20	≤3	1~2.5	8~10
	易坍地层	1.06~1.10	18~28	≤4	≥95	≤20	≤3	1~2.5	8~10
	卵石土	1.10~1.15	20~35	≤4	≥95	≤20	≤3	1~2.5	8~10
推钻冲抓	一般地层	1.10~1.20	18~24	≤4	≥95	—	≤3	1~2.5	8~11
冲击	易坍地层	1.20~1.40	22~30	≤4	≥95	—	≤3	3~5	8~11

注:1.地下水位高或其流速大时,指标取高限,反之取低限。
2.地质状态较好,孔径或孔深较小的取低限,反之取高限。
3.在不易坍塌的黏质土层中,使用推钻、冲抓、反循环回转钻进时,可用清水提高水头(≥2m)维护孔壁。
4.若当地缺乏优良黏质土,远运膨润土亦很困难,调制不出合格泥浆时,可掺用添加剂改善泥浆性能。

4.安装钻机或钻架

钻架是钻孔、吊放钢筋骨架、灌注混凝土的支架。在钻孔过程中,成孔中心必须对准桩位中心,钻机(架)必须保持平稳,不发生位移、倾斜和沉陷。钻机(架)安装就位时,应详细测量,底座应用枕木垫实塞紧,顶端应用缆风绳固定平稳,并在钻孔过程中经常检查。

(二)钻孔

1.钻孔的方法和钻具

(1)旋转钻进成孔

利用钻具的旋转切削土体钻进,并在钻进的同时采用循环泥浆的方法护壁排渣,继续钻进成孔。我国现有旋转钻机按泥浆循环的程序不同,分为正循环与反循环两种。所谓正循环即在钻进的同时,泥浆泵将泥浆压进泥浆笼头,通过钻杆中心从钻头喷入钻孔内,泥浆挟带钻渣沿钻孔上升,从护筒顶部排浆孔排出至沉淀池,钻渣在此沉淀而泥浆仍进入泥浆池循环使用,如图 3-10 所示。

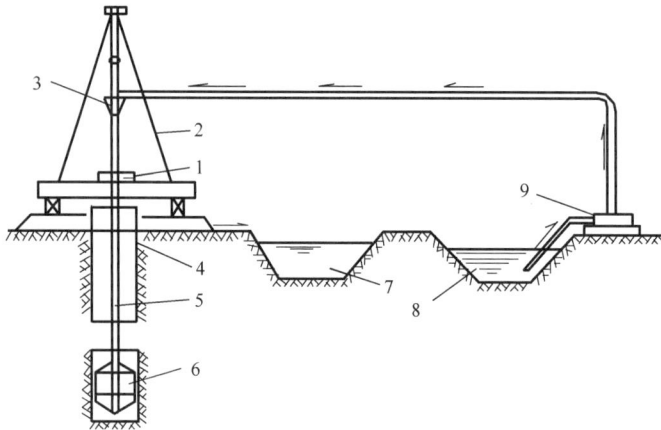

图 3-10　正循环旋转钻孔
1-钻机;2-钻架;3-泥浆笼头;4-护筒;5-钻杆;6-钻头;7-沉淀池;8-泥浆池;9-泥浆泵

反循环与上述正循环程序相反,将泥浆用泥浆泵送至钻孔内,然后从钻头的钻杆下口吸进,通过钻杆中心排出到沉淀池,泥浆沉淀后再循环使用。反循环钻机的钻进及排渣效率较高,但在接长钻杆时装卸较麻烦。我国定型生产的旋转钻在转盘、钻架、动力设备等方面均配套定型,钻头的构造根据土质采用多种形式,正循环钻机有鱼尾锥[图 3-11a)]、圆柱形钻头[图 3-11b)]、刺猬钻头[图 3-11c)]等。

(2)冲击钻进成孔

利用钻锥(重力为 10～35kN)不断地提锥、落锥反复冲击孔底土层,把土层中的泥砂、石块挤向四壁或打成碎渣,钻渣悬浮于泥浆中,利用掏渣筒取出。

钻头一般是整体铸钢做成的实体钻锥,钻刃为十字形,采用高强度耐磨钢材做成,底刃最好不完全平直,以加大单位长度上的压重,如图 3-12 所示(图中 $\beta = 70° ～ 90°$, $\varphi = 160° ～ 170°$)。冲击时,钻头应有足够的重量、适当的冲程和冲击频率,以使它有足够的能量将岩块打碎。

冲击钻孔适用于含有漂卵石、大块石的土层及岩层,也能用于其他土层。成孔深度一般不

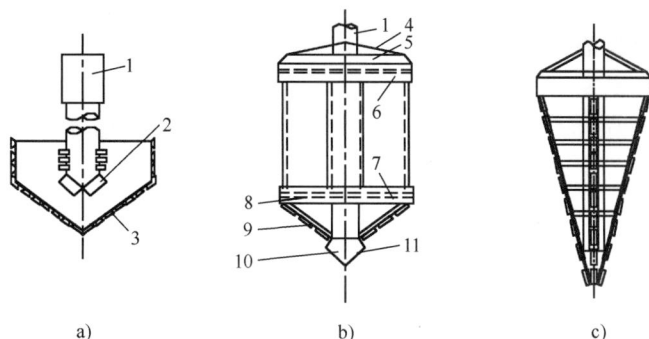

图 3-11 正循环旋转机钻头

1-钻杆;2-出浆口;3-刀刃;4-斜撑;5-斜挡板;6-上腰围;7-下腰围;8-耐磨合金钢;9-刮板;10-超前钻;11-出浆口

宜超过 50m。

（3）冲抓钻进成孔

它是用兼有冲击和抓土作用的冲抓锥,通过钻架,由带离合器的卷扬机操纵,靠冲锥自重（重力为 10 ~ 20kN）冲下使抓土瓣锥尖张开插入土层,然后由卷扬机提升锥头收拢抓土瓣将土抓出,弃土后继续冲抓钻进成孔。

钻锥常采用四瓣或六瓣冲抓锥,其构造如图 3-13 所示,当收紧外钢丝绳而松内套钢丝绳时,内套在自重作用下相对外套下坠,便使锥瓣张开插入土中。

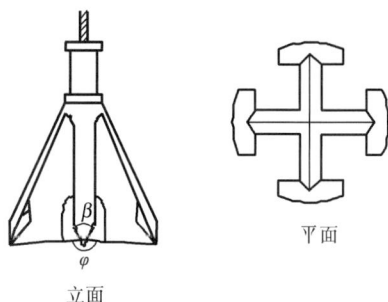

图 3-12 冲击钻锥

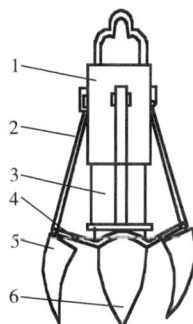

图 3-13 冲抓锥

1-外套;2-连杆;3-内套;4-支撑杆;5-叶瓣;6-锥头

冲抓成孔适用于黏性土、砂性土及夹有碎卵石的砂砾土层,成孔深度宜小于 30m。

2. 钻孔注意事项

在钻孔过程中应防止坍孔、孔形扭歪或孔偏斜,甚至把钻头埋住或掉进孔内等事故。因此,钻孔时应注意以下几点:

（1）在钻孔过程中,始终要保持钻孔护筒内水位要高出筒外 1.0 ~ 1.5m 并使护壁泥浆符合要求,以起到护壁固壁作用,防止坍孔。若发现漏水（漏浆）现象,应找出原因及时处理。

（2）在钻孔过程中,应根据土质等情况控制钻进速度、调整泥浆稠度,以防止坍孔及钻孔偏斜、卡钻和旋转钻机负荷超载等情况发生。

（3）钻孔宜一气呵成,不宜中途停钻以避免坍孔,若坍孔严重,应回填重钻。

（4）钻孔过程中应加强对桩位、成孔情况的检查工作。终孔时应对桩位、孔径、形状、深度、倾斜度及孔底土质等情况进行检验，合格后立即清孔，吊放钢筋骨架，灌注混凝土。

（三）清孔及吊装钢筋骨架

1.清孔的目的与方法

清孔的目的是除去孔底沉淀的钻渣和泥浆，以保证灌注的钢筋混凝土质量，保证桩的承载力。

清孔的方法主要有抽浆清孔、掏渣清孔及换浆清孔三种。

（1）抽浆清孔

用空气吸泥机吸出含钻渣的泥浆而达到清孔。由风管将压缩空气输进排泥管，使泥浆形成密度较小的泥浆空气混合物，在水柱压力下沿排泥管向外排出泥浆和孔底沉渣，同时用水泵向孔内注水，保持水位不变直至喷出清水或沉渣厚度达到设计要求为止，适用于孔壁不易坍塌、各种钻孔方法得到的柱桩和摩擦桩，如图3-14。

（2）掏渣清孔

用掏渣筒掏清孔内粗粒钻渣，适用于冲抓、冲击成孔的摩擦桩。

（3）换浆清孔

正、反循环旋转钻机完成后不停钻、不进尺，继续循环换浆清渣，直至达到清理泥浆及钻渣的要求。它适用于各类土层的摩擦桩。

钻、挖孔成孔的质量标准见表3-2。

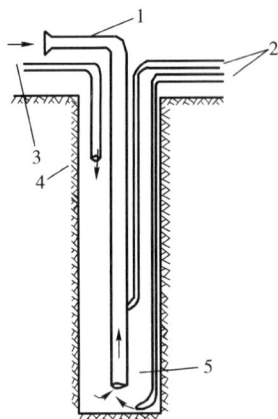

图3-14 抽浆清孔

1-泥浆砂石渣喷出；2-通入压缩空气；
3-注入清水；4-护筒；5-孔底沉淀物

钻、挖孔成孔质量标准 表3-2

项 目	允 许 偏 差
孔的中心位置（mm）	群桩:100;单排桩:50
孔径（mm）	不小于设计桩径
倾斜度	钻孔:小于1%;挖孔:小于0.5%
孔深	摩擦桩:不小于设计规定 支承桩:比设计深度超深不小于50mm
沉淀厚度（mm）	摩擦桩:符合设计要求,当设计无要求时,对于直径≤1.5m的桩,≤200mm;对于桩径>1.5m或桩长>40m或土质较差的桩,≤300mm 支承桩:不大于设计规定,设计未规定时≤50mm
清孔后泥浆指标	相对密度:1.03～1.10;黏度:17～20Pa·s; 含砂率:<2%;胶体率:>98%

注:清孔后的泥浆指标,是从桩孔的顶、中、底部分别取样检验的平均值。本项指标的测定,限指大直径桩或有特定要求的钻孔桩。

2.钢筋骨架的安装

钻孔桩的钢筋应按设计要求预先焊成钢筋骨架，整体或分段就位，吊入钻孔。钢筋骨架的制作和吊放的允许偏差:主筋间距为±10mm;箍筋间距为±20mm;骨架外径为±10mm;骨架倾斜度为±0.5%;骨架保护层厚度为±20mm;骨架中心平面位置为20mm;骨架顶端高程为+20mm,骨架底面高程为±50mm。

钢筋骨架吊放前应检查孔底深度是否符合要求;孔壁有无妨碍骨架吊入和正确就位的情况。钢筋骨架吊装可利用钻架或扒杆进行。吊放时应避免骨架碰撞孔壁,并保证骨架外混凝土保护层厚度,应随时校正骨架位置。钢筋骨架放至设计高程后,牢固定位于孔口。钢筋骨架安置完毕后,须再次进行孔底检查,必要时进行二次清孔,达到要求后即可灌注水下混凝土。

(四)灌注水下混凝土

目前我国公路桥梁多采用直升导管法灌注水下混凝土。

1. 灌注方法及有关设备

导管法的施工过程如图 3-15 所示。将导管居中插入到离孔底 $0.30 \sim 0.40$m(不能插入孔底沉积的泥浆中),导管上口接漏斗,在接口处设隔水栓,以隔绝混凝土与导管内水的接触。在漏斗中存备足够数量的混凝土后,放开隔水栓使漏斗中存备的混凝土连同隔水栓向孔底下落,将导管内水挤出,混凝土从导管下落至孔底堆积,并使导管埋在混凝土内,此后向导管连续灌注混凝土。在灌注过程中,导管的埋置深度宜控制在 $2 \sim 6$m,以保证钻孔内的水不能重新流入导管。随着混凝土不断由漏斗、导管灌入钻孔,钻孔内初期灌注的混凝土及其上面的水或泥浆不断被顶托升高,相应地不断提升导管和拆除导管,直至钻孔灌注混凝土完毕。

水下混凝土一般用钢导管灌注,导管内径为 $200 \sim 350$mm,视桩径大小而定。导管使用前应进行水密承压和接头抗拉试验,严禁用压气试压。导管两端用法兰盘及螺栓连接,并垫橡皮圈以保证接头不漏水。导管内壁应光滑,内径大小一致,连接牢固,在压力下不漏水。

隔水栓常用直径较导管内径小 $20 \sim 30$mm 的木球,或混凝土球砂袋等,以粗铁丝悬挂在导管上口或近导管内水面处,要求隔水栓能在导管内滑动自如不致卡管。

首批灌注的混凝土数量,要保证将导管内水全部压出,并能将导管初次埋入 $1 \sim 1.5$m 深。按照这个要求计算第一斗连续浇灌混凝土的最小用量,从而确定漏斗的尺寸大小及储料槽的大小。漏斗和储料槽的最小容积(m^3)为(图 3-16):

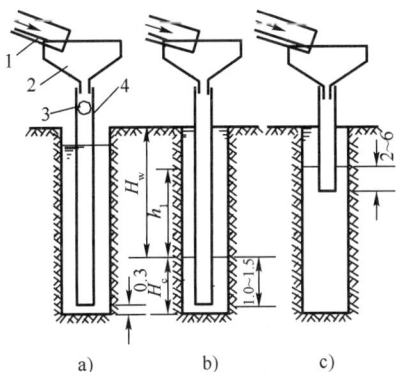

图 3-15　灌注水下混凝土(尺寸单位:m)
1-通混凝土储料槽;2-漏斗;3-隔水栓;4-导管

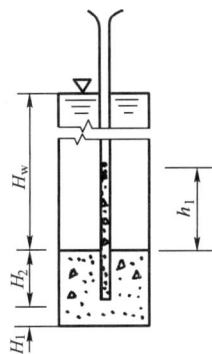

图 3-16　首批混凝土数量计算

$$V \geqslant \frac{\pi D^2}{4}(H_1 + H_2) + \frac{\pi \cdot d^2}{4}h_1 \tag{3-1}$$

式中：V——灌注首批混凝土所需数量（m^3）；

　　D——桩孔直径（m）；

　　H_1——桩孔底至导管底端间距，一般为 0.4m；

　　H_2——导管初次埋置深度（m）；

　　h_1——桩孔内混凝土达到埋置深度 H_2 时，导管内混凝土柱平衡导管外（或泥浆）压力所需的高度（m），即 $h_1 = H_w \gamma_w / \gamma_c$；

　　d——导管内径（m）。

　　H_w——井孔内混凝土面以上水或泥浆深度；

　　γ_w——井孔内水或泥浆的重度（kN/m^3）；

　　γ_c——混凝土拌和物的重度（kN/m^3）。

漏斗顶端应比桩顶（桩顶在水面以下时应比水面）高出至少 3m，以保证在灌注最后部分混凝土时，管内混凝土能满足顶托管外混凝土及其上面的水或泥浆重力的需要。

2. 对混凝土材料的要求

为保证水下混凝土的质量，混凝土拌和物应有良好的和易性，在运输和灌注的过程中应无离析、泌水现象；灌注时保持足够的流动性；其坍落度，当桩孔直径 $D < 1.5m$ 时，为 180 ~ 220mm；$D \geq 1.5m$ 时，宜为 160 ~ 200mm；每立方米混凝土水泥用量不宜少于 350kg，当掺有适宜数量的减水缓凝剂或粉煤灰时，可不少于 300kg。混凝土配合比的含砂率宜采用 0.4 ~ 0.5，水灰比宜用 0.5 ~ 0.6，有试验依据时，含砂率和水灰比可酌情增大或减小；为防卡管，粗集料宜优先选用卵石，如采用碎石宜适当增加混凝土配合比的含砂率；集料的最大粒径不应大于导管内径的 1/6 ~ 1/8 和钢筋的最小净距的 1/4，同时最大粒径不应超过 37.5mm；细集料宜采用级配良好的中砂。水泥的初凝时间不宜早于 2.5h，水泥的强度等级不宜低于42.5 级。

3. 灌注水下混凝土的注意事项

灌注水下混凝土是钻孔灌注桩施工最后一道关键性的工序，其施工质量将严重影响到成桩质量，施工中应注意以下几点：

（1）混凝土拌和必须均匀，尽可能缩短运输距离和减小颠簸，防止混凝土离析而发生卡管事故。

（2）灌注混凝土必须连续作业，一气呵成，避免任何原因的中断灌注，因此混凝土的搅拌和运输设备应满足连续作业的要求，孔内混凝土上升到接近钢筋骨架底处时应防止钢筋骨架被混凝土顶起。

（3）在灌注过程中，要随时测量和记录孔内混凝土灌注高程和导管入孔长度，提管时控制和保证导管埋入混凝土面内有 2 ~ 6m 深度，防止由于导管提升过猛，管底提离混凝土面或埋入过浅，而使导管内逆水造成断桩夹泥；另一方面也要防止由于导管埋入过深，而造成导管内混凝土压不出或导管被混凝土埋住凝结，不能提升，导致中止灌注而成断桩。

（4）灌注的桩顶高程应比设计值高出一定高度，一般为 0.5 ~ 1.0m，以保证混凝土强度，多余部分接桩前必须凿除，残余桩头应无松散层。在灌注将近结束时，应核对混凝土的灌入数量，以确定所测混凝土的灌注高度是否正确。

二、挖孔灌注桩和沉管灌注桩的施工

(一)挖孔灌注桩的施工

挖孔灌注桩适用于无水或少水的较密实的各类土层中,桩的直径(或边长)不宜小于1.4m,孔深一般不宜超过20m,挖孔桩施工,必须在保证安全的基础上不间断地快速进行。

1. 桩孔开挖

一般采用人工开挖,开挖之前应清除现场四周及山坡土悬石、浮土等,排除一切不安全的因素,做好孔口四周临时围护和排水设备,孔口应采取措施防止土石掉入孔内,并安排好排土提升设备,布置好弃土通道,必要时孔口应搭雨棚。

挖土过程中要随时检查桩孔尺寸的平面位置,防止产生误差,并注意施工安全,下孔人员必须佩戴安全帽和安全绳,对提取土渣的机具必须经常检查。孔深超过10m时,应经常检查孔内二氧化碳浓度,如超过0.3%,应增加通风措施。孔内如用爆破施工,应采用浅眼爆破法,且在炮眼附近加强支护,以防止震塌孔壁。桩孔较深时,应采用电引爆,爆破后应通风排烟,经检查孔内无毒后,施工人员方可下孔继续开挖。应根据孔内渗水情况,注意做好孔内排水工作。

2. 护壁和支撑

挖孔桩开挖过程中,开挖和护壁两个工序,必须连续作业,以确保孔壁不坍。应根据地质、水文条件、材料来源等情况因地制宜地选择支撑和护壁方法。桩孔较深,土质相对较差,出水量较大或遇流沙情况时,宜采用就地灌注混凝土护壁,如图 3-17a) 所示,每下挖1~2m灌注一次,随挖随支。护壁厚度一般采用0.15~0.20m,混凝土为 C15~C20,必要时可配置少量的钢筋,也可采用下沉预制钢筋混凝土护壁。如土质较松散而渗水量不大时,可考虑用木料作框架式支撑或在木框架后面铺木板作支撑,如图 3-17b) 所示。木框架或木框架与木板间应用扒钉钉牢,木板后面也应与土面塞紧。如土质较好、渗水不大时,也可用荆条、竹笆作护壁,随挖随护壁,以保证挖土安全进行。

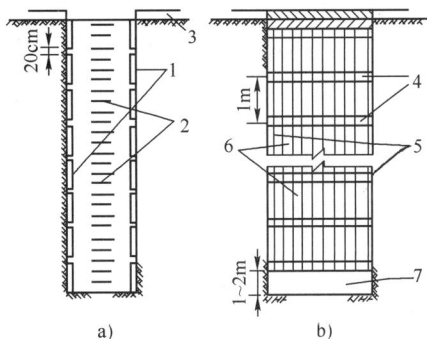

图 3-17 护壁与支撑
1-就地灌注混凝土护壁;2-固定在护壁上供人上下用的钢筋;3-孔口围护;4-木框架支撑;5-支撑木版;6-木框架支撑;7-不设支撑地段

3. 吊装钢筋骨架及灌注桩身混凝土

挖孔到达设计深度后,应检查和处理孔底和孔壁情况,清除孔壁、孔底浮土,孔底必须平整,土质及尺寸符合设计要求,以保证基桩质量。吊装钢筋骨架及需要时灌注水下混凝土有关事项可参阅钻孔灌注桩有关内容。

挖孔桩在挖孔过深(超过20m)或孔壁土质易于坍塌,或渗水量较大的情况下,都应慎重考虑并考虑注意安全。

(二)沉管灌注桩的施工

沉管灌注桩无论是采用锤击打桩设备沉管,还是采用振动打桩设备沉管,其施工过程如图3-18 所示。

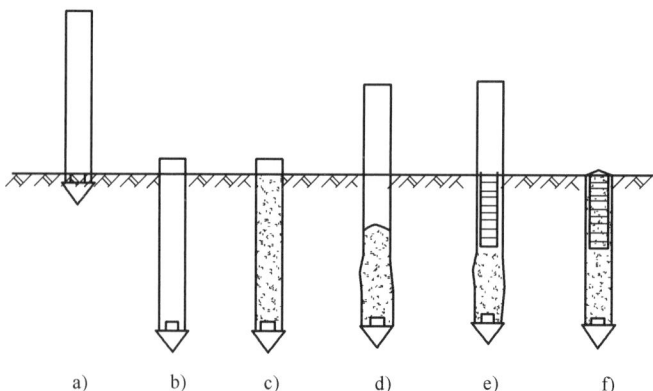

图3-18　沉管灌注桩施工过程

a)就位；b)沉管；c)灌注混凝土；d)拔管振动；e)下钢筋骨架；f)灌注成型

施工中应注意下列事项：

(1)套管开始沉入土中，应保持位置正确，如有偏斜或倾斜应立即纠正。

(2)拔管时应先振后拔，满灌慢拔，边振边拔。在开始拔管时应测得桩靴活瓣确已张开，或钢筋混凝土确已脱离，灌入混凝土已从套管中流出，方可继续拔管。拔管速度宜控制在每分钟1.5m之内，在软土中不宜大于每分钟0.8m。边振边拔以防管内混凝土被吸上拉而缩颈，每拔起0.5m，宜停拔，再振动片刻，如此反复进行，直至将套管全部拔出。

(3)在软土中沉桩时，由于排土挤压作用会使周围土体侧移与隆起，有可能挤断邻近已完成但混凝土强度还不高的灌注桩，因此桩距不宜小于3.0～3.5倍桩径，宜采用间隔跳打的施工方法，避免对邻桩挤压过大。

(4)由于沉管的挤压作用，在软黏土中或软、硬土层交界处所产生的孔隙水压力较大或侧压力大小不一而易产生混凝土桩缩颈。为了弥补这种现象，可采取扩大桩径的"复打"措施，即在灌注混凝土并拔出套管后，立即在原位重新沉管再灌注混凝土。复打后的桩，其横截面面积增大，承载力提高，但其造价也相应增加，对邻近桩的挤压也大。

三、打入桩的施工

打入桩靠桩锤的冲击能量将桩打入土中，因此桩径不能太大(在一般土质中桩径不大于0.6m)，桩的入土深度在一般土质中不超过40m，否则对打桩设备要求较高，而打桩效率较低。打入桩主要为钢筋混凝土桩和预应力混凝土桩。

现就打入桩施工主要设备和施工中应注意的主要问题简要介绍如下。

1.桩锤

常用的桩锤有坠锤、单动汽锤、双动汽锤及柴油锤等几种。

坠锤是最简单的桩锤，它是由铸铁或其他材料做成的锥形或柱形重块，锤的重力为2～20kN，用绳索或钢丝绳通过吊钩由人力或卷扬机沿桩架杆提升，然后使锤自由落下锤击桩顶，如图3-19所示。坠锤打桩效率低，每分钟仅能打数次，但设备简单，适用于小型工程中打木桩或小直径的钢筋混凝土桩。

单动汽锤是利用蒸汽或压缩空气的作用将桩锤沿桩架杆提升，而下落则靠锤自由落下锤击桩顶,如图 3-20a)所示。单动汽锤的重力为 10 ~ 100kN,每分钟冲击 20 ~ 40 次,冲程为 1.5m 左右。单动汽锤是一种常用的桩锤,适用于打钢桩和钢筋混凝土桩等各种桩。

双动汽锤也是利用蒸汽或压缩空气的作用将桩锤(冲击部分)在双动汽锤的外壳即汽缸(固定在桩头上)内上下运动,锤击桩顶。汽锤的重力为 3 ~ 10kN,冲击频率高,每分钟可冲击百次以上,冲程数百毫米,打桩效率高,但一次冲击动能较小。它适用于打较轻的钢筋混凝土桩、钢板桩等各类桩,不仅可用于打桩,还可用于拔桩,在生产中得到了广泛使用。

柴油锤实际上是一个柴油汽缸,其工作原理同柴油机,利用柴油在汽缸内压缩发热点燃而爆炸将汽缸沿导向杆顶起,下落时锤击桩顶,如图 3-20b)所示。柴油锤除杆式柴油锤外,还有筒式柴油锤,均为常用,其机架设备较轻,移动方便,燃料消耗少,效率也较高。柴油锤的重力为 20 ~ 72kN,每分钟冲击 50 ~ 60 次,冲程 1.8 ~ 2.3m,可打钢桩或钢筋混凝土桩等各种桩。

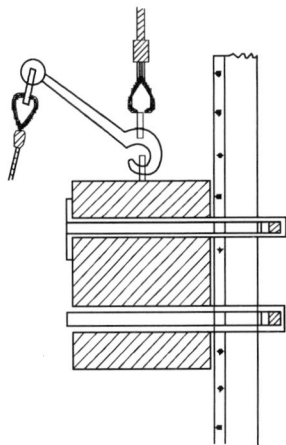

图 3-19 坠锤

2. 桩架

桩架的作用是吊装桩锤、插桩、打桩,控制桩锤的上下方向。它包括导杆(又称龙门,控制桩和桩锤的插打方向)、起吊设备(滑轮组、绞车、动力设备等)、撑架(支撑导杆)及底盘(承托以上设备)、移位行走部位等组成。桩架在结构上必须有足够的强度、刚度和稳定性,保证在打桩过程中桩架不会发生移动和变位。桩架的高度应保证桩吊立就位的需要和锤击的必要冲程。

桩架的类型很多,常用的是钢桩架,有与柴油锤或汽锤成套配备的,也有自制的。

钢桩架拼装,一般均先拼装底盘,逐步向上安装。桩架移动换位可在底盘托板下面垫上滚筒或铺设钢轨,或桩架为自行移动配置轮子、履带,并利用自身动力装置牵引移动或行走。

钢制万能打桩架(图 3-21)的底盘带有转台和车轮(下面铺设钢轨),撑架可以调整导向杆的斜度。因此,它能沿轨道移动,能在水平面作 360° 旋转,能打斜桩,施工方便,但桩架本身笨重,拆装运输较困难。

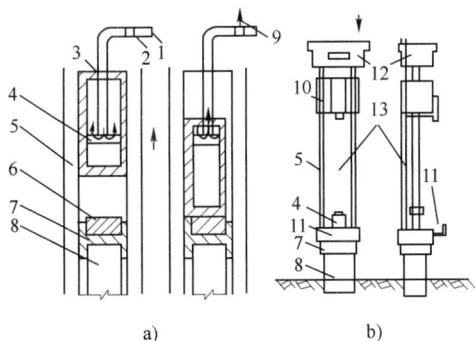

图 3-20 单动汽锤及柴油锤

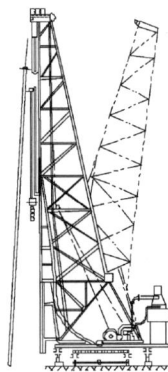

图 3-21 万能打桩架

1-输入高压蒸汽;2-汽阀;3-外壳;4-活塞;5-导向杆;6-垫木;
7-桩帽;8-桩;9-排气;10-汽缸体;11-油泵;12-顶帽;13-导杆

3. 桩的吊运

预制的钢筋混凝土桩由预制场地吊运到桩架内，在起吊、运输、堆放时，都应该按照设计计算的吊点位置起吊（一般吊点在桩内预埋直径为 20～25mm 的钢筋吊环，或以油漆在桩身标明），否则桩身受力情况与计算不符，可能引起桩身混凝土开裂。

预制的钢筋混凝土桩主筋一般是沿桩长按设计内力均匀配置的。桩吊运（或堆放）时的吊点（或支点）位置，是根据吊运或堆放时桩身产生的正负弯矩相等的原则确定的，这样较为经济。

一般长度的桩，水平起吊常采用两个吊点，按上述原则确定吊点的位置应位于 $0.207l$ 处，如图 3-22a）所示。

插桩吊立时，常为单点起吊，根据同样的原则，单吊点位置应位于 $0.293l$ 处，如图 3-22b）所示。对于较长的桩，为了减小内力、节省钢材，有时采用多点起吊。此时应根据施工的实际情况，考虑桩受力的全过程，合理布置吊点位置，并确定吊点上的作用力大小与方向，然后计算桩身内力与配筋，或验算其吊运时的强度。

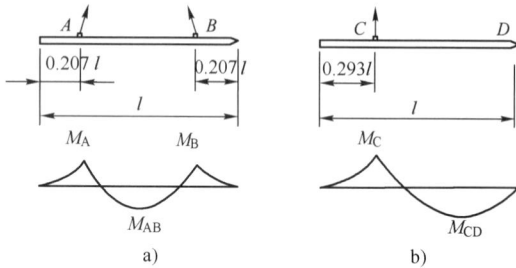

图 3-22 吊点位置及桩身弯矩图
a）两吊点；b）单吊点

4. 打桩过程的注意事项

（1）为了避免或减轻打桩时由于土体挤压，使后打入的桩打入困难或先打入的桩被推挤移动，打桩顺序应视桩数、土质情况及周围环境而定，可由基础的一端向另一端进行，或由中央向两端施打。

（2）在打桩前，应检查锤与桩的中心线是否一致，桩位是否正确，桩的垂直度或倾斜度是否符合设计要求，打桩架是否安置牢固平稳。桩顶应采用桩帽、桩垫保护，以免打裂桩头。

（3）桩开始打入时，应轻击慢打，每次的冲击能量不宜过大，随着桩的打入，逐渐增大锤击的冲击能量。

（4）在打桩过程中，随着桩入土深度的增加，每次锤击的贯入度将随之减小，它在一定程度上能反映出桩的承载能力，因此，在打桩时应记录好桩的贯入度，作为桩是否达到设计要求的一个参考数据。对于特大桥梁和地质复杂的大、中桥，打桩工程开始前应进行试桩和静载试验，以确定基桩的入土深度和贯入度，保证基桩具有设计的承载能力。

（5）打桩过程中应随时注意观测打桩情况，防止基桩的偏移，并填写好打桩记录。打桩时往往会因桩锤重量配备不妥，锤提升高度不当或地质情况变化而发生桩身突然倾斜、锤击时桩锤严重回弹、桩的贯入度突然变化，或桩头破损、桩身产生裂缝等情况，此时应暂停打桩，查明原因，采取措施（如用射水沉桩法配合锤击，改变打桩设备，加固桩身等）后方可继续施工。

（6）每打一根桩应一次连续完成，避免中途停顿过久，否则会因桩周摩阻力的恢复而增加沉桩的困难。

(7)接桩要使上下两节桩对接准。在接桩过程中及接好打桩前,均须注意检查上下两节桩的纵轴线是否在一条直线上。接头必须牢固,焊接时要注意焊接质量,宜用两人双向对称同时电焊,以免产生不对称的收缩,焊完待冷却后再打桩,以免热的焊缝遇到地下水而开裂。

(8)在建筑物靠近打桩场地或建筑物密集地区打桩时,需观测地面变位情况,注意打桩对周围建筑物的影响。

四、水中桩基础施工

水中桩基础的施工显然比旱地上施工要复杂困难得多,尤其在深水急流的大河中修筑桩基础。为了适应水中施工的环境,必然要增添浮运沉桩及相关的设备和采用水中施工的特殊方法。

常用的浮运沉桩设备是将桩架安设在驳船或浮箱组合的浮体上,或使用专用打桩船,有时配合使用定位船、吊船等,在组合的船组中备有混凝土工厂、水泵、空气压缩机、动力设备、龙门吊或履带吊车及塔架等施工机具设备。所用设备可根据采用的施工方法和施工条件选择确定。

水中桩基础施工方法有多种,就常用的基本方法分浅水和深水施工简要介绍如下。

(一)浅水中桩基础施工

对于位于浅水或邻近河岸的桩基,其施工方法类似于浅水浅基础常采用的围堰修筑法,即先筑围堰,后沉基桩的方法。对围堰所用材料和形式,以及各种围堰应注意的事项,与浅基础施工相同,在此不作赘述。围堰筑好后,便可抽水挖基坑或水中吸泥挖坑再抽水,然后作基桩施工。

在浅水中建桥,常在桥位旁设置施工临时便桥。设置临时施工便桥应在整个建桥施工方案中考虑,根据施工场地的水文地质、工程地质、施工条件和经济效益来确定。一般在水深不深(3~4m)、流速不大、不通航(或保留部分河道通航)、便桥临时桩施工不困难的河道上,可考虑采用建横跨全河的便桥,或靠两岸段的便桥方案。

(二)深水中桩基础施工

在宽大的江河深水中施工桩基础时,常采用笼架围堰和吊箱等施工方法,现简介如下。

1. 围堰法

在深水中的低桩承台桩基础或承台墩身有相当长度需在水下施工时,常采用围笼修筑钢板桩围堰进行桩基础施工。

钢板桩围堰基础施工的方法与步骤如下(其中有关钢板桩围堰施工部分已在扩大基础的施工中介绍):

(1)在导向船上拼制围笼,拖运至墩位,将围笼下沉、接高、沉至设计高程,用锚船(定位船)或抛锚定位(图3-23)。

(2)在围笼内插打定位桩,并将围笼固定在定位桩上,退出导向船。

(3)在围笼上搭设工作平台,安置钻机或打桩设备。

(4)沿围笼插打钢板桩,组成防水围堰。

(5)完成全部基桩的施工(钻孔灌注桩或打入桩)。

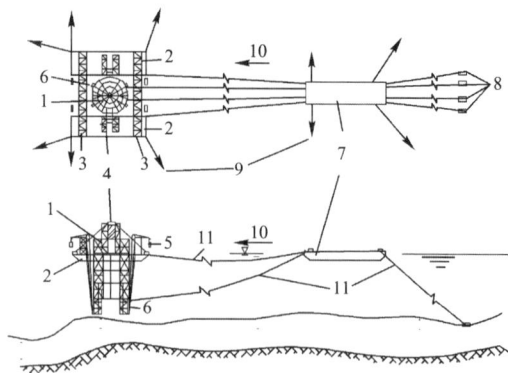

图 3-23　围笼定位示意图

1-围笼;2-导向船;3-联结梁;4-起吊塔架;5-平衡重;6-围笼将军柱;7-定位船;8-混凝土锚;9-铁锚;10-水流方向;11-钢丝绳

（6）用吸泥机吸泥,开挖基坑。

（7）基坑经检验后,灌注水下混凝土封底。

（8）待封底混凝土达到规定强度后,抽水、修筑承台和墩身直至出水面。

（9）拆除围笼,拔除钢板桩。

2.吊箱法和套箱法

在深水中修筑高桩承台桩基时,由于承台位置较高不需坐落到河底,一般采用吊箱方法修筑桩基础,或在已完成的基桩上安置套箱的方法修筑高桩承台。

（1）吊箱法

吊箱是悬吊在水中的箱形围堰,基桩施工时用作导向定位,基桩完成后封底抽水,灌注混凝土承台。

吊箱一般由围笼、底盘、侧面围堰板等部分组成。吊箱围笼平面尺寸与承台相应,分层拼装,最下一节将埋入封底混凝土内,以上部分可拆除周转使用;顶部设有起吊的横梁和工作平台,并留有导向孔。底盘用槽钢作纵、横梁,梁上铺以木板作封底混凝土的底板,并留有导向孔（大于桩径 50mm）以控制桩位。侧面围堰板由钢板形成,整块吊装。

吊箱法的施工方法与步骤如下:

①在岸上或岸边驳船 1 上拼制吊箱围堰,浮运至墩位,吊箱 2 下沉至设计高程[图 3-24a)];

②插打围堰外定位桩 3,并固定吊箱围堰于定位桩上[图 3-24b)];

③基桩 5 施工[图 3-24b)、c)];

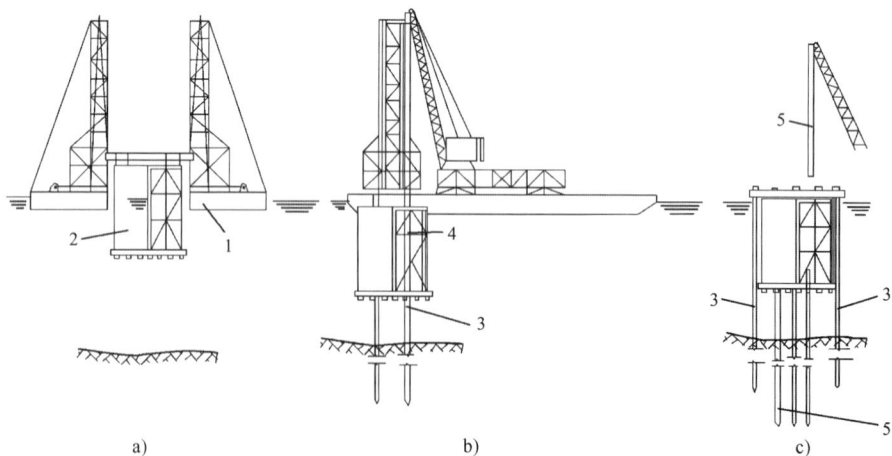

a)　　　　　　　　b)　　　　　　　　c)

图 3-24　吊箱围堰修建水中桩基

1-驳船;2-吊箱;3-定位桩;4-送桩;5-基桩

④填塞底板缝隙,灌注水下混凝土;

⑤抽水,将桩顶钢筋伸入承台,铺设承台钢筋,灌注承台及墩身混凝土;

⑥拆除吊箱围堰连接螺栓外框,吊出围笼。

（2）套箱法

这种方法是针对先用打桩船（或其他方法）完成了全部基桩施工后,修建高桩承台基础的水中承台的一种方法。

套箱可预制成与承台尺寸相应的钢套箱或钢筋混凝土套箱,箱底板按基桩平面位置留有桩孔。基桩施工完成后,吊放套箱围堰,将基桩顶端套入套箱围堰内,并将套箱固定在定位桩（可直接用基础的基桩）上,然后浇筑水下混凝土封底,待达到规定强度后即可抽水,继而施工承台和墩身结构。

3. 桩—沉井结合法

在深水中施工桩基础,当水底河床基岩裸露或卵石、漂石土层钢板围堰无法插打时,或在水深流急的河道上为使钻孔灌注桩在静水中施工时,还可以采用浮运钢筋混凝土沉井或薄壁沉井（有关沉井的内容见第四章）作为桩基施工时的挡水挡土结构和沉井顶设工作平台。沉井既可作为桩基础的施工设施,又可作为桩基础的一部分即承台（图 3-25）。薄壁沉井多用于钻孔灌注桩的施工,除能保持在静水状态下施工外,还可将几个桩孔一起圈在沉井内代替单个安设护筒并可周转重复使用。

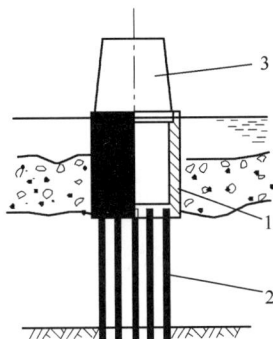

图 3-25 沉井桩基础施工
1-沉井;2-基桩;3-桥墩

第四节 单桩承载力

单桩承载力是指单桩在竖向荷载作用下,地基土和桩本身的强度和稳定性均能得到保证,变形也在容许范围内,以保证结构物的正常使用所能承受的最大荷载。一般情况下,桩受到竖向力、横向荷载及弯矩作用,因此须分别研究和确定单桩的竖向承载力和横向承载力。本节主要研究桩的轴向容许承载力的确定,简要介绍桩的横向容许承载力及负摩阻力问题。

一、竖向荷载下桩的受力特点

桩的竖向承载力是桩与土共同作用的结果,随桩的几何尺寸与外形、桩侧土与桩端土的性质、成桩工艺等而变化。要正确评价单桩的竖向承载力,必须了解单桩在竖向荷载作用下的工作性能,掌握确定单桩竖向承载力的各种具体方法。

（一）竖向荷载作用下基桩的工作性能

桩在竖向荷载 P 的作用下,桩顶将发生竖向位移 δ_0（即沉降 S）,它为桩身弹性压缩量 δ_c 与桩底以下土层的压缩量 δ_1 之和。置于土中的桩与其侧面土是紧密接触的,当桩相对于土向下位移时,就产生土对桩向上作用的桩侧摩阻力。桩顶荷载在沿桩身向下传递的过程中,必须不断地克服这种摩阻力,桩身轴力 N_z 就随深度逐渐减小,传至桩底的轴力即桩底反力 N_L 等于桩顶荷载减去全部桩侧摩阻力。桩顶荷载是桩通过桩侧摩阻力和桩端阻力传递给桩底的。因此,可以认为,土对桩的支承力是由桩侧摩阻力和桩底阻力两部分组成的,桩的极限荷载（或称极限承载力）就等于桩侧极限摩阻力和桩底极限阻力之和。其分布及轴向荷载传递过程见图 3-26。

桩侧摩阻力和桩端阻力的发挥程度与桩土间的变形形态有关,且其各自达到极限值时所需要的位移量是不相同的。试验表明,桩侧摩阻力只要桩土间有不太大的相对位移就能得到充分的发挥,一般认为黏性土为 $4 \sim 6 \, \text{mm}$,砂性土为 $6 \sim 10 \, \text{mm}$,因此在确定桩的承载力时,应考虑这一特点。置于一般土层上的摩擦桩,桩底土层支承反力发挥到极限值,则需要比发生桩侧极限摩阻力大得多的位移值,这时总是桩侧摩阻力先充分发挥出来,然后桩底阻力才逐渐发挥,直至达到极限值。对于桩长很大的摩擦桩,也因桩身压缩变形大,桩底反力尚未达到极限值,桩顶位移已超过使用要求所容许的范围,且传递到桩底的荷载也很微小,此时确定桩的承载力,桩底极限阻力取值不宜过大。

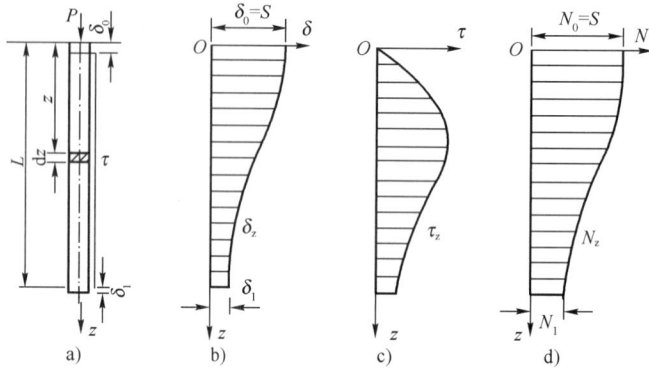

图 3-26 桩土体系的荷载传递

a)竖向受压的单桩;b)截面位移曲线;c)摩阻力分布曲线;d)轴力分布曲线

(二)单桩在竖向受压荷载作用下的破坏模式

单桩在竖向受压荷载作用下的破坏模式与其受力性能密切相关,单桩所能承受的竖向荷载取决于桩周及桩端土对桩的支承能力和桩本身的材料强度,且桩的破坏模式不同,其承载力控制指标也不同。一般来说,单桩在竖向受压荷载作用下的破坏模式大致可分为如下三种,如图 3-27 所示。

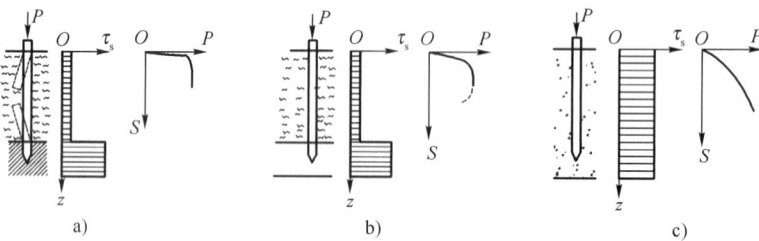

图 3-27 桩破坏的典型模式

1. 屈曲破坏

当桩底支承在很坚硬的土层上、桩侧土为软土层且抗剪强度很低时,桩在竖向受压荷载作用下,如同一根压杆似的出现纵向挠曲破坏[图 3-27a)]。在荷载—沉降(P-S)曲线上呈现出明确的转折点,此时桩的承载力取决于桩身的材料强度。

2. 整体剪切破坏

当具有足够强度的桩穿过抗剪强度较低的土层而到达强度较高的土层时[图 3-27b)],桩在竖向受压荷载作用下,桩底土体形成滑动面出现整体剪切破坏,这是因为桩底持力层以上的软弱土层不能阻止滑动土楔的形成。在 P-S 曲线上可求得明确的破坏荷载。桩的竖向承载力主要取于桩底土的支承力,桩侧摩阻力也起一部分作用。

3. 刺入破坏

当具有足够强度的桩入土深度较大或桩周土层抗剪强度较均匀时[图 3-27c)],桩在竖向受压荷载作用下,将会出现刺入式破坏。根据荷载大小和土质不同,试验中得到的 P-S 曲线上没有明显的转折点。桩所受荷载主要由桩侧摩阻力承担。

二、单桩竖向容许承载力的确定

按土层对桩的支承力确定单桩竖向承载力。在工程设计中,单桩竖向容许承载力是指单桩在竖向荷载作用下,地基土和桩本身的强度和稳定性均能得到保证,变形也在容许范围之内所容许承受的最大荷载。

单桩竖向容许承载力的确定方法较多,考虑到地基土具有多变性、复杂性和地域性等特点,往往需选用几种方法作综合考虑和分析,以合理确定单桩竖向容许承载力。

(一) 按设计规范经验公式确定单桩竖向容许承载力

我国现行的各种设计规范都规定了以经验公式计算单桩竖向承载力的方法。规范根据全国各地大量的静载试验资料,经过理论分析和统计整理,给出了不同类型的桩,按土的类别、密实度、稠度、埋置深度等条件下有关桩侧摩阻力及桩端阻力的经验系数和数据,列出了公式。下面仅以《公桥基规》所用经验公式为例,说明此种方法(以下各经验公式除特殊说明外均适用于钢筋混凝土桩、混凝土桩及预应力混凝土桩)。

1. 摩擦桩

摩擦桩单桩竖向容许承载力采用下列基本形式:

$$单桩竖向容许承载力 P = \frac{桩侧极限摩阻力 P_{su} + 桩底极限阻力 P_{pu}}{安全系数 K}$$

沉入桩与钻(挖)孔灌注桩,由于施工方法不同,根据试验资料所得桩侧摩阻力和桩底阻力数据不同,所给出的计算式和有关数据也不同。

(1)沉入桩的容许承载力按下式计算:

$$[R_a] = \frac{1}{2}\left(u\sum_{i=1}^{n}\alpha_i l_i q_{ik} + \alpha_r A_p q_{rk}\right) \tag{3-2}$$

式中:$[R_a]$——单桩轴向受压承载力容许值(kN),桩身自重与置换土重(当自重计入浮力时,置换土重也计入浮力)的差值作为荷载考虑;

u——桩身周长(m);

n——土的层数;

l_i——承台底面或局部冲刷线以下各土层的厚度(m);

q_{ik}——与 l_i 对应的各土层与桩侧摩阻力标准值(kPa),宜采用单桩摩阻力试验确定或通过静力触探试验测定,当无试验条件时按表 3-3 选用;

q_{rk}——桩端处土的承载力标准值(kPa),宜采用单桩试验确定或通过静力触探试验测定,当无试验条件时按表 3-4 选用;

α_i、α_r——分别为振动沉桩对各土层桩侧摩阻力和桩端承载力的影响系数,按表 3-5 采
用,对于锤击、静压沉桩其值均取为 1.0

A_p——桩端截面面积(m^2),对于扩底桩,取扩底截面面积。

沉桩桩侧土的摩阻力标准值 q_{ik}　　　　　　　　表 3-3

土 类	状 态	摩阻力标准值 q_{ik}(kPa)
黏性土	$1.5 \geqslant I_L \geqslant 1$	$15 \sim 30$
	$1 > I_L \geqslant 0.75$	$30 \sim 45$
	$0.75 > I_L \geqslant 0.5$	$45 \sim 60$
	$0.5 > I_L \geqslant 0.25$	$60 \sim 75$
	$0.25 > I_L \geqslant 0$	$75 \sim 85$
	$0 > I_L$	$85 \sim 95$
粉土	稍密	$20 \sim 35$
	中密	$35 \sim 65$
	密实	$65 \sim 80$
粉、细砂	稍密	$20 \sim 35$
	中密	$35 \sim 65$
	密实	$65 \sim 80$
中砂	中密	$55 \sim 75$
	密实	$75 \sim 90$
粗砂	中密	$70 \sim 90$
	密实	$90 \sim 105$

注:表中土的液性指数 I_L 是按76g平衡锥测定的数值。

沉桩桩端处土的承载力标准值 q_{rk}　　　　　　　　表 3-4

土 类	状 态	桩端承载力标准值 q_{rk}(kPa)		
黏性土	$I_L \geqslant 1$	1 000		
	$1 > I_L \geqslant 0.65$	1 600		
	$0.65 > I_L \geqslant 0.35$	2 200		
	$0.35 > I_L$	3 000		
		桩尖进入持力层的相对深度		
		$1 > \dfrac{h_c}{d}$	$4 > \dfrac{h_c}{d} \geqslant 1$	$\dfrac{h_c}{d} \geqslant 4$
粉土	中密	1 700	2 000	2 300
	密实	2 500	3 000	3 500
粉砂	中密	2 500	3 000	3 500
	密实	5 000	6 000	7 000
细砂	中密	3 000	3 500	4 000
	密实	5 500	6 500	7 500

续上表

土　类	状　态	桩端承载力标准值 q_{rk}(kPa)		
中、粗砂	中密	3 500	4 000	4 500
	密实	6 000	7 000	8 000
圆砾石	中密	4 000	4 500	5 000
	密实	7 000	8 000	9 000

注:表中 h_c 为桩端进入持力层的深度(不包括桩靴);d 为桩的直径或边长。

系 数 α_i、α_r 值　　　　　　　　表 3-5

土类 系数 α_i、α_r 桩径或边长 d(m)	黏土	粉质黏土	粉土	砂土
$0.8 \geq d$	0.6	0.7	0.9	1.1
$2.0 \geq d > 0.8$	0.6	0.7	0.9	1.0
$d > 2.0$	0.5	0.6	0.7	0.9

(2)钻(挖)孔灌注桩容许承载力按下式计算:

$$[R_a] = \frac{1}{2}u\sum_{i=1}^{n} q_{ik}l_i + A_p q_r \tag{3-3}$$

$$q_r = m_0\lambda\{[f_{a0}] + k_2\gamma_2(h-3)\}$$

式中:$[R_a]$——单桩轴向受压承载力容许值(kN),桩身自重与置换土重(当自重计入浮力时,置换土重也计入浮力)的差值作为荷载考虑;

　　　u——桩身周长(m);

　　　A_p——桩端截面面积(m^2),对于扩底桩,取扩底截面面积;

　　　n——土的层数;

　　　l_i——承台底面或局部冲刷线以下各土层的厚度(m),扩孔部分不计;

　　　q_{ik}——与 l_i 对应的各土层与桩侧的摩阻力标准值(kPa),宜采用单桩摩阻力试验确定,当无试验条件时按表 3-6 选用;

　　　q_r——桩端处土的承载力容许值(kPa),当持力层为砂土、碎石土时,若计算值超过下列值,宜按下列值采用:粉砂 1 000kPa;细砂 1 150kPa;中砂、粗砂、砾砂 1 450kPa;碎石土 2 750kPa;

　　　$[f_{a0}]$——桩端处土的承载力基本容许值(kPa);

　　　h——桩端的埋置深度(m),对于有冲刷的桩基,埋深由一般冲刷线起算;对无冲刷的桩基,埋深由天然地面线或实际开挖后的地面线起算;h 的计算值不大于 40m,当大于 40m 时,按 40m 计算;

　　　k_2——容许承载力随深度的修正系数;

　　　γ_2——桩端以上各土层的加权平均重度(kN/m^3),若持力层在水位以下且不透水时,不论桩端以上土层的透水性如何，一律取饱和重度；当持力层透水时则水中部分土层取浮重度；

λ——修正系数，按表3-7选用；

m_0——清底系数，按表3-8选用。

钻孔桩桩侧土的摩阻力标准值 q_{ik} 表3-6

土 类		$q_{ik}(kPa)$	土 类		$q_{ik}(kPa)$
中密炉渣、粉煤灰		$40 \sim 60$	中砂	中密	$45 \sim 60$
黏性土	流塑 $I_L > 1$	$20 \sim 30$		密实	$60 \sim 80$
	软塑 $0.75 < I_L \leqslant 1$	$30 \sim 50$	粗砂、砾砂	中密	$60 \sim 90$
	可塑、硬塑 $0 < I_L \leqslant 0.75$	$50 \sim 80$		密实	$90 \sim 140$
	坚硬 $I_L \leqslant 0$	$80 \sim 120$	圆砾、角砾	中密	$120 \sim 150$
粉土	中密	$30 \sim 55$		密实	$150 \sim 180$
	密实	$55 \sim 80$	碎石、卵石	中密	$160 \sim 220$
粉砂、细砂	中密	$35 \sim 55$		密实	$220 \sim 400$
	密实	$55 \sim 70$	漂石、块石		$400 \sim 600$

注：挖孔桩的摩阻力标准值可参照本表采用。

λ 值 表3-7

桩端土情况 \ l/d	$4 \sim 20$	$20 \sim 25$	>25
透水性土	0.70	$0.70 \sim 0.85$	0.85
不透水性土	0.65	$0.65 \sim 0.72$	0.72

清 底 系 数 m_0 值 表3-8

t/d	$0.3 \sim 0.1$	m_0	$0.7 \sim 1.0$

注：1. t、d 为桩端沉渣厚度和桩的直径。

2. $d \leqslant 1.5$m 时，$t \leqslant 300$mm；$d > 1.5$m 时，$t \leqslant 500$mm，且 $0.1 < t/d < 0.3$。

2.端承桩

支承在基岩上或嵌入岩层中的单桩，其竖向容许承载力，取决于桩底处岩石的强度和嵌入岩层的深度，可按下式计算。

$$[R_a] = c_1 A_p f_{rk} + u \sum_{i=1}^{m} c_{2i} h_i f_{rki} + \frac{1}{2} \zeta_s u \sum_{i=1}^{n} l_i q_{ik} \tag{3-4}$$

式中：$[R_a]$——单桩轴向受压承载力容许值（kN），桩身自重与置换土重（当自重计入浮力时，置换土重也计入浮力）的差值作为荷载考虑；

c_1——根据清孔情况、岩石破碎程度等因素而定的端阻发挥系数，按表3-9采用；

A_p——桩端截面面积（m^2），对于扩底桩，取扩底截面面积；

f_{rk}——桩端岩石饱和单轴抗压强度标准值（kPa），黏土质岩取天然湿度单轴抗压强度标准值，当 f_{rk} 小于2MPa时按摩擦桩计算；f_{rki} 为第 i 层的 f_{rk} 值。

c_{2i}——根据清孔情况、岩石破碎程度等因素而定的第 i 层岩层的侧阻发挥系数，按表

3-9 采用;

u——各土层或各岩层部分的桩身周长(m);

h_i——桩嵌入各岩层部分的厚度(m),不包括强风化层和全风化层;

m——岩层的层数,不包括强风化层和全风化层;

ζ_s——覆盖层土的侧阻力发挥系数,根据桩端 f_{rk} 确定:当 $2\text{MPa} \leqslant f_{rk} < 15\text{MPa}$ 时, $\zeta_s = 0.8$;当 $15\text{MPa} \leqslant f_{rk} < 30\text{MPa}$ 时,$\zeta_s = 0.5$;当 $f_{rk} > 30\text{MPa}$ 时,$\zeta_s = 0.2$;

l_i——各土层的厚度(m);

q_{ik}——桩侧第 i 层土的侧阻力标准值(kPa),宜采用单桩摩阻力试验值,当无试验条件时,对于钻(挖)孔桩按表3-6选用,对于沉桩按表3-3选用;

n——土层的层数,强风化和全风化岩层按土层考虑。

系 数 c_1、c_2 值 表3-9

岩石层情况	c_1	c_2
完整、较完整	0.6	0.05
较破碎	0.5	0.04
破碎、极破碎	0.4	0.03

注:1. 当嵌岩深度小于或等于0.5m时,c_1 乘以0.75的折减系数,$c_2 = 0$。

2. 对于钻孔桩,系数 c_1、c_2 值应降低20%采用。

桩端沉渣厚度 t 应满足以下要求:$d \leqslant 1.5\text{m}$ 时,$t \leqslant 50\text{mm}$;$d > 1.5\text{m}$ 时,$t \leqslant 100\text{mm}$。

3. 对于中风化层作为持力层的情况,c_1、c_2 应分别乘以0.75的折减系数。

按式(3-2)、式(3-3)、式(3-4)计算的单桩竖向承载力容许值 $[R_a]$,应根据桩的受荷阶段及受荷情况乘以表3-10规定的抗力系数。

单桩竖向承载力的抗力系数 表3-10

受 荷 阶 段	作 用 效 应 组 合		抗 力 系 数
使用阶段	短期效应组合	永久作用与可变作用组合	1.25
		结构自重、预加力、土重、土侧压力和汽车、人群组合	1.00
	作用效应偶然组合(不含地震作用)		1.25
施工阶段	施工荷载效应组合		1.25

(二)按材料强度确定桩的竖向承载力

一般来说,桩的竖向承载力往往由土对桩的支承能力控制。但当桩穿过极软弱土层,支承(或嵌固)于岩层或坚硬的土层上时,单桩竖向承载力往往由桩身材料强度控制。在竖向荷载作用下,单桩受力情况是一根全部或部分埋入土中的轴向受压杆件,若还有弯矩或横向力作用,则单桩是一个偏心受压杆件。因此,细长杆在荷载达到一定数值时会发生纵向挠曲而失稳。根据《公路钢筋混凝土及预应力混凝土桥涵设计规范》(JTG D62—2012),对于钢筋混凝土桩,基桩的竖向承载力可归结为桩身轴向强度验算。

1. 轴向受压情况

(1)钢筋混凝土桩,当配有普通箍筋时,在轴心受压情况下,其截面强度按式(3-5)验算:

$$\gamma_0 N_d \leqslant 0.90\varphi \left(f_{cd}A + f'_{sd}A'_s \right) \qquad (3\text{-}5)$$

式中：N_d——计算的竖向承载力，荷载组合可参考《公路桥涵设计通用规范》（JTG D60—2004）；

φ——纵向挠曲系数，可由表 3-11 查取；

f_{cd}——混凝土抗压设计强度设计值；

A——构件毛截面面积，当纵向钢筋配筋率大于 3% 时，A 应改用 $A_n = A - A'_s$；

f'_{sd}——纵向钢筋抗压强度设计值；

A'_s——纵向钢筋截面面积；

γ_0——桥梁结构的重要性系数。

钢筋混凝土桩的纵向挠曲系数 φ　　　　表 3-11

l_p/b	≤8	10	12	14	16	18	20	22	24	26	28
l_p/d	≤7	8.5	10.5	12	14	15.5	17	19	21	22.5	24
l_p/i	≤28	35	42	48	55	62	69	76	83	90	97
φ	1.00	0.98	0.95	0.92	0.87	0.81	0.75	0.70	0.65	0.60	0.56
l_p/b	30	32	34	36	38	40	42	44	46	48	50
l_p/d	26	28	29.5	31	33	34.5	36.5	38	40	41.5	43
l_p/i	104	111	118	125	132	139	146	153	160	167	174
φ	0.52	0.48	0.44	0.40	0.36	0.32	0.29	0.26	0.23	0.21	0.19

注：l_p-考虑纵向挠曲时桩的稳定计算长度，应结合桩在土中支承情况，根据两端支承条件确定，近似计算可参照表 3-12；

i-截面的回转半径，$i = \sqrt{I/A}$，其中 I 为截面的惯性矩，A 为截面面积；

d-桩的直径；

b-矩形截面桩的短边长。

桩受弯时的计算长度 l_p　　　　表 3-12

单桩或单排桩（桩顶铰接）				多排桩（桩顶固定）			
桩底支承于非岩石土中		桩底嵌固于岩石内		桩底支承于非岩石土中		桩底嵌固于岩石内	
$h < \dfrac{4.0}{\alpha}$	$h \geqslant \dfrac{4.0}{\alpha}$	$h < \dfrac{4.0}{\alpha}$	$h \geqslant \dfrac{4.0}{\alpha}$	$h < \dfrac{4.0}{\alpha}$	$h \geqslant \dfrac{4.0}{\alpha}$	$h < \dfrac{4.0}{\alpha}$	$h \geqslant \dfrac{4.0}{\alpha}$
$l_p = (l_0 + h)$	$l_p = 0.7\left(l_0 + \dfrac{4.0}{\alpha}\right)$	$l_p = 0.7(l_0 + h)$	$l_p = 0.7\left(l_0 + \dfrac{4.0}{\alpha}\right)$	$l_p = 0.7(l_0 + h)$	$l_p = 0.5\left(l_0 + \dfrac{4.0}{\alpha}\right)$	$l_p = 0.5(l_0 + h)$	$l_p = 0.5\left(l_0 + \dfrac{4.0}{\alpha}\right)$

注：α-桩—土变形系数。

（2）钢筋混凝土桩，当采用螺旋式或焊接环式间接钢筋时，其截面强度按式（3-6）验算：

$$r_0 N_d \leqslant 0.90(f_{cd}A_{cor} + f'_{sd}A'_s + kf_{sd}A_{so}) \qquad (3\text{-}6)$$

式中:A_{cor}——构件核心截面面积;

A_{so}——螺旋式或焊接环式间接钢筋的换算截面面积,$A_{so} = \pi d_{cor}A_{sol}/S$;

d_{cor}——构件截面的核心直径;

k——间接钢筋影响系数,混凝土强度等级为 C50 及以下时,取 $k = 2.0$;C50 ~ C80 时,取 $k = 2.0 \sim 1.7$,中间值按直线插入取用;

A_{sol}——单根间接钢筋的截面面积;

S——沿构件轴线方向间接钢筋的螺距或间距;

f_{sd}——普通钢筋抗拉强度设计值;

其余符号意义同前。

2. 偏心受压情况

当桩顶同时受到轴向力、水平力或弯矩作用时,即产生偏心受压情况。此时,除按轴心受压情况[式(3-5)、式(3-6)]验算水平力及弯矩作用平面内桩的抗压强度外,还应验算水平力及弯矩作用平面内的桩身抗弯拉强度。

由于桩顶有水平力及弯矩作用,使桩身轴线发生偏移,因此长细比 $l_p/i > 17.5$(矩形截面 $l_p/h > 5$,圆形截面 $l_p/2r > 4.4$)的构件应考虑桩在水平力、弯矩作用平面内的挠度对纵向力偏心距的影响,将纵向力对截面重心轴的偏心距 e_0 乘以偏心距增大系数 η。

矩形、T 形、I 形和圆形截面偏心受压构件的偏心距增大系数按式(3-7)计算:

$$
\begin{cases}
\eta = 1 + \dfrac{1}{1\,400 e_0} \left(\dfrac{l_p}{h}\right)^2 \zeta_1 \zeta_2 \\[2mm]
\zeta_1 = 0.2 + 2.7 \dfrac{e_0}{h_0} \leqslant 1.0 \\[2mm]
\zeta_2 = 1.15 - 0.01 \dfrac{l_p}{h} \leqslant 1.0
\end{cases}
\qquad (3\text{-}7)
$$

式中:l_p——构件的计算长度,按表 3-12 计算或按工程经验确定;

e_0——轴向力对截面重心轴的偏心矩;

h_0——截面有效高度,对圆形截面取 $h_0 = r + r_s$,r_s 为纵向钢筋所在圆周的半径;

h——截面高度,对圆形截面取 $h = 2r$,r 为圆形截面半径;

ζ_1——荷载偏心率对截面曲率的影响系数;

ζ_2——构件长细比对截面曲率的影响系数。

由于水平力及弯矩作用使纵向力对截面重心轴偏心距增大,纵向力必然会对截面产生附加弯矩,此时,沿周边均匀配置钢筋的圆形截面偏心受压桩的截面强度计算公式为:

$$\gamma_0 N_d \leqslant Ar^2 f_{cd} + C\rho \cdot r^2 f'_{sd} \qquad (3\text{-}8)$$

$$\gamma_0 N_d \eta e_0 \leqslant Br^3 f_{cd} + D\rho g \cdot r^3 f'_{sd} \qquad (3\text{-}9)$$

式中: r——圆形截面的半径;

g——纵向钢筋所在圆周的半径 r_s 与圆截面半径之比,$g = r_s/r$;

ρ——纵向钢筋配筋率,$\rho = A_s/\pi \cdot r^2$;

A、B、C、D——圆形截面偏心受压截面强度计算系数,可查《公路钢筋混凝土及预应力混凝土桥涵设计规范》(JTG D62—2012)相应表格;

其余符号意义同前。

3.垂直静载试验法

垂直静载试验法即在桩顶逐级施加轴向荷载,直至桩达到破坏状态为止,并在试验过程中测量每级荷载下不同时间的桩顶沉降,根据沉降与荷载及时间的关系,分析确定单桩竖向容许承载力。

试桩可在已打好的工程桩中选定,也可专门设置与工程桩相同的试验桩。考虑到试验场地的差异及试验的离散性,试桩数目应不小于基桩总数的2%,且不应少于2根;试桩的施工方法以及试桩的材料和尺寸、入土深度均应与设计桩相同。就地灌注桩的静载试验应在混凝土强度达到能承受预定破坏荷载后开始。斜桩做静载试验时,荷载方向应与斜桩轴线相同。

1)加荷装置

(1)基本要求

首先要求安全可靠,保证有足够的加载量,不能发生加载量达不到要求而中途停止试验的事故。

(2)加载量的确定

根据《公桥基规》推荐的地基土强度数据或参考类似的试桩经验并按照鉴定性或破坏性试验的不同要求,确定试桩的破坏荷载或最大的试验荷载(以下称最大加载量)。荷载系统的加载能力至少不低于破坏荷载或最大加载量的1.5倍,最好能达到1.5~2.0倍。

(3)反力装置

反力装置是加载系统中最主要的组成部分,对它应事先做好周密的设计。

目前多采用液压千斤顶、锚桩、横梁等设备加载(图3-28)。

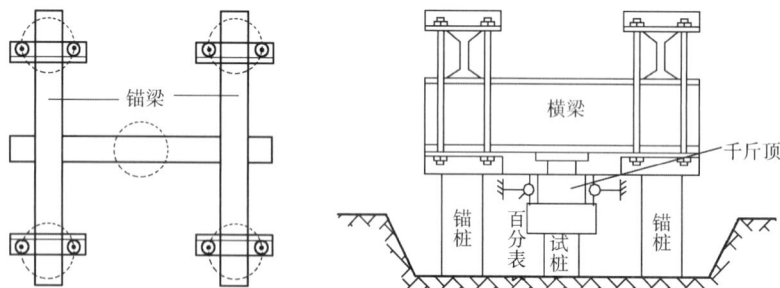

图3-28 锚桩法试验装置

采用锚桩方案时,应注意锚桩在受力方面和受压桩有所不同,根据一些试验的资料,上拔时桩壁摩阻力极限值约为受压时的1/5~1/3(入土长度在30m以上时用高值)。

锚桩视土质情况用4~8根,锚桩入土深度应大于或等于试桩的深度,锚桩与试桩的净距应大于试桩直径的3倍,以减小对试桩的影响。

用实际工程中的桩作锚桩时,一般不允许把它拉裂,对此类的桩,应根据要求的锚固荷载,通过抗裂设计来确定其配筋量;专门用于试验的锚桩允许按开裂设计。锚桩一般在全部长度内配置钢筋,锚桩同反力梁等连接强度也应验算。

2)基准点与基准梁的设置

作为下沉量测试的基准点和基准梁,原则上应该是不动的。但是,由于试桩与锚桩的变位,气象、日照、潮汐以及附近施工与交通引起的振动等影响,都会使基准点或基准梁产生一定的变位或变形。

(1)基准点的设置

基准点的设置应满足以下几个条件:基准点本身不变动;没有被接触或遭破损的危险;附近没有振源;不受直射阳光与风雨等干扰;不受试桩下沉的影响。

(2)基准梁的设置

基准梁一般采用型钢,其优点是刚度大、便于加工、形状一致,缺点是温度膨胀系数大。在受温度影响大的情况下进行长期荷载试验时,并且当桩本身的下沉又不大时,测试精度会受很大影响。因此,当量测桩位移用的基准梁如采用钢梁时,为保证测试精度,需采取下述措施:将基准梁的一端固定,另一端必须自由支承;防止基准梁受日光直接照射;基准梁附近不设照明及取暖炉;必要时基准梁可用聚苯乙烯等隔热材料包裹起来,以消除温度影响。

3)测试仪器装置

测量仪表必须精确,一般使用精度为 1/20mm 的光学仪器或力学仪器,如水平仪、挠度仪、位移计等。观测用的测桩与试桩和锚桩的净距参见表 3-13。

基准桩中心与试桩、锚桩中心(或压重平台支承边)的距离   表 3-13

反 力 系 统	基准桩与试桩	基准桩与锚桩(或压重平台支承边)
锚桩承载梁反力装置	≥4.0d	≥4.0d
压重平台反力装置	≥2.0m	≥2.0m

注:表中为试桩直径或边长 d≤80mm 的情况;若试桩直径 >800mm 时,基准桩中心至试桩中心(或压重平台支承边)的距离不宜小于 4.0m。

4)试验加载方法

试桩加载应分阶段进行,每阶段加载重可以相等或者递变。每一阶段载重的大小,应按要求试验的精确度决定:等重加载时,一般为预计极限载重量的 1/10 ~ 1/15;递变加载时,开始阶段为预计极限载重量的 1/2.5 ~ 1/5,终了阶段为 1/10 ~ 1/15。

下沉量观测间隔时间,视桩尖土质和每阶段载重量而定,一般可按累计 0min、2min、5min、10min、30min 观测一次,以后每隔 30min 测读一次,黏性土在后阶段可延长到每小时测读一次。每阶段的测读间隔次数不少于 5 次。

每一阶段载重的沉降量,在下列时间内,如不大于 0.1mm,即可视为休止:对于砂类土,最后 30min;对于黏性土,最后 1h。这一阶段沉降休止后,即可进行下一阶段的加载。循环加载观测,直至桩达到破坏状态,终止试验。

5)破坏载重、极限载重及容许载重的确定

当出现下列情况之一时,一般认为桩已达破坏状态,所相应施加的荷载即为破坏荷载。

(1)桩的沉降量突然增大,总沉降量大于 40mm,且本级荷载下的沉降量为前一级荷载下沉降量的 5 倍。

（2）本级荷载下桩的沉降量为前一级荷载下沉降量的 2 倍,且 24h 桩的沉降未趋稳定。

求得破坏荷载以后,可将其前一级荷载作为极限荷载,从而确定单桩竖向容许承载力：

$$[P] = \frac{P_j}{K} \tag{3-10}$$

式中：$[P]$——单桩轴向受压容许承载力(kN)；

P_j——试桩的极限荷载(kN)；

K——安全系数,一般为 2。

在上述确定破坏荷载的标准中,人为地统一规定了以某个沉降值或沉降速率作为破坏标准,但实际上处于各种土层中的桩,在破坏荷载下的沉降量及沉降速率是不相同的。因此,比较准确地确定桩极限荷载的方法,应根据试验测得资料所做成的试验曲线来分析。分析试桩曲线的方法很多,下面仅介绍两种常用方法。

（1）P-S 曲线明显转折点法

在由静载试验绘制的 P-S 曲线上,以曲线出现明显下弯转折点所对应的作用荷载作为极限荷载,如图 3-29 所示。这是因为在荷载超过极限荷载后,桩底下土达到破坏阶段,发生大量塑性变形,使桩发生较大或较长时间仍不停止的沉降,所以在 P-S 曲线上呈现出明显下弯转折点。但有时 P-S 曲线的转折点不明显,此时极限荷载就难以确定,需借助其他方法辅助判定,例如用对数坐标绘制 $\lg P$-$\lg S$ 曲线,可能使转折点显得明确些。

（2）S-$\lg t$ 法(沉降速率法)

这种方法是按沉降随时间的变化特征来确定极限荷载的,根据以往大量的试桩资料分析,发现桩在破坏荷载以前的每级下沉量(S)与时间(t)的对数呈线性关系(图 3-30),用公式(3-11)表示为：

$$S = m \cdot \lg t \tag{3-11}$$

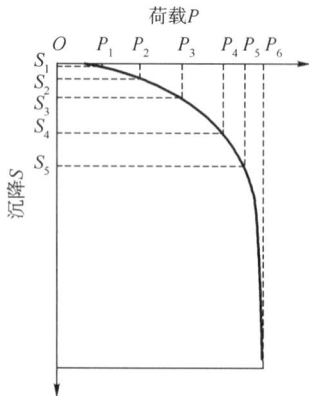

图 3-29 单桩荷载—沉降(P-S)曲线

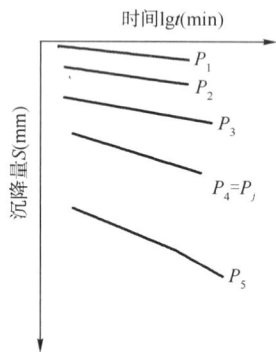

图 3-30 单桩 S-$\lg t$ 曲线

直线的斜率 m 在某种程度上反映了桩的沉降速率。m 值不是常数,它随着桩上荷载增加而增大,m 越大,桩的沉降速率越大。当桩上荷载继续增大时,如发现绘制的 S-$\lg t$ 线不是直线而是折线,则说明在该级荷载作用下桩沉降骤增,此为地基土塑性变形骤增的结果,即是桩破坏的标志。因此,可将相应于 S-lgt 线形由直线变为折线的那一级荷载定为该桩的破坏荷载,其前一级荷载即为桩的极限荷载。

6)卸除载重

卸载应分阶段进行,每阶段卸载重可为每两个阶段的加载重。如加载阶段为奇数时,第一阶段的卸载重可为最后三个阶段的加载重。

每次按顺序卸除载重后应将桩的回弹量在各仪器的读数分别记录。开始两次每隔 15min 记录一次,到回弹休止为止,回弹休止标准与沉降休止标准相同。回弹稳定后即可进行下一次卸载。载重完全卸除后,至少尚应于 2h 内每隔 30min 记录一次。

7)试验操作注意事项

(1)利用已完成的桩作锚桩,当用常备式钢梁、工字钢叠合梁或用高强钢材特殊设计的钢梁时,应根据最大试验荷载验算反力梁的强度和挠度。一般钢梁挠度要求不大于 1/100 跨度。

(2)如利用已有的基桩当作锚桩,不允许损伤桩身。

(3)验算锚桩抗拔能力时的极限摩阻力值,应采取比桩受压时极限摩阻力值为低的值。

(4)当采用加载平台时,每件压重以及平台自重均应标定,需要时可以用颜色标明,易于计算。为了操作安全,在专设的防护垛上置有楔块,在传递荷载时将楔块撤除。

(5)对使用的千斤顶必须逐台加以标定。在标定时所使用的压力表、油管、电动油泵、人工手摇泵等应与试验时基本相同。

(6)观测桩的沉降量一般采用百分表测量,当桩身下沉量超过百分表量程范围时,应及时调整百分表位置。调整前和调整后的读数应取得联系。应随时检查百分表是否灵敏,支架是否稳定。

(7)预计千斤顶的顶起量,力求避免在一次试验的中途松顶加垫,估计时应考虑 0.5~1 倍的观测余量。

(8)为减少千斤顶有效顶程的耗损,可采取以下措施:试验前先用千斤顶加压,消除垫材、栓孔等处的压缩变形及空隙,然后将千斤顶松回,加填垫材,填补空隙。

(9)锚桩拔起的休止应先于试桩下沉的休止。

(10)对锚桩的拔起应同时进行观测,以便从拔起的均衡程度及拔起与时间关系曲线中分析其对试桩的可能影响。

(11)试桩的下沉和锚桩的拔起都将使千斤顶降压,必须不断观察压力表,随时加压,以维持其每阶段的加载量不变。最好安设液压补偿器,使千斤顶自动保持恒压。

(12)应随时检查加载设备情况,注意有无变形、倾侧或声响等异状。随时检查观测设备的转动与指示部分的灵敏度有无障碍,以及固定部分的稳定性。

(13)一个或几个千斤顶的中轴线,必须与试桩的中轴线相吻合,否则由于偏压易产生压坏桩头及偏斜的事故。

(14)应防止试验地点附近的振动干扰、装置自身的温度变形及土的冻胀影响。

三、单桩横向容许承载力的确定

桩的横向承载力是指桩在与桩轴线垂直方向受力时的承载能力。桩在横向力(包括弯矩)作用下的基桩的工作性状比轴向受力时要复杂些,其横向承载力不仅与桩身材料强度有关，而且在很大程度上取决于桩侧土的横向抗力。桩和地基的破坏性状则因桩的几何尺寸、桩顶约束条件、材料强度、地基土的性质等而异。

1. 刚性短桩($\alpha h < 2.5$)的破坏

当桩很短、桩顶自由时，入土深度较小或周围土层较松软，即桩的刚度远大于土层刚度，桩的相对刚度较大时，受横向力作用后桩身挠曲变形不明显，如同刚体一样围绕桩轴某一点转动，如图 3-31a）所示。如果不断增大横向荷载，则可能由于桩侧土强度不够而失稳，使桩丧失承载的能力或破坏。因此，基桩的横向容许承载力可能由桩侧土的强度及稳定性决定。

2. 弹性桩($\alpha h \geqslant 2.5$)的破坏

当桩入土深度较大或周围土层较坚实，即桩的相对刚度较小时，由于桩侧土有足够大的抗力，桩身发生挠曲变形，其侧向位移随着入土深度增大而逐渐减小，以至达到一定深度后，几乎不受荷载影响，形成一端嵌固的地基梁。桩的变形如图 3-31b）所示的波状曲线。如果不断增大横向荷载，可使桩身在较大弯矩处发生断裂或使桩发生过大的侧向位移，超过了桩或结构物的容许变形值。因此，基桩的横向容许承载力将由桩身材料的抗剪强度或侧向变形条件决定。

大量研究表明，影响基桩横向承载力的因素很多，桩的刚度是一个主要因素。桩的刚度影响挠度，并且决定了桩的破坏机理。此外，荷载的类型是持续、交替或是振动的，对桩土体系的变形性能也具有一定的影响。

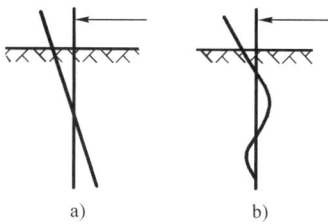

图 3-31 桩在横向力作用下变形示意图
a)刚性桩；b)弹性桩

四、桩的负摩阻力

（一）负摩阻力及其产生条件

一般情况下，桩受竖向荷载作用后，相对于桩侧土体作向下位移，土对桩产生向上作用的摩阻力，称正摩阻力［图 3-32a)］。但当桩周土体因某种原因发生下沉，其沉降变形大于桩身的沉降变形时，在桩侧表面的全部或一部分面积上将出现向下作用的摩阻力，称其为负摩阻力［图 3-32b)］。

负摩阻力的产生将使桩侧土的部分重力传递给桩，因此，负摩阻力不但不能成为桩承载力的一部分，反而变成施加在桩上的外荷载。对入土深度相同的桩来说，若有负摩阻力发生，则桩的外荷载增大，桩的承载力相对降低，桩基沉降加大，在桩的承载力确定和桩基设计中应予以注意。对于桥梁工程，特别要注意桥头路堤高填土的桥台桩基础的负摩阻力问题。因路堤高填土是一个很大的地面荷载且位于桥台的一侧，路基下地基土的压缩变形对桩产生负摩阻力，有可能使桥台桩基础产生不均匀沉降。

桩的负摩阻力能否产生，主要是看桩与桩周土的

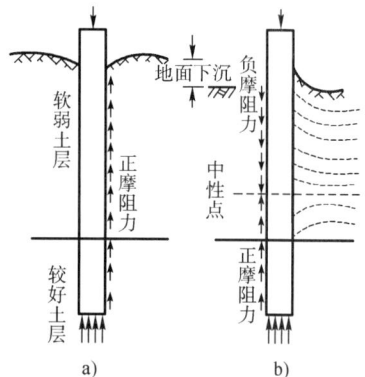

图 3-32 桩的正、负摩阻力

相对位移发展情况。桩的负摩阻力产生的条件有以下几个方面：

（1）在桩附近地面大量堆载，引起地面沉降；

（2）土层中抽取地下水或其他原因，地下水位下降，使土层产生自重固结下沉；

（3）桩穿过欠压密土层（如填土）进入硬持力层，土层产生自重固结下沉；

（4）桩数很多的密集群桩打桩时，使桩周土中产生很大的超孔隙水压力，打桩停止后桩周土的再固结作用引起下沉；

（5）在黄土、冻土中的桩，因黄土湿陷、冻土融化产生地面下沉。

从上述可见，当桩穿过软弱高压缩性土层而支承在坚硬持力层上时最易发生桩的负摩阻力问题。判断桩基是否产生负摩阻力的主要标准是看桩周土的位移是否大于桩的位移。

（二）中性点及其位置的确定

桩身产生负摩阻力的范围就是桩侧土层对桩产生相对下沉的范围，它与桩侧土层的压缩、桩身弹性压缩变形和桩底下沉有关。桩侧土层的压缩随深度增加而逐渐减小，因此，当到达一定深度后，桩侧土下沉量有可能在某一深度与桩身的位移量相等，此处桩侧摩阻力为零；而在此深度以上，桩侧土下沉大于桩的位移，桩侧摩阻力为负；在此深度以下，桩的位移大于桩侧土的下沉，桩侧摩阻力为正。正、负摩阻力变换处的位置，称为中性点，如图 3-33b）中的 O_1 点所示。

中性点的位置取决于桩与桩侧土的相对位移，并与作用荷载和桩周土的性质有关。要精确地计算出中性点位置是比较困难的，目前多采用依据一定的试验结果得出的经验值。根据试验结果分析，有的文献建议可按经验估计产生负摩阻力的深度，计算式如下：

$$h_1 = \beta h_2 \qquad (3\text{-}12)$$

式中：h_1——产生负摩阻力的深度；

h_2——可压缩层厚度；

β——中性点的相对深度系数。

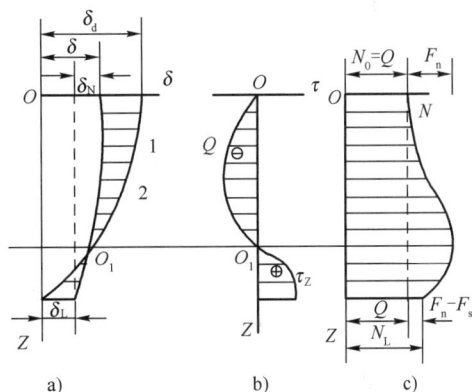

图 3-33 中性点位置及荷载传递

a）位移曲线；b）桩侧摩阻力分布曲线；c）桩身轴力分布曲线

根据桩的持力层特点和桩的施工方法，β 值按表 3-14 所列数值选用。

$\beta = h_1/h_2$ 表 3-14

桩 类	桩端持力层		
	较密实砂层 $N \le 20$	一般砂或砂砾层	岩土或硬土层
打入桩	0.8	0.9	1.0
灌注桩	0.8	0.8	0.9

注：对摩擦桩建议 $\beta = 0.7 \sim 0.8$。

第五节　基桩内力和位移计算

对于桩在横向荷载作用下桩身的内力和位移计算，国内外学者提出了许多方法。目前较为普遍的是桩侧土采用文克尔假定，通过求解挠曲微分方程，再结合力的平衡条件，求出桩各部位的内力和位移，该方法称为弹性地基梁法。

以文克尔假定为基础的弹性地基梁法的基本概念明确，方法简单，所得结果一般安全，在国内外工程界得到了广泛应用。我国公路、铁路在桩基础的设计中常用的"m"法就属于此种方法。

一、基本概念

1. 土的弹性抗力及其分布规律

桩基础在荷载（包括竖向荷载、横向荷载和力矩）作用下产生位移及转角，使桩挤压桩侧土体，桩侧土必然对桩产生横向土抗力 σ_{zx}，它起抵抗外力和稳定桩基础的作用，土的这种作用力称为土的弹性抗力。σ_{zx} 即指深度为 z 处的横向（x 轴向）土抗力，其大小取决于土体性质、桩身刚度、桩的入土深度、桩的截面形状、桩距及荷载等因素，可用式（3-13）表示：

$$\sigma_{zx} = C \cdot x_z \tag{3-13}$$

式中：σ_{zx}——横向土抗力（MPa）；

　　C——地基系数（kN/m^3）；

　　x_z——深度 z 处桩的横向位移（m）。

地基系数 C 表示单位面积土在弹性限度内产生单位变形时所需施加的力。大量的试验表明，地基系数 C 值不仅与土的类别及其性质有关，而且也随着深度而变化。由于实测的客观条件和分析方法不尽相同等原因，所采用的 C 值随深度的分布规律也各有不同。常采用的地基系数分布规律有图 3-34 所示的几种形式，因此也就产生了与之相应的基桩内力和位移的计算方法。现将桩的几种有代表性的弹性地基梁计算方法概括在表 3-15 中。

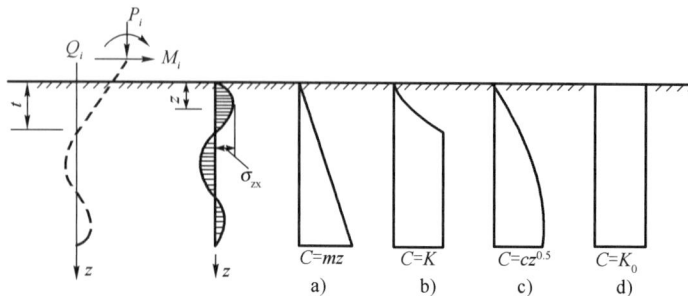

图 3-34　地基系数变化规律

上述四种方法各自假定的地基系数随深度分布规律不同，其计算结果是有差异的。试验资料分析表明，宜根据土质特性来选择恰当的计算方法。

桩的几种典型的弹性地基梁计算法 表 3-15

计 算 方 法	图号	地基系数随深度分布	地基系数 C 表达式	说 明
m 法	3-34a)	与深度成正比	$C = mz$	m 为地基土比例系数
K 法	3-34b)	桩身第一挠曲零点以上抛物线变化,以下不随深度变化	$C = K$	K 为常数
C 值法	3-34c)	与深度呈抛物线变化	$C = cz^{0.5}$	c 为地基土比例系数
张有龄法	3-34d)	沿深度均匀分布	$C = K_0$	K_0 为常数

2. 单桩、单排桩与多排桩

计算基桩内力,应先根据作用在承台底面的外力 N、H、M 计算出在每根桩顶的荷载 p_i、Q_i、M_i 值,然后才能计算各桩在荷载作用下各截面的内力和位移。桩基础按其作用力 H 与基桩的布置方式之间的关系可归纳为单桩、单排桩及多排桩两类来计算各桩的受力。所谓单桩、单排桩是指与水平外力 H 作用面相垂直的平面上,仅有一根或一排桩的桩基础,如图 3-35 所示。对于单桩来说,上部荷载全由它承担。对于单排桩,如图 3-36 所示桥墩作纵向验算时,若作用于承台底面中心的荷载为 N、H、M_y,当 N 在单排桩方向无偏心时,可以假定它是平均分布在各桩上的,即:

$$P_i = \frac{N}{n} \qquad Q_i = \frac{H}{n} \qquad M_i = \frac{M_y}{n} \qquad (3\text{-}14)$$

式中:n——桩的根数。

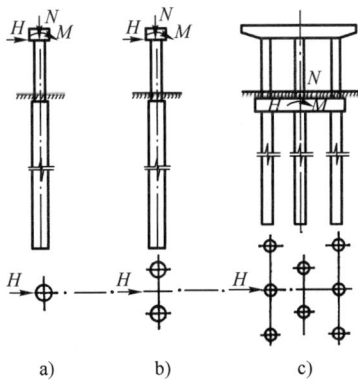

图 3-35 单桩、单排桩及多排桩

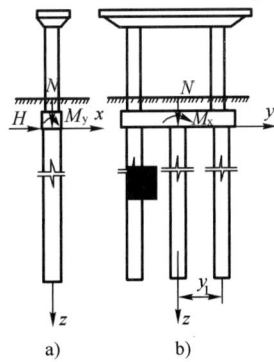

图 3-36 单排桩的计算

当竖向力 N 在单排桩方向有偏心距 e 时,如图 3-36b)所示,即 $M_x = N \cdot e$,因此每根桩上的竖向作用力可按偏心受压计算,即:

$$P_i = \frac{N}{n} \pm \frac{M_x y_i}{\sum y_i^2} \qquad (3\text{-}15)$$

多排桩[图 3-35c)]是指在水平外力作用平面内有一根以上桩的桩基础,不能直接应用上述公式计算各桩顶上的作用力，须考虑桩土共同工作，结合结构力学方法另行计算。

3. 桩的计算宽度

由试验研究分析得出，桩在横向荷载作用下，除了桩身范围内桩侧土受挤压外，在桩身宽度以外一定范围内的土体都受到一定程度的影响，且对不同截面形状的桩，土受到的影响范围大小也不同。为了将空间受力简化为平面受力，并综合考虑桩的截面形状及多排桩桩间的相互遮蔽作用，计算桩的内力与位移时不直接采用桩的设计宽度（直径），而是换算成实际工作条件下相当于矩形截面桩的计算宽度 b_1。

桩的计算宽度可按下式计算：

当 $d \geq 1.0\mathrm{m}$ 时，

$$b_1 = kk_f(d+1) \tag{3-16a}$$

当 $d < 1.0\mathrm{m}$ 时，

$$b_1 = kk_f(1.5d + 0.5) \tag{3-16b}$$

(1) 对单排桩或 $L_1 \geq 0.6h_1$ 的多排桩

$$k = 1.0$$

(2) 对 $L_1 < 0.6h_1$ 的多排桩

$$k = b_2 + \frac{1-b_2}{0.6} \cdot \frac{L_1}{h_1}$$

式中：b_1——桩的计算宽度（m），$b_1 \leq 2d$；

d——桩径或垂直于水平外力作用方向桩的宽度（m）；

k_f——桩形状换算系数，视水平力作用面（垂直于水平力作用方向）而定，圆形或圆端截面 $k_f = 0.9$；矩形截面 $k_f = 1.0$；对圆端形与矩形组合截面 $k_f = \left(1 - 0.1\dfrac{a}{d}\right)$（图 3-37）；

k——平行于水平力作用方向的桩间相互影响系数；

L_1——平行于水平力作用方向的桩间净距（图 3-38）；梅花形布桩时，若相邻两排桩中心距 c 小于 $(d+1)$ 时，可按水平力作用面各桩间的投影距离计算（图 3-39）；

h_1——地面或局部冲刷线以下桩的计算埋入深度，可取 $h_1 = 3(d+1)$，但不得大于地面或局部冲刷线以下桩入土深度 h（图 3-38）；

b_2——与平行于水平力作用方向的一排桩的桩数 n 有关的系数，当 $n=1$ 时，$b_2 = 1.0$；$n=2$ 时，$b_2 = 0.6$；$n=3$ 时，$b_2 = 0.5$；$n \geq 4$ 时，$b_2 = 0.45$。

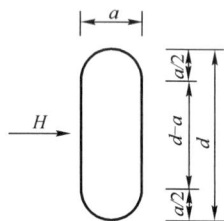

图 3-37　计算圆端形与矩形组合截面 k_f 值示意图

在桩平面布置中，若平行于水平力作用方向的各排桩数量不等，且相邻（任何方向）桩间中心距等于或大于 $(d+1)$，则所验算各桩可取同一个桩间影响系数 k，其值按桩数量最多的一排选取。此外，若垂直于水平力作用方向上有 n 根桩时，计算宽度取 nb_1，但须满足 $nb_1 \leq B+1$

(B 为 n 根桩垂直于水平力作用方向的外边缘距离,以 m 计,见图 3-40)。

4.刚性桩与弹性桩

为计算方便起见,按照桩与土的相对刚度,将桩分为刚性桩和弹性桩。当桩的入土深度 $h > \dfrac{2.5}{\alpha}$ 时,这时桩的相对刚度小,必须考虑桩的实际刚度,按弹性桩来计算。其中,α 称为桩的变形系数,$\alpha = \sqrt[5]{\dfrac{mb_1}{EI}}$。一般情况下,桥梁桩基础的桩多属于弹性桩。当桩的入土深度 $h \leqslant \dfrac{2.5}{a}$ 时,则桩的相对刚度较大,计算时认为属于刚性桩。

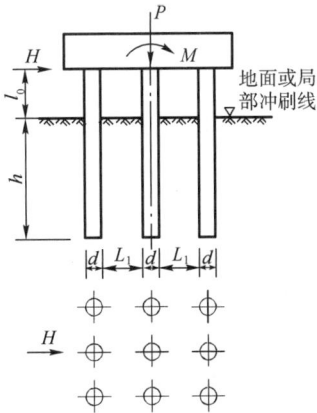

图 3-38 计算 k 值时桩基示意图　　图 3-39 梅花形示意图　　图 3-40 单桩宽度计算示意图

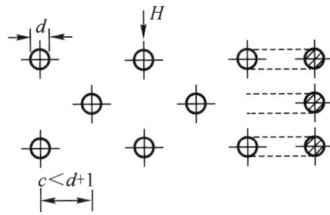

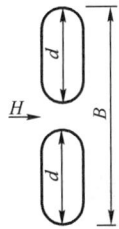

二、"m"法计算桩的内力和位移

(一)计算参数

桩基中桩的变形系数可按下式计算:

$$\alpha = \sqrt[5]{\frac{mb_1}{EI}} \tag{3-17a}$$

$$EI = 0.8E_c I \tag{3-17b}$$

式中:α——桩的变形系数;

　　EI——桩的抗弯刚度,对以受弯为主的钢筋混凝土桩,根据《公路钢筋混凝土及预应力混凝土桥涵设计规范》(JTG D62—2012)规定采用;

　　E_c——桩的混凝土抗压弹性模量;

　　I——桩的毛面积惯性矩;

　　b_1——桩的计算宽度;

　　m——非岩石地基抗力系数的比例系数。

地基土水平抗力系数的比例系数 m 应通过试验确定,缺乏试验资料时,可根据地基土分类、状态按表 3-16 查用。

非岩石类土的比例系数 m 值   表 3-16

土 的 名 称	$m(\text{kN/m}^4)$	土 的 名 称	$m(\text{kN/m}^4)$
流塑性黏土 $I_L>1.0$，软塑黏性土 $1.0\geq I_L>0.75$，淤泥	3 000 ~ 5 000	坚硬，半坚硬黏性土 $I_L\leq 0$，粗砂，密实粉土	20 000 ~ 30 000
可塑黏性土 $0.75\geq I_L>0.25$，粉砂，稍密粉土	5 000 ~ 10 000	砾砂，角砾，圆砾，碎石，卵石	30 000 ~ 80 000
硬塑黏性土 $0.25\geq I_L\geq 0$，细砂，中砂，中密粉土	10 000 ~ 20 000	密实卵石夹粗砂，密实漂卵石	80 000 ~ 120 000

注：1. 本表用于基础在地面处位移最大值不应超过 6mm 的情况，当位移较大时，应适当降低。
    2. 当基础侧面设有斜坡或台阶，且其坡度（横：竖）或台阶总宽与深度之比大于 1：20 时，表中 m 值减小 50% 取用。

在应用表 3-16 时应注意以下事项：

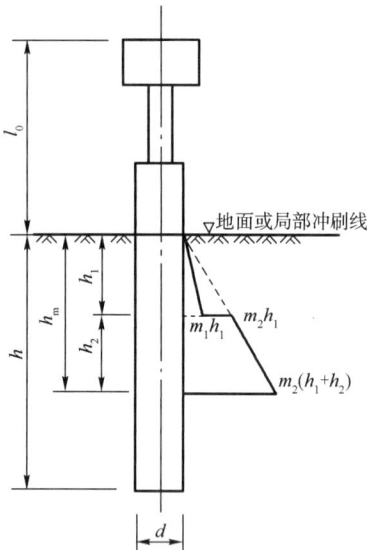

图 3-41 两层土 m 值换算计算示意图

（1）由于桩的水平荷载与位移关系是非线性的，即 m 值随荷载与位移增大而有所减小，因此，m 值的确定要与桩的实际荷载相适应。一般结构在地面处最大位移不应超过 6mm，位移较大时，应适当降低表列 m 值。

（2）当基桩侧面由几种土层组成时，从地面或局部冲刷线起，应求得主要影响深度 $h_m = 2(d+1)$ 范围内的平均 m 值作为整个深度内的 m 值（图 3-41）。对于刚性桩，h_m 采用整个深度 h。

当 h_m 深度内存在两层不同土时：

$$m = \gamma m_1 + (1-\gamma)m_2 \tag{3-18}$$

$$\gamma = \begin{cases} 5\left(\dfrac{h_1}{h_m}\right)^2 & h_1/h_m \leq 0.2 \\ 1-1.25\left(\dfrac{1-h_1}{h_m}\right)^2 & h_1/h_m > 0.2 \end{cases}$$

（3）承台侧面地基土水平抗力系数 C_n。

$$C_n = mh_n \tag{3-19}$$

式中：m——承台埋深范围内地基土的水平抗力系数（MN/m^4）；

    h_n——承台埋深（m）。

（4）地基土竖向抗力系数 C_0、C_b 和地基土竖向抗力系数的比例系数 m_0。

①桩底面地基土竖向抗力系数 C_0：

$$C_0 = m_0 h \tag{3-20}$$

式中：m_0——桩底面地基土竖向抗力系数的比例系数（MN/m^4），近似取 $m_0 = m$；

    h——桩的入土深度（m），当 h 小于 10m 时，按 10m 计算。

②承台底地基土竖向抗力系数 C_b：

$$C_b = m_0 h_n \tag{3-21}$$

式中：h_n——承台埋深（m），当 h_n 小于 1m 时，按 1m 计算。

岩石地基竖向抗力系数 C_0，不随岩层埋深而增长，其值按表 3-17 采用。

表 3-17

岩石地基竖向抗力系数 C_0

单轴极限抗压强度标准值 R_c（MPa）	C_0（MN/m³）
1	300
≥25	15 000

（二）符号规定

在计算中，取图 3-42 所示的坐标系统，对力和位移的符号作如下规定：横向位移顺 x 轴正方向为正值；转角逆时针方向为正值；弯矩当左侧纤维受拉时为正值；横向力顺 x 轴方向为正值。

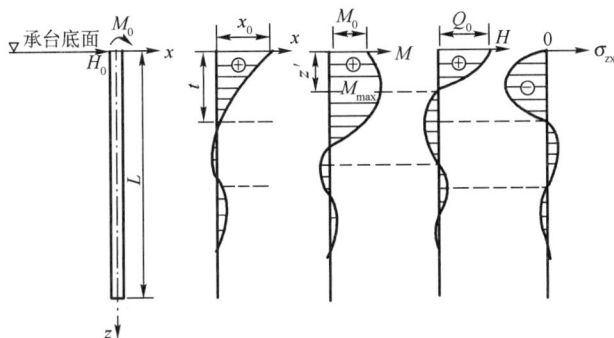

图 3-42 桩身受力图示

（三）桩的挠曲微分方程的建立

桩顶若与地面平齐（$z=0$），且已知桩顶作用水平荷载 Q_0 及弯矩 M_0，此时桩将发生弹性挠曲，桩侧土将产生横向抗力 σ_{zx}，如图 3-42 所示。

基桩的挠曲线方程为：

$$\frac{\mathrm{d}^4 x_z}{\mathrm{d}z^4} + \frac{mb_1}{EI}zx_z = 0 \tag{3-22}$$

或

$$\frac{\mathrm{d}^4 x_z}{\mathrm{d}z^4} + \alpha^5 zx_z = 0 \tag{3-23}$$

式中：α——桩的变形系数或称桩的特征值（1/m），$\alpha = \sqrt[5]{\dfrac{mb_1}{EI}}$；

E、I——分别为桩的弹性模量及截面惯矩；

b_1——桩的计算宽度；

x_z——桩在深度 z 处的横向位移（即桩的挠度）。

（四）无量纲法（桩身在地面以下任意深度处的内力和位移的简捷计算方法）

1. $\alpha h > 2.5$ 时，单排桩柱式桥墩承受桩柱顶荷载时的作用效应及位移

（1）地面或局部冲刷线处桩的作用效应

$$M_0 = M + H(h_2 + h_1) \tag{3-24}$$

$$H_0 = H \tag{3-25}$$

（2）地面或局部冲刷线处桩变位

① 柱顶自由,桩底支承在非岩石类土或基岩面上的单排桩式桥墩（图 3-43）

$$x_0 = H_0 \delta_{HH}^{(0)} + M_0 \delta_{HM}^{(0)} \tag{3-26a}$$

$$\phi_0 = -(H_0 \delta_{MH}^{(0)} + M_0 \delta_{MM}^{(0)}) \tag{3-26b}$$

$$\delta_{HH}^{(0)} = \frac{1}{\alpha^3 EI} \times \frac{(B_3 D_4 - B_4 D_3) + k_h (B_2 D_4 - B_4 D_2)}{(A_3 B_4 - A_4 B_3) + k_h (A_2 B_4 - A_4 B_2)} \tag{3-26c}$$

$$\delta_{MH}^{(0)} = \frac{1}{\alpha^2 EI} \times \frac{(A_3 D_4 - A_4 D_3) + k_h (A_2 D_4 - A_4 D_2)}{(A_3 B_4 - A_4 B_3) + k_h (A_2 B_4 - A_4 B_2)} \tag{3-26d}$$

$$\delta_{HM}^{(0)} = \delta_{MH}^{(0)} = \frac{1}{\alpha^2 EI} \times \frac{(B_3 C_4 - B_4 C_3) + k_h (B_2 C_4 - B_4 C_2)}{(A_3 B_4 - A_4 B_3) + k_h (A_2 B_4 - A_4 B_2)} \tag{3-26e}$$

$$\delta_{MM}^{(0)} = \frac{1}{\alpha EI} \times \frac{(A_3 C_4 - A_4 C_3) + k_h (A_2 C_4 - A_4 C_2)}{(A_3 B_4 - A_4 B_3) + k_h (A_2 B_4 - A_4 B_2)} \tag{3-26f}$$

② 柱顶自由,桩底嵌固在基岩中的单排桩式桥墩（图 3-44）

$$x_0 = H_0 \delta_{HH}^{(0)} + M_0 \delta_{HM}^{(0)} \tag{3-27a}$$

$$\phi_0 = -(H_0 \delta_{MH}^{(0)} + M_0 \delta_{MM}^{(0)}) \tag{3-27b}$$

$$\delta_{HH}^{(0)} = \frac{1}{\alpha^3 EI} \times \frac{B_2 D_1 - B_1 D_2}{A_2 B_1 - A_1 B_2} \tag{3-27c}$$

$$\delta_{MH}^{(0)} = \frac{1}{\alpha^2 EI} \times \frac{A_2 D_1 - A_1 D_2}{A_2 B_1 - A_1 B_2} \tag{3-27d}$$

$$\delta_{HM}^{(0)} = \delta_{MH}^{(0)} = \frac{1}{\alpha^2 EI} \times \frac{B_2 C_1 - B_1 C_2}{A_2 B_1 - A_1 B_2} \tag{3-27e}$$

$$\delta_{MM}^{(0)} = \frac{1}{\alpha EI} \times \frac{A_2 C_1 - A_1 C_2}{A_2 B_1 - A_1 B_2} \tag{3-27f}$$

③ 地面或局部冲刷线以下深度 z 处桩各截面内力

$$M_z = \alpha^2 EI \left(x_0 A_3 + \frac{\phi_0}{\alpha} B_3 + \frac{M_0}{\alpha^2 EI} C_3 + \frac{H_0}{\alpha^3 EI} D_3 \right) \tag{3-28a}$$

$$Q_z = \alpha^3 EI \left(x_0 A_4 + \frac{\phi_0}{\alpha} B_4 + \frac{M_0}{\alpha^2 EI} C_4 + \frac{H_0}{\alpha^3 EI} D_4 \right) \tag{3-28b}$$

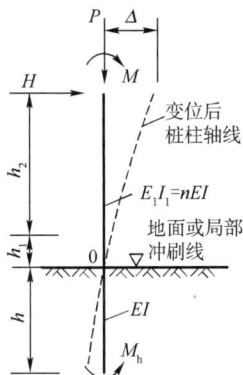

图3-43 柱顶自由,桩底支承在非岩石类土或基岩
面上的单排桩式桥墩

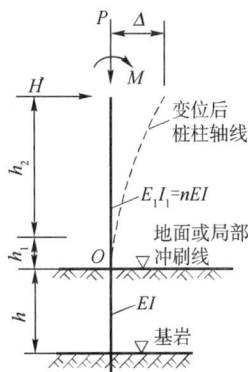

图3-44 柱顶自由,桩底嵌固在基岩中
的单排桩式桥墩

2. $\alpha h > 2.5$ 时,单排桩柱式桥台桩柱侧面受土压力作用时的作用效应及位移

(1)地面或局部冲刷线处桩的作用效应

$$M_0 = M + H(h_2 + h_1) + \frac{1}{6}h_2\big[(2q_1 + q_2)h_2 + 3(q_1 + q_2)h_1\big] + \frac{1}{6}(2q_3 + q_4)h_1^2 \quad (3\text{-}29)$$

$$H_0 = H + \frac{1}{2}(q_1 + q_2)h_2 + \frac{1}{2}(q_3 + q_4)h_1 \quad (3\text{-}30)$$

式中,q_1、q_2、q_3 和 q_4 分别是作用于桩上的土压力强度(kN/m),可根据《公路桥涵设计通用规范》(JTG D60—2004)规定确定土压力作用及其在桩上的计算宽度。若地面或局部冲刷线以上桩为等截面,则 h_2 取全高,$h_1 = 0$。

(2)地面或局部冲刷线处桩变位

①桩柱身受梯形荷载,桩柱顶为自由,桩底支承在非岩石类土或基岩面上的单排桩式桥台(图3-45)

$$x_0 = H_0\delta_{HH}^{(0)} + M_0\delta_{HM}^{(0)} \quad (3\text{-}31a)$$

$$\phi_0 = -(H_0\delta_{MH}^{(0)} + M_0\delta_{MM}^{(0)}) \quad (3\text{-}31b)$$

$$\delta_{HH}^{(0)} = \frac{1}{\alpha^3 EI} \times \frac{(B_3D_4 - B_4D_3) + k_h(B_2D_4 - B_4D_2)}{(A_3B_4 - A_4B_3) + k_h(A_2B_4 - A_4B_2)} \quad (3\text{-}31c)$$

$$\delta_{MH}^{(0)} = \frac{1}{\alpha^2 EI} \times \frac{(A_3D_4 - A_4D_3) + k_h(A_2D_4 - A_4D_2)}{(A_3B_4 - A_4B_3) + k_h(A_2B_4 - A_4B_2)} \quad (3\text{-}31d)$$

$$\delta_{HM}^{(0)} = \delta_{MH}^{(0)} = \frac{1}{\alpha^2 EI} \times \frac{(B_3C_4 - B_4C_3) + k_h(B_2C_4 - B_4C_2)}{(A_3B_4 - A_4B_3) + k_h(A_2B_4 - A_4B_2)} \quad (3\text{-}31e)$$

$$\delta_{MM}^{(0)} = \frac{1}{\alpha EI} \times \frac{(A_3C_4 - A_4C_3) + k_h(A_2C_4 - A_4C_2)}{(A_3B_4 - A_4B_3) + k_h(A_2B_4 - A_4B_2)} \quad (3\text{-}31f)$$

②桩柱身受梯形荷载,桩柱顶为自由,桩底嵌固在基岩中的单排桩式桥台(图3-46)

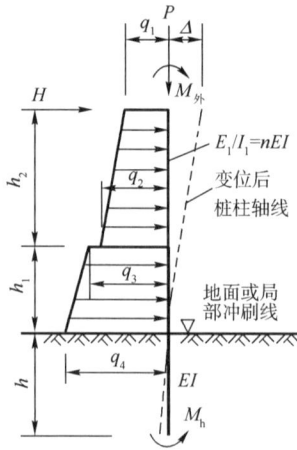

图 3-45　桩柱顶为自由，桩底支承在非岩石类土或基岩面上的单排桩式桥台

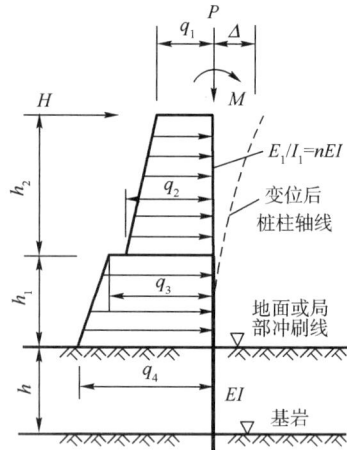

图 3-46　桩柱顶为自由，桩底嵌固在基岩中的单排桩式桥台

$$x_0 = H_0\delta_{HH}^{(0)} + M_0\delta_{HM}^{(0)} \tag{3-32a}$$

$$\phi_0 = -(H_0\delta_{MH}^{(0)} + M_0\delta_{MM}^{(0)}) \tag{3-32b}$$

$$\delta_{HH}^{(0)} = \frac{1}{\alpha^3 EI} \times \frac{B_2 D_1 - B_1 D_2}{A_2 B_1 - A_1 B_2} \tag{3-32c}$$

$$\delta_{MH}^{(0)} = \frac{1}{\alpha^2 EI} \times \frac{A_2 D_1 - A_1 D_2}{A_2 B_1 - A_1 B_2} \tag{3-32d}$$

$$\delta_{HM}^{(0)} = \delta_{MH}^{(0)} = \frac{1}{\alpha^2 EI} \times \frac{B_2 C_1 - B_1 C_2}{A_2 B_1 - A_1 B_2} \tag{3-32e}$$

$$\delta_{MM}^{(0)} = \frac{1}{\alpha EI} \times \frac{A_2 C_1 - A_1 C_2}{A_2 B_1 - A_1 B_2} \tag{3-32f}$$

（3）地面或局部冲刷线以下深度 z 处桩各截面内力

$$M_z = \alpha^2 EI\left(x_0 A_3 + \frac{\phi_0}{\alpha}B_3 + \frac{M_0}{\alpha^2 EI}C_3 + \frac{H_0}{\alpha^3 EI}D_3\right) \tag{3-33}$$

$$Q_z = \alpha^3 EI\left(x_0 A_4 + \frac{\phi_0}{\alpha}B_4 + \frac{M_0}{\alpha^2 EI}C_4 + \frac{H_0}{\alpha^3 EI}D_4\right) \tag{3-34}$$

上式中：$k_h = \dfrac{C_0}{aE} \cdot \dfrac{I_0}{I}$ 为因桩端转动，桩端底面土体产生的抗力对 $\delta_{HH}^{(0)}$、$\delta_{HM}^{(0)} = \delta_{MH}^{(0)}$ 和 $\delta_{MM}^{(0)}$ 的影响系数。当桩底置于非岩石类土且 $\alpha h \geqslant 2.5$ 时，或置于基岩上且 $\alpha h \geqslant 3.5$ 时，取 $k_h = 0$。式中，C_0 按公式（3-20）确定；I、I_0 分别为地面或局部冲刷线以下桩截面和桩端面积惯性矩。

式（3-26）～式（3-34）即为桩在地面下位移及内力的无量纲法计算公式 A_i、B_i、C_i、D_i（$i =$ 1、2、3、4）值，在计算 $\delta_{HH}^{(0)}$、$\delta_{HM}^{(0)}$、$\delta_{MH}^{(0)}$ 和 $\delta_{MM}^{(0)}$ 时，根据 $\bar{h} = \alpha h$ 由表 3-18 查用；在计算 M_z 和 Q_z 时，根据 $\bar{h} = \alpha z$ 由表 3-18 查用；当 $\bar{h} > 4$ 时，按 $\bar{h} = 4$ 计算。

表 3-18

计算桩身作用效应无量纲系数用表

$\bar{h}=\alpha z$	A_1	B_1	C_1	D_1	A_2	B_2	C_2	D_2	A_3	B_3	C_3	D_3	A_4	B_4	C_4	D_4
0	1.000 00	0.000 00	0.000 00	0.000 00	0.000 00	1.000 00	0.000 00	0.000 00	0.000 00	0.000 00	1.000 00	0.000 00	0.000 00	0.000 00	0.000 00	1.000 00
0.1	1.000 00	0.100 00	0.005 00	0.000 17	0.000 00	1.000 00	0.100 00	0.005 00	-0.000 17	-0.000 01	1.000 00	0.100 00	-0.005 00	-0.000 33	-0.000 01	1.000 00
0.2	1.000 00	0.200 00	0.020 00	0.001 33	-0.000 07	1.000 00	0.200 00	0.020 00	-0.001 33	-0.000 13	0.999 99	0.200 00	-0.020 00	-0.002 67	-0.000 20	0.999 99
0.3	0.999 98	0.300 00	0.045 00	0.004 50	-0.000 34	0.999 96	0.300 00	0.045 00	-0.004 50	-0.000 67	0.999 94	0.300 00	-0.045 00	-0.009 00	-0.001 01	0.999 92
0.4	0.999 91	0.399 99	0.080 00	0.010 67	-0.001 07	0.999 83	0.399 98	0.080 00	-0.010 67	-0.002 13	0.999 74	0.399 98	-0.080 00	-0.021 33	-0.003 20	0.999 66
0.5	0.999 74	0.499 96	0.125 00	0.020 83	-0.002 60	0.999 48	0.499 94	0.124 99	-0.020 83	-0.005 21	0.999 22	0.499 91	-0.124 99	-0.041 67	-0.007 81	0.998 96
0.6	0.999 35	0.599 87	0.179 98	0.036 00	-0.005 40	0.998 70	0.599 81	0.179 98	-0.036 00	-0.010 80	0.998 06	0.599 74	-0.179 97	-0.071 99	-0.016 20	0.997 41
0.7	0.998 60	0.699 67	0.244 95	0.057 16	-0.010 00	0.997 20	0.699 51	0.244 94	-0.057 16	-0.020 01	0.995 80	0.699 35	-0.244 90	-0.114 33	-0.030 01	0.994 40
0.8	0.997 27	0.799 27	0.319 88	0.085 32	-0.017 07	0.994 54	0.798 91	0.319 83	-0.085 32	-0.034 12	0.991 81	0.798 54	-0.319 75	-0.170 60	-0.051 20	0.989 08
0.9	0.995 08	0.898 52	0.404 72	0.121 46	-0.027 33	0.990 16	0.897 79	0.404 62	-0.121 44	-0.054 66	0.985 24	0.897 05	-0.404 43	-0.242 84	-0.081 98	0.980 32
1.0	0.991 67	0.997 22	0.499 41	0.166 57	-0.041 67	0.983 33	0.995 83	0.499 21	-0.166 52	-0.083 29	0.975 01	0.994 45	-0.498 81	-0.332 98	-0.124 93	0.966 67
1.1	0.986 58	1.095 08	0.603 84	0.221 63	-0.060 96	0.973 17	1.092 62	0.603 46	-0.221 52	-0.121 92	0.959 75	1.090 16	-0.602 68	-0.442 92	-0.182 85	0.946 34
1.2	0.979 27	1.191 71	0.717 87	0.287 58	-0.086 32	0.958 55	1.187 56	0.717 16	-0.287 37	-0.172 60	0.937 83	1.183 42	-0.715 73	-0.574 50	-0.258 86	0.917 12
1.3	0.969 08	1.286 60	0.841 27	0.365 36	-0.118 83	0.938 17	1.279 90	0.840 02	-0.364 96	-0.237 60	0.907 27	1.273 20	-0.837 53	-0.729 50	-0.356 31	0.876 38
1.4	0.955 23	1.379 10	0.973 73	0.455 88	-0.159 73	0.910 47	1.368 65	0.971 63	-0.455 15	-0.319 33	0.865 73	1.358 21	-0.967 46	-0.907 54	-0.478 83	0.821 02
1.5	0.936 81	1.468 39	1.114 84	0.559 97	-0.210 30	0.873 65	1.452 59	1.111 45	-0.558 70	-0.420 39	0.810 54	1.436 80	-1.104 68	-1.116 09	-0.630 27	0.747 45
1.6	0.912 80	1.553 46	1.264 03	0.678 42	-0.271 94	0.825 65	1.530 20	1.258 72	-0.676 29	-0.543 48	0.738 59	1.506 95	-1.248 08	-1.350 42	-0.814 66	0.651 56
1.7	0.882 01	1.633 07	1.420 61	0.811 93	-0.346 04	0.764 13	1.599 63	1.412 47	-0.808 48	-0.691 44	0.646 37	1.566 21	-1.396 23	-1.613 40	-1.036 16	0.528 71
1.8	0.843 13	1.705 75	1.583 62	0.961 09	-0.434 12	0.686 45	1.658 67	1.571 50	-0.955 64	-0.867 15	0.529 97	1.611 62	-1.547 28	-1.905 77	-1.299 09	0.373 68
1.9	0.794 67	1.769 72	1.750 90	1.126 37	-0.537 68	0.589 67	1.704 68	1.734 22	-1.117 96	-1.073 57	0.385 03	1.639 69	-1.698 89	-2.227 45	-1.607 70	0.180 71
2.0	0.735 02	1.822 94	1.924 02	1.308 01	-0.658 62	0.470 61	1.734 57	1.898 72	-1.295 35	-1.313 61	0.206 76	1.646 28	-1.848 18	-2.577 98	-1.966 20	-0.056 52
2.2	0.574 91	1.887 09	2.272 17	1.720 42	-0.956 16	0.151 27	1.731 10	2.222 99	-1.693 34	-1.905 67	-0.270 87	1.575 38	-2.124 81	-3.359 52	-2.848 58	-0.691 58
2.4	0.346 91	1.874 50	2.608 82	2.195 35	-1.338 89	-0.302 73	1.612 86	2.518 74	-2.141 17	-2.663 29	-0.948 85	1.352 01	-2.339 01	-4.228 11	-3.973 23	-1.591 51
2.6	0.033 146	1.754 73	2.906 70	2.723 65	-1.814 79	-0.926 02	1.334 85	2.749 72	-2.621 26	-3.599 87	-1.877 34	0.916 79	-2.436 95	-5.140 23	-5.355 41	-2.821 06
2.8	-0.385 48	1.490 37	3.128 43	3.287 69	-2.387 56	-1.175 483	0.841 77	2.866 53	-3.103 41	-4.717 48	-3.107 91	0.197 29	-2.345 58	-6.022 99	-6.990 07	-4.444 91
3.0	-0.928 09	1.036 79	3.224 71	3.858 38	-3.053 19	-2.824 10	0.068 37	2.804 06	-3.540 58	-5.999 79	-4.687 88	-0.891 26	-1.969 28	-6.764 60	-8.840 29	-6.519 72
3.5	-2.927 99	-1.271 72	2.463 04	4.979 82	-4.980 62	-6.708 06	-3.586 47	1.270 18	-3.919 21	-9.543 67	-10.340 40	-5.854 02	1.074 08	-6.788 95	-13.692 40	-13.826 10
4.0	-5.853 33	-5.940 97	-0.926 77	4.547 80	-6.533 16	-12.158 10	-10.608 40	-3.766 47	-1.614 28	-11.730 66	-17.918 60	-15.075 50	9.243 68	-0.357 62	-15.610 50	-23.140 40

注：z 为自地面或最大冲刷线以下的深度。

由式(3-26)～式(3-34)可简捷地求得桩身各截面的水平位移、转角、弯矩以及剪力，由此便可验算桩身强度，决定配筋量，验算其墩台位移等。

(五)桩身最大弯矩位置 $z_{M\,max}$ 和最大弯矩 M_{max} 的确定

桩身各截面处弯矩 M_z 的计算，主要是检验桩的截面强度和配筋计算。为此，要找出弯矩最大的截面所在的位置 $z_{M\,max}$ 相应的最大弯矩值 M_{max}，一般可将各深度 z 处的 M_z 值求出后绘制 z-M_z 图，即可从图中求得。

(六)桩顶位移的计算

图 3-43 所示的为置于非岩石地基中的桩，已知桩露出地面长 $l_0 = h_1 + h_2$，若桩顶为自由端，其上作用有 H 及 M，顶端的位移可应用叠加原理计算。设桩顶的水平位移为 Δ，它是由下列各项组成：桩在地面处的水平位移 x_0、地面处转角 φ_0 所引起的桩顶的水平位移 $\varphi_0 l_0$、桩露出地面段作为悬臂梁桩顶在水平力 H 以及在 M 作用下产生的水平位移 Δ_0，即

$$\Delta = x_0 - \phi_0(h_2 + h_1) + \Delta_0 \tag{3-35}$$

$$\Delta_0 = \frac{H}{E_1 I_1}\left[\frac{1}{3}(nh_1^3 + h_2^3) + nh_1 h_2(h_1 + h_2)\right] + \frac{M}{2E_1 I_1}\left[h_2^2 + nh_1(2h_2 + h_1)\right] \text{（桥墩）}$$

$$\Delta_0 = \frac{M}{2E_1 I_1}(nh_1^2 + 2nh_1 h_2 + h_2^2) + \frac{H}{3E_1 I_1}(nh_1^3 + 3nh_1^2 h_2 + 3nh_1 h_2^2 + h_2^3) +$$

$$\frac{1}{120 E_1 I_1}\left[(11h_2^4 + 40nh_2^3 h_1 + 20nh_2 h_1^3 + 50nh_2^2 h_1^2)q_1 + 4(h_2^4 + 10nh_2^2 h_1^2 +\right.$$

$$\left. 5nh_2^3 h_1 + 5nh_2 h_1^3)q_2 + (11nh_1^4 + 15nh_2 h_1^3)q_3 + (4nh_1^4 + 5nh_2 h_1^3)q_4\right] \text{（桥台）}$$

式中：n——桩式桥墩上段抗弯刚度 $E_1 I_1$ 与下段抗弯刚度 EI 的比值，$EI = 0.8E_c I$，$E_1 I_1 = 0.8E_c I_1$；

E_c——桩身混凝土抗压弹性模量；

I_1——桩上段毛截面惯性矩。

三、单排桩基础算例

(一)设计资料

1. 地质与水文资料(图 3-47)

墩帽顶(支座垫石)高程：30.446m；

墩柱顶高程：28.946m；桩顶(常水位)：19.940m；

墩柱直径：1.4m；桩直径：1.5m；

地基土：中密粗砂，地基土比例系数 $m = 20\,000\text{kN/m}^4$；

桩身与土的极限摩阻力：$q_{ik} = 60\text{kPa}$；

地基与土的内摩擦角 $\varphi = 45°$，黏聚力 $c = 0$；

地基容许承载力 $[f_{a0}] = 255\text{kPa}$；

土重度：$\gamma' = 11.8\text{kN/m}^3$；

桩身混凝土强度等级：C25，其受压弹性模量 $E_c = 2.8 \times 10^4 \text{MPa}$。

2. 荷载情况

桥墩为单排双柱式，桥面宽净 9m + 2 × 1.5m + 2 × 0.25m；

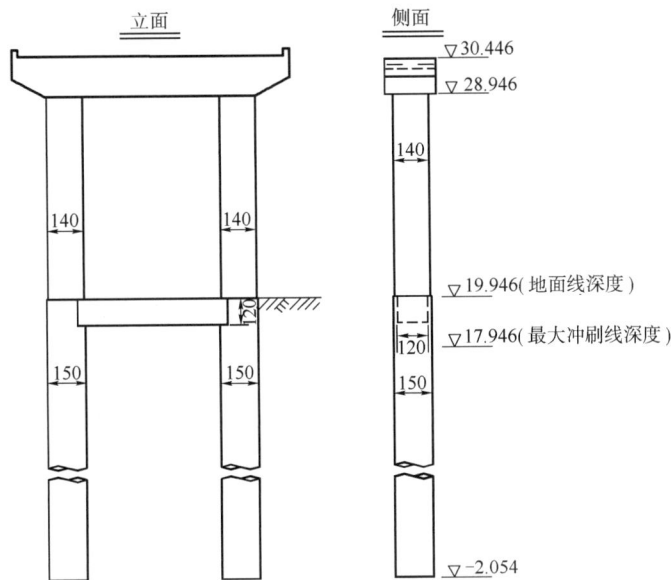

图 3-47 单排桩(尺寸单位:cm)

公路—II 级,人群荷载 $3kN/m^2$;

上部为 30m 预应力钢筋混凝土梁,每一根桩承受荷载为:

两跨恒载反力:$N_1 = 1\,539.5kN$

盖梁自重反力:$N_2 = 360kN$

系梁自重反力:$N_3 = 122.4kN$

一根墩柱(直径 1.4m)自重反力:$N_4 = 346.4kN$

桩(直径 1.5m)每延米重:$q = \dfrac{\pi \times 1.5^2}{4} \times (25 - 10) = 26.51kN$(扣除浮力)

每延米桩(直径 1.5m)重与置换土重的差值:

$$q' = \frac{\pi \times 1.5^2}{4} \times (15 - 11.8) = 5.65kN(扣除浮力)$$

两跨活载反力:$N_5 = 751.6 \times (1 + 0.112\,5) = 836.2kN$(考虑汽车荷载冲击力)

一跨活载反力:$N_6 = 502 \times (1 + 0.112\,5) = 558.5kN$(车辆荷载反力已按偏心受压原理考虑横向偏心的分配影响)

在顺桥向引起的弯矩:$M = 156.2 \times (1 + 0.112\,5) = 175.7kN \cdot m$

制动力:$H = 45kN$

桩基础采用旋转钻孔灌注桩,基岩较深,决定采用摩擦桩。

(二)桩长计算

由于地基土层单一,用确定单桩容许承载力的经验公式初步反算桩长,该桩埋入最大冲刷线以下深度为 h,一般冲刷线以下深度为 h_3,则:

$$[R_a] = \frac{1}{2} U \sum l_i q_{ik} + \lambda m_0 A \{[f_{a0}] + k_2 \gamma_2 (h - 3)\}$$

式中:R_a——一根桩底面所受到的全部竖直荷载(kN);

$$R_a = N_1 + N_2 + N_3 + N_4 + N_5 + L_0 q + q'h$$
$$= 1\,539.5 + 360 + 122.4 + 346.4 + 836.2 + 2 \times 26.51 + 5.65h$$
$$= 3\,257.5 + 5.65h$$

U——桩的周长（m），按成孔直径计算，采用旋转钻孔：按钻头直径增大 50mm；

$$U = \pi \times 1.55 = 4.87\text{m}$$

$$q_{ik} = 60\text{kPa}$$

λ——考虑桩入土深度影响的修正系数，取为 0.7；

m_0——考虑孔底沉淀层厚度影响的清孔系数，取为 0.8；

$$A = \frac{\pi \times 1.5^2}{4} = 1.767\text{m}^2；$$

$[f_{a0}] = 255\text{kPa}；$

$k_2 = 1.5；$

$\gamma_2 = 11.8\text{kN/m}^3$（已扣除浮力）；

h——一般冲刷线以下的深度（m）。

$$3\,257.5 + 5.65h = \frac{1}{2} \times (4.87 \times h \times 60) + 0.7 \times 0.8 \times 1.767 \times [255 + 1.5 \times 11.8 \times (h-3)]$$

解得：$h = 19.4$m。

现取 $h = 20$m，即地面以下桩长为 22m。显然，由上式反算，可知桩的轴向承载力满足要求。

（三）桩的内力计算

1.桩的计算宽度 b_1

$$b_1 = kK_f(d+1) = 1.0 \times 0.9 \times (1.5+1) = 2.25\text{m}$$

2.计算桩的变形系数 α

$$\alpha = \sqrt[5]{\frac{mb_1}{EI}} = \sqrt[5]{\frac{20\,000 \times 2.25}{0.8 \times 2.8 \times 10^7 \times 0.248\,5}} = 0.382\text{m}^{-1}$$

其中，$I = \frac{\pi D^4}{64} = \frac{\pi \times 1.5^4}{64} = 0.248\,5\text{m}^4$；受弯构件 $EI = 0.8E_h I$。

桩在最大冲刷线以下深度 $h = 20$m；其计算长度则为：$\bar{h} = \alpha h = 0.382 \times 20 = 7.64 \geq 2.5$，按弹性桩计算。

3.墩柱桩顶上外力 N_i、Q_i、M_i 及最大冲刷处桩上外力 N_0、Q_0、M_0 的计算

墩帽顶的外力（按一跨活载计算）：

$$N_i = 1\,539.5 + 558.5 = 2\,098\text{kN}$$

$$Q_i = 45\text{kN}$$

$$M_i = 175.7\text{kN}\cdot\text{m}$$

换算到最大冲刷线处：

$$N_0 = 2\,098 + 360 + 122.4 + 346.4 + 2 \times 26.51 = 2\,959.8\text{kN}$$

$$H_0 = Q_0 = 45\text{kN}$$

$$M_0 = 175.7 + 45 \times (30.446 - 17.946) = 738.2\text{kN}\cdot\text{m}$$

4. 最大冲刷线处桩变位 x_0、ϕ_0 计算

已知：$\alpha = 0.382$；$EI = 0.8E_cI = 0.8 \times 2.8 \times 10^7 \times 0.2485 = 5566.5 \times 10^3 \,\mathrm{kN \cdot m^2}$；

当桩置于非岩石类土且 $\alpha h \geqslant 2.5$ 时，取 $k_h = 0$；

$\bar{h} = \alpha h = 0.382 \times 20 = 7.64 \geqslant 4$，按 $\bar{h} = 4$ 计算，查表得：

$A_2 = -6.53316$；$B_2 = -12.15810$；$D_2 = -3.76647$；$A_3 = -1.61428$；$B_3 = -11.73066$；
$C_3 = -17.9186$；$D_3 = -15.0755$；$A_4 = 9.24368$；$B_4 = -0.35762$；$C_4 = -15.6105$；$D_4 = -23.1404$

（1）$H_0 = 1$ 作用时

$$\delta_{HH}^{(0)} = \frac{1}{\alpha^3 EI} \times \frac{(B_3 D_4 - B_4 D_3) + k_h(B_2 D_4 - B_4 D_2)}{(A_3 B_4 - A_4 B_3) + k_h(A_2 B_4 - A_4 B_2)}$$

$$= \frac{1}{0.382^3 \times 5566.5 \times 10^3} \times$$

$$\frac{\left[(-11.73066) \times (-23.1404) - (-0.35762) \times (-15.0755)\right] + 0}{\left[(-1.61428) \times (-0.35762) - 9.24368 \times (-11.73066)\right] + 0}$$

$$= 7.866 \times 10^{-6} \,\mathrm{m}$$

$$\delta_{MH}^{(0)} = \frac{1}{\alpha^2 EI} \times \frac{(A_3 D_4 - A_4 D_3) + k_h(A_2 D_4 - A_4 D_2)}{(A_3 B_4 - A_4 B_3) + k_h(A_2 B_4 - A_4 B_2)}$$

$$= \frac{1}{0.382^2 \times 5566.5 \times 10^3} \times$$

$$\frac{\left[(-1.61428) \times (-23.1404) - 9.24368 \times (-15.0755)\right] + 0}{\left[(-1.61428) \times (-0.35762) - 9.24368 \times (-11.73066)\right] + 0}$$

$$= 1.996 \times 10^{-6} \,\mathrm{rad}$$

（2）$M_0 = 1$ 作用时

$$\delta_{HM}^{(0)} = \delta_{MH}^{(0)} = \frac{1}{\alpha^2 EI} \times \frac{(B_3 C_4 - B_4 C_3) + k_h(B_2 C_4 - B_4 C_2)}{(A_3 B_4 - A_4 B_3) + k_h(A_2 B_4 - A_4 B_2)}$$

$$= \frac{1}{0.382^2 \times 5566.5 \times 10^3} \times$$

$$\frac{\left[(-11.73066) \times (-15.6105) - (-0.35762) \times (-17.9186)\right] + 0}{\left[(-1.61428) \times (-0.35762) - 9.24368 \times (-11.73066)\right] + 0}$$

$$= 1.996 \times 10^{-6} \,\mathrm{m}$$

$$\delta_{MM}^{(0)} = \frac{1}{\alpha EI} \times \frac{(A_3 C_4 - A_4 C_3) + k_h(A_2 C_4 - A_4 C_2)}{(A_3 B_4 - A_4 B_3) + k_h(A_2 B_4 - A_4 B_2)}$$

$$= \frac{1}{0.382 \times 5566.5 \times 10^3} \times$$

$$\frac{\left[(-1.61428) \times (-15.6105) - 9.24368 \times (-17.9186)\right] + 0}{\left[(-1.61428) \times (-0.35762) - 9.24368 \times (-11.73066)\right] + 0}$$

$$= 0.823 \times 10^{-6} \,\mathrm{rad}$$

（3）x_0、ϕ_0 计算

$$x_0 = H_0\delta_{HH}^{(0)} + M_0\delta_{HM}^{(0)}$$
$$= 45 \times 7.866 \times 10^{-6} + 738.2 \times 1.996 \times 10^{-6}$$
$$= 1.827 \times 10^{-3}\text{m} = 1.827\text{mm} \leqslant 6\text{mm}（符合"m"法要求）$$
$$\phi_0 = -(H_0\delta_{MH}^{(0)} + M_0\delta_{MM}^{(0)})$$
$$= -(45 \times 1.996 \times 10^{-6} + 738.2 \times 0.823 \times 10^{-6})$$
$$= -6.97 \times 10^{-4}\text{rad}$$

5. 最大冲刷线以下深度 z 处桩截面上的弯矩 M_z 及剪力 Q_z 的计算

$$M_z = \alpha^2 EI\left(x_0 A_3 + \frac{\phi_0}{\alpha}B_3 + \frac{M_0}{\alpha^2 EI}C_3 + \frac{H_0}{\alpha^3 EI}D_3\right)$$

式中，无量纲系数 A_3、B_3、C_3 及 D_3 由表 3-18 查得，M_z 值计算列于表 3-19，其结果如图 3-48 所示。

$$Q_z = \alpha^3 EI\left(x_0 A_4 + \frac{\phi_0}{\alpha}B_4 + \frac{M_0}{\alpha^2 EI}C_4 + \frac{H_0}{\alpha^3 EI}D_4\right)$$

式中，无量纲系数 A_4、B_4、C_4 及 D_4 由表 3-18 查得，Q_z 值计算列于表 3-20，其结果如图 3-49 所示。

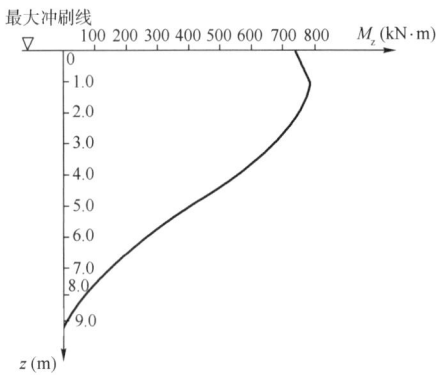

图 3-48　M_z-z 图

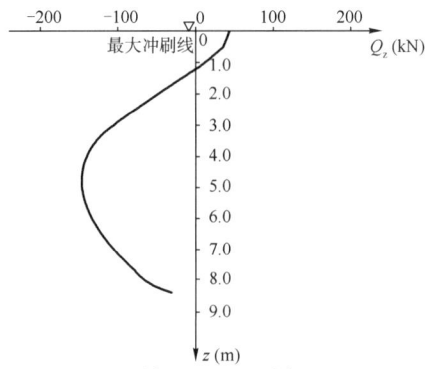

图 3-49　Q_z-z 图

6. 桩柱顶水平位移

$$h_2 + h_1 = 9.0 + 2.0 = 11.0\text{m}$$
$$n = \frac{I_1 E_1}{EI} = \left(\frac{1.4}{1.5}\right)^4 = 0.759$$

$$\Delta_0 = \frac{H}{E_1 I_1}\left[\frac{1}{3}(nh_1^3 + h_2^3) + nh_1 h_2(h_1 + h_2)\right] + \frac{M}{2E_1 I_1}[h_2^2 + nh_1(2h_2 + h_1)]$$

$$= \frac{45}{0.8 \times 2.8 \times 10^7 \times 0.1886} \times \left[\frac{1}{3} \times (0.759 \times 2^3 + 9^3) + 0.759 \times 9 \times 2 \times (2 + 9)\right] +$$
$$\frac{738.2}{2 \times 0.8 \times 2.8 \times 10^7 \times 0.1886} \times [9^2 + 0.759 \times 2 \times (2 \times 9 + 2)]$$

$$= 13.94 \times 10^{-3}\text{m}$$

$$\Delta = x_0 - \phi_0(h_2 + h_1) + \Delta_0$$
$$= [1.827 + 6.97 \times 10^{-1} \times (9 + 2) + 13.94] \times 10^{-3}$$
$$= 23.43 \times 10^{-3}\text{m} = 23.43\text{mm} \leqslant [\Delta] = 5\sqrt{30} = 27.4\text{mm}$$

符合要求。

表 3-19

桩身作用效应 M_z 值计算表

z	$\bar{z}=\alpha z$	A_3	B_3	C_3	D_3	$\alpha^2 EI$	x_0 (mm)	ϕ_0 (rad)	H_0 (kN)	M_0 (kN·m)	M_z (kN·m)
0.00	0.00	0.000 00	0.000 00	1.000 00	0.000 00	812 290.0	1.827	−0.000 697	45.00	738.20	738.2
0.52	0.20	−0.001 33	−0.000 13	0.999 99	0.200 00	812 290.0	1.827	−0.000 697	45.00	738.20	761.8
1.05	0.40	−0.010 67	−0.002 13	0.999 74	0.399 98	812 290.0	1.827	−0.000 697	45.00	738.20	787.2
1.57	0.60	−0.036 00	−0.010 80	0.998 06	0.599 74	812 290.0	1.827	−0.000 697	45.00	738.20	770.0
2.09	0.80	−0.085 32	−0.034 12	0.991 81	0.798 54	812 290.0	1.827	−0.000 697	45.00	738.20	750.2
2.62	1.00	−0.166 52	−0.083 29	0.975 01	0.994 45	812 290.0	1.827	−0.000 697	45.00	738.20	713.2
3.14	1.20	−0.287 37	−0.172 60	0.937 83	1.183 42	812 290.0	1.827	−0.000 697	45.00	738.20	661.1
3.66	1.40	−0.455 15	−0.319 33	0.865 73	1.35 821	812 290.0	1.827	−0.000 697	45.00	738.20	596.9
4.19	1.60	−0.676 29	−0.543 48	0.738 59	1.506 95	812 290.0	1.827	−0.000 697	45.00	738.20	524.6
4.71	1.80	−0.955 64	−0.867 15	0.529 97	1.611 62	812 290.0	1.827	−0.000 697	45.00	738.20	448.1
5.24	2.00	−1.295 35	−1.313 61	0.206 76	1.646 28	812 290.0	1.827	−0.000 697	45.00	738.20	371.1
5.76	2.20	−1.693 34	−1.905 67	−0.270 87	1.575 38	812 290.0	1.827	−0.000 697	45.00	738.20	297.0
6.28	2.40	−2.141 17	−2.663 29	−0.948 85	1.352 01	812 290.0	1.827	−0.000 697	45.00	738.20	228.5
6.81	2.60	−2.621 26	−3.599 87	−1.877 34	0.916 79	812 290.0	1.827	−0.000 697	45.00	738.20	167.5
7.33	2.80	−3.103 41	−4.717 48	−3.107 91	0.197 29	812 290.0	1.827	−0.000 697	45.00	738.20	115.2
7.85	3.00	−3.540 58	−5.999 79	−4.687 88	−0.891 26	812 290.0	1.827	−0.000 697	45.00	738.20	72.4
9.16	3.50	−3.919 21	−9.543 67	−10.340 40	−5.854 02	812 290.0	1.827	−0.000 697	45.00	738.20	5.6

桩身作用效应 Q_z 值计算表　　表 3-20

z	$\bar{z}=\alpha z$	A_4	B_4	C_4	D_4	$\alpha^3 EI$	x_0 (mm)	Φ_0 (rad)	H_0 (kN)	M_0 (kN·m)	Q_z (kN·m)
0.00	0.00	0.000 00	0.000 00	0.000 00	1.000 00	310 290.0	1.827	-0.000 697	45.00	738.20	45.0
0.52	0.20	-0.020 00	-0.002 67	-0.000 20	0.999 99	310 290.0	1.827	-0.000 697	45.00	738.20	35.1
1.05	0.40	-0.080 00	-0.021 33	-0.003 20	0.999 66	310 290.0	1.827	-0.000 697	45.00	738.20	10.8
1.57	0.60	-0.179 97	-0.071 99	-0.016 20	0.997 41	310 290.0	1.827	-0.000 697	45.00	738.20	-21.0
2.09	0.80	-0.319 75	-0.170 60	-0.051 20	0.989 08	310 290.0	1.827	-0.000 697	45.00	738.20	-54.6
2.62	1.00	-0.498 81	-0.332 98	-0.124 93	0.966 67	310 290.0	1.827	-0.000 697	45.00	738.20	-86.0
3.14	1.20	-0.715 73	-0.574 50	-0.258 86	0.917 12	310 290.0	1.827	-0.000 697	45.00	738.20	-112.2
3.66	1.40	-0.967 46	-0.907 54	-0.478 83	0.821 02	310 290.0	1.827	-0.000 697	45.00	738.20	-132.7
4.19	1.60	-1.248 08	-1.350 42	-0.814 66	0.651 56	310 290.0	1.827	-0.000 697	45.00	738.20	-143.4
4.71	1.80	-1.547 28	-1.905 77	-1.299 09	0.373 68	310 290.0	1.827	-0.000 697	45.00	738.20	-147.7
5.24	2.00	-1.848 18	-2.577 98	-1.966 20	-0.056 52	310 290.0	1.827	-0.000 697	45.00	738.20	-145.2
5.76	2.20	-2.124 81	-3.359 52	-2.848 58	-0.691 58	310 290.0	1.827	-0.000 697	45.00	738.20	-136.9
6.28	2.40	-2.339 01	-4.228 11	-3.973 23	-1.591 51	310 290.0	1.827	-0.000 697	45.00	738.20	-124.2
6.81	2.60	-2.436 95	-5.140 23	-5.355 41	-2.821 06	310 290.0	1.827	-0.000 697	45.00	738.20	-108.4
7.33	2.80	-2.345 58	-6.022 99	-6.990 07	-4.444 91	310290.0	1.827	-0.000 697	45.00	738.20	-90.9
7.85	3.00	-1.969 28	-6.764 60	-8.840 29	-6.519 72	310290.0	1.827	-0.000 697	45.00	738.20	-72.8
9.16	3.50	1.074 08	-6.788 95	-13.692 40	-13.826 10	310 290.0	1.827	-0.000 697	45.00	738.20	-30.8

7. 桩的配筋及截面抗压承载力复核

(1)截面配筋设计

验算最大弯矩($z = 1.05$ m 处)截面强度：

$$Q_0 = 45 \text{kN}$$

$M_0 = 787.2 \text{kN} \cdot \text{m}$(未考虑荷载安全系数影响,仍用原位置及数值,配筋验算仅供参考)

$N_0 = 1.2 \times (1\,539.5 + 360 + 122.4 + 346.4 + 3.01 \times 26.51) + 558.5 \times 1.4$

$\quad = 3\,719.6 \text{kN}$

桩的直径为 1.5 m,桩的计算长度为:

$$l_p = 0.7 \times \left(28.946 - 19.946 + \frac{4.0}{0.382}\right) = 13.630 \text{m}$$

结构重要性系数 $\gamma_0 = 1$;拟采用 C25 混凝土,$f_{cd} = 11.5$ MPa;HRB335 钢筋,$f'_{sd} = 280$ MPa,混凝土保护层厚度取 60 mm,拟选用 $\phi 22$(外径 24 mm)钢筋;

则:$\gamma_s = \dfrac{1\,500}{2} - \left(60 + \dfrac{24}{2}\right) = 678 \text{mm}, g = \dfrac{\gamma_s}{\gamma} = \dfrac{678}{750} = 0.904$

桩的长细比:$l_p / D = 13\,630 / 1\,500 = 9.09 > 4.4$,应考虑偏心距增大系数 η。

$$\eta = \left[1 + \frac{1}{1\,400 \dfrac{e_0}{h_0}} \left(\frac{l_p}{h}\right)^2 \xi_1 \xi_2\right]$$

$$e_0 = \frac{M_0}{N_0} = \frac{787.2}{3\,719.6} = 0.212 \text{m}$$

$$h_0 = 0.678 + 0.75 = 1.428 \text{m}$$

$$\xi_1 = 0.2 + \frac{2.7 \times 0.212}{1.428} = 0.601 < 1$$

$$\xi_2 = 1.15 - \frac{0.01 l_p}{h} = 1.15 - \frac{0.01 \times 13.630}{1.5} = 1.06 > 1, 取 \xi_2 = 1$$

$$\eta = \left[1 + \frac{1}{1\,400 \times \dfrac{0.212}{1.428}} \left(\frac{13.630}{1.5}\right)^2 \times 0.601 \times 1\right] = 1.239$$

计算偏心距:$e'_0 = \eta e_0 = 0.212 \times 1.239 = 0.263 \text{m} = 263 \text{mm}$。

(2)采用查表法计算[参考《公路钢筋混凝土及预应力混凝土桥涵设计规范》(JTG D62—2012)附表]

假设 $\xi = 0.25$,查表得系数 $A = 0.447\,3, B = 0.341\,1, C = -1.234\,8, D = 1.601\,2$。

代入公式计算配筋率:

$$\rho = \frac{f_{cd}}{f'_{sd}} \times \frac{Br - A\eta e_0}{C\eta e_0 - Dgr} = \frac{11.5}{280} \times \frac{0.341\,1 \times 750 - 0.447\,3 \times 263}{-1.234\,8 \times 263 - 1.601\,2 \times 0.904 \times 750}$$

$$= -0.040(说明按构造要求配筋)$$

求轴向力设计值为：

$$N_{du} = A\gamma^2 f_{cd} + C \cdot \rho\gamma^2 f'_{sd}$$

$$= 0.447\,3 \times 750^2 \times 11.5 + (-1.234\,8) \times (-0.003\,8) \times 750^2 \times 280$$

$$= 3\,683.4\text{kN}$$

与设计值 3 719.6kN 相差等于 2%，所以桩基只按构造要求配筋。根据规范要求，选配 20φ22，钢筋截面面积 $A_s = 7\,602\text{mm}^2$。

第六节 竖向荷载下群桩基础的受力分析

由基桩群与承台组成的桩基础称群桩基础。群桩基础在荷载作用下，由于基桩间的相互影响及承台的共同作用，其工作性状显然与单桩不同。

一、群桩共同工作

1. 端承桩群桩基础

端承桩群桩基础通过承台分配到各基桩桩顶的荷载，绝大部分或全部由桩身直接传递到桩底，有桩底岩层支承。由于桩底持力层刚硬，桩的贯入变形小，低桩承台的承台底面地基反力与桩侧摩阻力和桩底反力相比所占比例很小，可忽略不计。因此，承台分担荷载的作用和桩侧摩阻力的扩散作用一般均不予考虑。桩底压力分布面积较小，各桩的压力叠加作用也小，群桩基础中的各基桩的工作状态近同于单桩，如图 3-50 所示。认为端承桩群桩基础的承载力等于各单桩承载力之和，其沉降量等于单桩沉降量，除进行单桩承载力验算外，不必进行群桩竖向承载力验算。

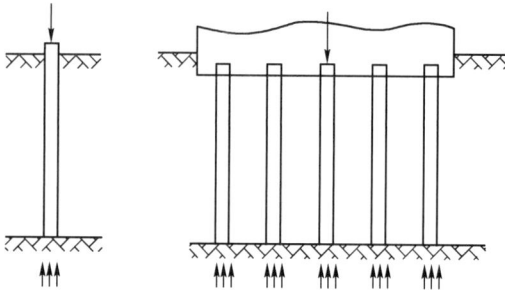

图 3-50 端承桩桩底平面的应力分布

2. 摩擦桩群桩基础

由摩擦桩组成的群桩基础，在竖向荷载作用下，桩顶上的作用荷载主要通过桩侧土的摩阻力传递到桩周土体。由于桩侧摩阻力的扩散作用，使桩底处的压力分布范围要比桩身截面面积大得多（图 3-51），以致群桩中各桩传布到桩底处的应力可能叠加，群桩桩底处地基土受到的压力比单桩大。同时，由于群桩基础的基础尺寸大，荷载传递的影响范围也比单桩深（图 3-52），因此桩底下地基土层产生的压缩变形和群桩基础的沉降都比单桩大。在基桩的承载力方面，群桩基础的承载力也不等于各单桩承载力总和的简单关系。工程实践表明，群桩基础的承载力常小于各单桩承载力之和，但有时也可能会大于或等于各单桩承载力之和。桩基础除了上述桩底应力的叠加和扩散影响外，桩群对桩侧土的摩阻力也必然会有影响，摩擦桩群的工作性状与单桩相比有显著区别。总之，群桩基础受竖向荷载后，由于承台、桩、土的相互作用使其桩侧阻力、桩端阻力、沉降等性状发生变化而与单桩明显不同，承载力往往不等于单桩承载力之和，称其为群桩效应。

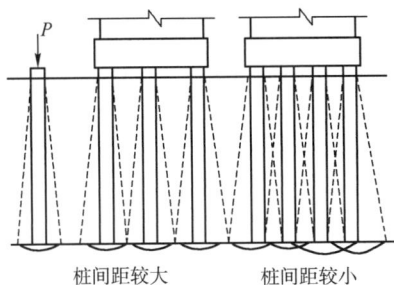

图 3-51 摩擦桩桩底下面的应力分布

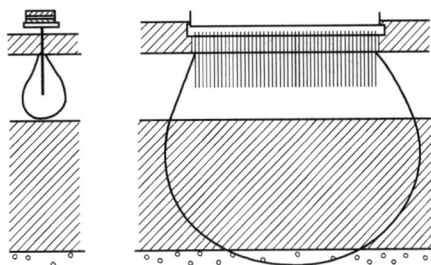

图 3-52 群桩和单桩应力传布浓度比较

二、桩基础的破坏模式及整体验算

影响群桩基础承载力和沉降的因素很复杂,与土的性质、桩长、桩距、桩数、群桩的平面排列和承台尺寸大小等因素有关。模型试验研究和现场测定结果表明,上述诸因素中,桩距大小的影响是主要的,其次是桩数。同时发现,当桩距较小、土质较坚硬时,在荷载作用下,桩间土与群桩作为一个整体而下沉,桩底下土层受压缩,破坏时呈"整体破坏",即指桩、土形成整体,破坏状态类似一个实体深基础。而当桩距足够大、土质较软时,桩与土之间产生剪切变形,群桩呈"刺入破坏",在一般情况下,群桩基础兼有这两种性状。

《公桥基规》规定:当桩间中心距离大于等于 6 倍桩径时,可不考虑群桩效应,不需要验算群桩基础的承载力,只要验算单桩的承载力就可以了。但当不满足规范的要求时,需验算桩底持力层土的容许承载力,持力层下有软弱土层时,还应验算软弱下卧层的承载力。

对于摩擦群桩基础,当桩间中心距小于 6 倍桩径时,如图 3-53 所示,群桩(摩擦桩)作为整体基础时,桩基可视为如图中的 $acde$ 范围内的实体基础,按下式验算桩底平面处土层的承载力:

1. 当轴心受压时

$$p = \bar{\gamma}l + \gamma h + \frac{BL\gamma h}{A} + \frac{N}{A} \leqslant [f_a] \qquad (3\text{-}36)$$

2. 当偏心受压时

除满足式(3-36)外,尚应满足下列条件:

$$p_{max} = \bar{\gamma}l + \gamma h - \frac{BL\gamma h}{A} + \frac{N}{A}\left(1 + \frac{eA}{W}\right) \leqslant \gamma_R[f_a] \qquad (3\text{-}37a)$$

$$A = a \times b \qquad (3\text{-}37b)$$

当桩的斜度 $\alpha \leqslant \dfrac{\varphi}{4}$ 时

$$a = L_0 + d + 2l\tan\frac{\bar{\varphi}}{4} \qquad (3\text{-}37c)$$

$$b = B_0 + d + 2l\tan\frac{\bar{\varphi}}{4} \qquad (3\text{-}37d)$$

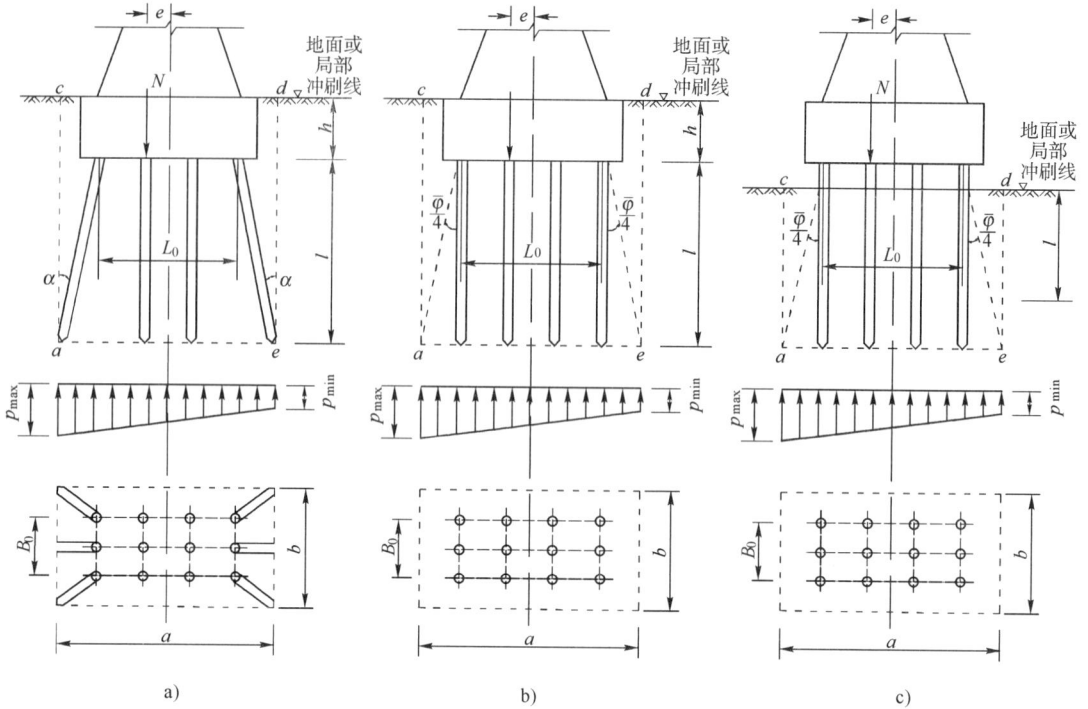

图 3-53　群桩作为整体基础计算示意图

当桩的斜度 $\alpha > \dfrac{\varphi}{4}$ 时，

$$a = L_0 + d + 2l\tan\alpha \qquad (3\text{-}37e)$$

$$b = B_0 + d + 2l\tan\alpha \qquad (3\text{-}37f)$$

$$\overline{\varphi} = \frac{\varphi_1 l_1 + \varphi_2 l_2 + \cdots + \varphi_n l_n}{l} \qquad (3\text{-}37g)$$

式中：　　p、p_{max}——桩端平面处的平均压应力、最大压应力(kPa)；

$\overline{\gamma}$——承台底面包括桩的重力在内至桩端平面土的平均重度(kN/m³)；

l——桩的深度(m)；

γ——承台底面以上土的重度(kN/m³)；

L——承台长度(m)；

B——承台宽度(m)；

N——作用于承台底面合力的竖向分力(kN)；

A——假想的实体基础在桩端平面处的计算面积；

a、b——假想的实体基础在桩端平面处的计算宽度和长度(m)；

L_0——外围桩中心围成矩形轮廓的长度(m)；

B_0——外围桩中心围成矩形轮廓的宽度(m)；

d——桩的直径(m)；

W——假想的实体基础在桩端平面处的截面抵抗矩(m³)；

e——作用于承台底面合力的竖向分力对桩端平面处计算面积重心轴的偏心矩(m);

$\bar{\varphi}$——基桩所穿过土层的平均土内摩擦角;

$\varphi_1 l_1, \varphi_2 l_2, \cdots, \varphi_n l_n$——各层土的内摩擦角与相应土层厚度的乘积;

$[f_a]$——修正后桩端平面处土的承载力容许值(kPa);

γ_R——抗力系数。

当桩尖平面以下有软弱下卧层时,还应验算该土层的承载力,具体按土力学中应力分布规律计算出软弱土层顶面处的总应力,不得大于该处地基土的容许承载力。

第七节 桩基础设计

设计桩基础时,首先应该搜集必要的资料,包括上部结构形式与使用要求,荷载的性质与大小,地质和水文资料,以及材料供应和施工条件等。据此拟订出设计方案(包括选择桩基类型、桩长、桩径、桩数、桩的布置、承台位置与尺寸等),然后进行基桩和承台以及桩基础整体的强度、稳定、变形检验,经过计算、比较、修改,以保证承台、基桩和地基在强度、变形及稳定性方面满足安全和使用上的要求,并同时考虑技术和经济上的可能性与合理性,最后确定较理想的设计方案。

一、桩基础类型的选择

选择桩基础类型时,应根据设计要求和现场的条件,并考虑各种类型桩基础的不同特点,综合分析选择。

1. 承台底面高程的考虑

承台底面的高程应根据桩的受力情况,桩的刚度和地形、地质、水流、施工等条件确定。承台低则稳定性较好,但在水中施工难度较大,因此可用于季节性河流、冲刷小的河流或旱地上其他结构物的基础。当承台埋设于冻胀土层中时,为了避免由于土的冻胀引起桩基础损坏,承台底面应位于冻结线以下不少于0.25m。对于常年有流水,冲刷较深,或水位较高,施工排水困难,在受力条件允许时,应尽可能采用高桩承台。承台如在水中或有流冰的河道中,承台底面也应适当放低,以保证基桩不会直接受到撞击,否则应设置防撞装置。当作用在桩基础上的水平力和弯矩较大,或桩侧土质较差时,为减少桩身所受的内力,可适当降低承台底面高程。有时为节省桥墩台身圬工材料数量,则可适当提高承台底面高程。

2. 端承桩和摩擦桩桩基的考虑

端承桩和摩擦桩的选择主要根据地质和受力情况确定。端承桩桩基础承载力大,沉降量小,较为安全可靠,因此当基岩埋深较浅时,应考虑采用端承桩桩基。若岩层埋置较深或受施工条件的限制不宜采用端承桩,则可采用摩擦桩,但在同一桩基础中不宜同时采用端承桩和摩擦桩,同时也不宜采用不同材料、不同直径和长度相差过大的桩,以避免桩基产生不均匀沉降或丧失稳定性。

当采用端承桩时,除桩底支承在基岩上(即支承桩)外,如覆盖层较薄,或水平荷载较大,还需将桩底端嵌入基岩中一定深度成为嵌岩桩,以增加桩基的稳定性和承载能力。为保证嵌岩桩在横向荷载作用下的稳定性,需嵌入基岩的深度与桩嵌固处的内力及桩周岩石强度有关,应分别考虑弯矩和轴向力要求,由要求较高的来控制设计深度。考虑弯矩时,可用下述近似方法确定,适用于 $f_{rk} \geqslant 2\mathrm{MPa}$。

（1）圆形桩

$$h = \sqrt{\frac{M_H}{0.065\,5\beta f_{rk}d}} \tag{3-38}$$

（2）矩形桩

$$h = \sqrt{\frac{M_H}{0.083\,3\beta f_{rk}b}} \tag{3-39}$$

式中：h——桩嵌入基岩中（不计强风化层和全风化层）的有效深度（m）,不应小于 0.5m；

M_H——在基岩顶面处的弯矩（$kN \cdot m$）；

f_{rk}——岩石饱和单轴抗压强度标准值（kPa）,黏土质岩取天然湿度单轴抗压强度标准值；

β——系数,$\beta = 0.5 \sim 1.0$,根据岩层侧面构造而定,节理发育的取小值,节理不发育的取大值；

d——桩身直径（m）；

b——垂直于弯矩作用平面桩的边长（m）。

为保证嵌固牢靠,在任何情况下均不计风化层,嵌入岩层最小深度不应小于 0.5m。

3. 桩型与成桩工艺

根据结构类型、荷载性质、桩的使用功能、穿越土层、桩端持力层土类、地下水位、施工设备、施工环境、施工经验、桩的材料供应条件等,应选择经济、合理、安全适用的桩型和成桩工艺。

二、桩径、桩长的拟定

桩径与桩长的设计,应综合考虑荷载的大小、土层性质与桩周土摩阻力状况、桩基类型与结构特点、桩的长径比以及施工设备与技术条件等因素后确定,力争做到既满足使用要求,又造价经济,最有效地利用和发挥地基土和桩身材料的承载能力。

设计时,首先拟定尺寸,然后通过基桩计算和验算,视所拟定的尺寸是否经济合理,再行最后确定。

1. 桩径拟定

桩的类型选定后,桩的横截面（桩径）可根据各类桩的特点与常用尺寸选择确定。

2. 桩长拟定

确定桩长的关键在于选择桩底持力层,因为桩底持力层对于桩的承载力和沉降有着重要影响。设计时,可根据地质条件选择适宜的桩底持力层初步确定桩长,并考虑施工的可行性（如钻孔灌注桩钻机钻进的最大深度等）。

一般都希望把桩底置于岩层或坚硬的土层上,以得到较大的承载力和较小的沉降量。若在施工条件容许的深度内没有坚硬土层存在,应尽可能选择压缩性较低、强度较高的土层作为持力层,要避免使桩底落在软土层上或离软弱下卧层的距离太近,以免桩基础发生过大的沉降。

对于摩擦桩,有时桩底持力层可能有多种选择,此时确定桩长与桩数两者相互关联,遇此情况,可通过试算比较,选择较合理的桩长。摩擦桩的桩长不应拟得太短,一般不宜小于4m。因为桩长过短达不到设置桩基把荷载传递到深层或减小基础下沉量的目的,且必然增加很多桩数,扩大了承台尺寸,也影响了施工的进度。此外,为保证发挥摩擦桩桩底土层支承力,桩底端部应插入桩底持力层一定深度(插入深度与持力层土质、厚度及桩径等因素有关)一般不宜小于1m。

三、确定基桩根数及其平面布置

1. 桩的根数估算

一个基础所需桩的根数可根据承台底面上的竖向荷载和单桩容许承载力按式(3-40)估算:

$$n = \mu \frac{N}{[P]} \tag{3-40}$$

式中:n——桩的根数;

N——作用在承台底面上的竖向荷载(kN);

$[P]$——单桩容许承载力或单桩承载力设计值(kN);

μ——考虑偏心荷载时各桩受力不均而适当增加桩数的经验系数,可取$\mu = 1.1 \sim 1.2$。

估算的桩数是否合适,在验算各桩的受力状况后即可确定。

桩数的确定还须考虑满足桩基础水平承载力要求的问题。若有水平静载试验资料,可用各单桩水平承载力之和作为桩基础的水平承载力(为偏安全考虑),来校核按公式(3-40)估算的桩数。但一般情况下,桩基水平承载力是由基桩的材料强度所控制,可通过对基桩的结构强度设计(如钢筋混凝土桩的配筋设计与截面强度验算)来满足,所以桩数仍按式(3-40)来估算。

此外,桩数的确定与承台尺寸、桩长及桩的间距的确定相关联,确定时应综合考虑。

2. 桩的间距确定

为了避免桩基础施工可能引起土的松弛效应和挤土效应对相邻基桩的不利影响,以及桩群效应对基桩承载力的不利影响,对于摩擦桩的群桩中距,从受力的角度考虑最好是使各桩端平面处压力分布范围不相重叠,以充分发挥其承载能力。

(1)摩擦桩

锤击、静压沉桩,在桩端处的中距不应小于桩径(或边长)的3倍,对于软土地基宜适当增大;振动沉入砂土内的桩,在桩端处的中距不应小于桩径(或边长)的4倍。桩在承台底面处的中距不应小于桩径(或边长)的1.5倍。钻(挖)孔桩中距不应小于桩径的2.5倍。

(2)端承桩

支承或嵌固在基岩中的钻(挖)孔桩中距,不应小于桩径的2.0倍。

(3)扩底灌注桩

钻（挖）孔扩底灌注桩中距不应小于 1.5 倍扩底直径或扩底直径加 1.0m，取较大者。边桩（或角桩）外侧与承台边缘的距离，对于直径（或边长）小于等于 1.0m 的桩，不应小于 0.5 倍桩径（或边长）并不应小于 250mm；对于直径大于 1.0m 的桩，不应小于 0.3 倍桩径（或边长）并不应小于 500mm。

3. 桩的平面布置

桩基数确定后，可根据桩基受力情况选用单排桩或多排桩桩基。多排桩的排列形式常采用行列式［图 3-54a)］和梅花式［图 3-54b)］，相同的承台底面积，后者可排列较多的基桩，而前者有利于施工。

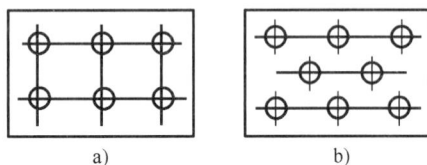

a)   b)

图 3-54 桩的平面布置

桩基础中基桩的平面布置，除应满足前述的最小桩距等构造要求外，还应考虑基桩布置对桩基受力有利。为使各桩受力均匀，充分发挥每根桩的承载能力，设计布置时，应尽可能使桩群横截面的重心与荷载合力作用点重合或接近，通常桥墩桩基础中的基桩采取对称布置，而桥台多排桩桩基础视受力情况在纵桥向采用非对称布置。

当作用于桩基的弯矩较大时，宜尽量将桩布置在离承台形心较远处，采用外密内疏的布置方式，以增大基桩对承台形心或合力作用点的惯性矩，提高桩基的抗弯能力。

此外，基桩布置还应考虑使承台受力较为有利，例如桩柱式墩台应尽量使墩柱轴线与基桩轴线重合，盖梁式承台的桩柱布置应使承台发生的正负弯矩接近或相等，以减小承台所承受的弯曲应力。

四、桩基础设计方案检验

对根据上述原则所拟订的桩基础设计方案应进行检验，即对桩基础的强度、变形和稳定性进行必要的验算，以验证所拟订的方案是否合理，是否需要修改，能否优选成为较佳的设计方案。为此，应计算基础及其组成部件在与验算项目相应的最不利荷载组合下所受到的作用力及相应产生的内力与位移，作下列各项验算。

1. 单根基桩的检验

1）单桩竖向承载力检验

（1）按地基土的支承力确定和验算单桩竖向承载力，目前仍采用单一安全系数即容许应力法进行验算。首先根据地质资料确定单桩竖向容许承载力，对于一般性桥梁和结构物，或在各种工程的初步设计阶段，可按经验（规范）公式计算；而对于大型、重要桥梁或复杂地基条件，还应通过静载试验或其他方法，并作详细分析比较，较准确合理地确定。随后，验算各桩容许承载力，应对以最不利荷载组合计算出受竖向力最大的某根基桩进行验算。

（2）按桩身材料强度确定和检验单桩承载力。检验时，把桩作为一根压弯构件，以承载能力极限状态验算桩身压屈稳定和截面强度，以正常使用极限状态验算桩身裂缝宽度。

2）单桩横向承载检验

当有水平静载试验资料时，可以直接检验桩的水平容许承载是否满足地面处水平力作用要求,一般情况下桩身还作用有弯矩;无水平静载试验资料时,均应验算桩身截面强度。对于预制桩,还应验算桩起吊、运输时桩身强度。

3)单桩水平位移检验

现行规范未直接提及桩的水平位移验算,但规范规定需作墩台顶水平位移验算。在荷载作用下,墩台水平位移值的大小,除了与墩台本身材料受力变形有关外,还取决于端承桩的水平位移及转角,因此墩台顶水平位移验算包含了对单桩水平位移检验。在荷载作用下,墩台顶水平位移 Δ 不应超过规定的容许值 $[\Delta]$,即 $\Delta \leqslant [\Delta] = 0.5\sqrt{L}$(cm),其中 L 为桥孔跨径(以 m 计)。

此外,《公桥基规》给出的地基土比例系数 m 值,是用于结构物在地面处水平位移最大值不超过 6mm 的情况,水平位移较大时适当降低。因此,当采用规范给出的 m 值时,应计算地面处桩身的水平位移并对比规范要求,评定设计所取值是否合适。

2.群桩基础承载力和沉降量的检验

当摩擦桩群桩基础的基桩中心距小于 6 倍桩径时,需检验群桩基础的承载力,包括桩底持力层承载力验算及软弱下卧层的强度验算,必要时还须验算桩基沉降量,包括总沉降量和相邻墩台的沉降差。

3.承台强度检验

承台作为构件,一般应进行局部受压、抗冲剪、抗弯和抗剪强度验算。

第八节 桩基础工程质量控制及检验方法

桩基础工程的施工工艺不同,对质量的控制管理及检验方法也不相同。本节着重介绍混凝土预制桩、混凝土灌注桩、挖孔桩等的质量控制及检验方法。

一、混凝土钻孔灌注桩

1.基本要求

(1)桩身混凝土所用的水泥、砂、石、水、外掺剂及混合材料的质量和规格必须符合有关规范的要求,按规定的配合比施工。

(2)成孔后必须清孔,测量孔径、孔深、孔位和沉淀层厚度,确认满足设计或施工技术规范要求后,方可灌注水下混凝土。

(3)水下混凝土应连续灌注,严禁有夹层和断桩。

(4)嵌入承台的锚固钢筋长度不得低于设计规范规定的最小锚固长度要求。

(5)应选择有代表性的桩用无破损法进行检测,重要工程或重要部位的桩宜逐根进行检测。设计有规定或对桩的质量有怀疑时,应采取钻取芯样法对桩进行检测。

(6)凿除桩头预留混凝土后,桩顶应无残余的松散混凝土。

2.实测项目(表3-21)

钻孔灌注桩实测项目 表 3-21

项次	检 查 项 目			规定值或允许偏差	检查方法和频率
1	混凝土强度（MPa）			在合格标准内	
2	桩位（mm）	群桩		100	全站仪或经纬仪：每桩检查
		排架桩	允许值	50	
			极值	100	
3	孔深（m）			不小于设计	测绳量：每桩测量
4	孔径（mm）			不小于设计	探孔器：每桩测量
5	钻孔倾斜度（mm）			1%桩长，且不大于500	用测壁（斜）仪或钻杆垂线法：每桩检查
6	沉淀厚度（mm）	摩擦桩		按设计规定，设计未规定时按施工规范要求	沉淀盒或标准测锤：每桩检查
		支承桩		不大于设计规定	
7	钢筋骨架底面高程（mm）			±50	水准仪：测每桩骨架顶面高程后反算

二、挖孔桩

1. 基本要求

（1）桩身混凝土所用的水泥、砂、石、水、外掺剂及混合材料的质量和规格必须符合有关规范的要求，按规定的配合比施工。

（2）挖孔达到设计深度后，应及时进行孔底处理，必须做到无松渣、淤泥等扰动软土层，使孔底情况满足设计要求。

（3）嵌入承台的锚固钢筋长度不得小于设计规范规定的最小锚固长度要求。

2. 实测项目（表 3-22）

挖孔桩实测项目 表 3-22

项次	检 查 项 目			规定值或允许偏差	检查方法和频率
1	混凝土强度（MPa）			在合格标准内	
2	桩位（mm）	群桩		100	全站仪或经纬仪：每桩检查
		排架桩	允许值	50	
			极值	100	
3	孔深（m）			不小于设计	测绳量：每桩测量
4	孔径（mm）			不小于设计	探孔器：每桩测量
5	钻孔倾斜度（mm）			0.5%桩长，且不大于200	垂线法：每桩检查
6	钢筋骨架底面高程（mm）			±50	水准仪测骨架顶面高程后反算：每桩检查

三、沉桩

1. 基本要求

(1)混凝土桩所用的水泥、砂、石、水、外掺剂及混合材料的质量和规格必须符合有关规范的要求,按规定的配合比施工。

(2)混凝土预制桩必须按表 3-23 检查合格后,方可沉桩。

(3)钢管桩的材料规格、外形尺寸和防护应符合设计和施工技术规范的要求。

(4)用射水法沉桩,当桩尖接近设计高程时,应停止射水,用锤击或振动使桩达到设计高程。

(5)桩的接头应严格按照规范要求,确保质量。

2. 实测项目(表 3-23、表 3-24)

预制桩实测项目 表 3-23

项次	检 查 项 目		规定值或允许偏差	检查方法和频率
1	混凝土强度(MPa)		在合格标准内	
2	长度(mm)		±50	尺量:每桩检查
3	横截面(mm)	桩的边长	±5	尺量:每预制件检查 2 个断面,检查 10%
		空心桩空心(管芯)直径	±5	
		空心中心与桩中心偏差	±5	
4	桩尖对桩的纵轴线(mm)		10	尺量:抽查 10%
5	桩纵轴线弯曲矢高(mm)		0.1%桩长,且不大于 20	沿桩长拉线量,取最大矢高:抽查 10%
6	桩顶面与桩纵轴线倾斜偏差(mm)		1%桩径或边长,且不大于 3	角尺:抽检 10%
7	接桩的接头平面与桩轴平面垂直度		0.5%	角尺:抽检 20%

沉 桩 实 测 项 目 表 3-24

项次	检 查 项 目			规定值或允许偏差	检查方法和频率
1	桩位(mm)	群桩	中间桩	$d/2$ 且不大于 250	全站仪或经纬仪:检查 20%
			外缘桩	$d/4$	
		排架桩	顺桥方向	40	
			垂直桥轴方向	50	
2	桩尖高程(mm)			不高于设计规定	水准仪测桩顶面高程后反算:每桩检查
	贯入度(mm)			小于设计规定	与控制贯入度比较:每桩检查
3	倾斜度	直桩		1%	垂线法:每桩检查
		斜桩		$15\%\tan\theta$	

注:1. d 为桩径或短边长度。

2. θ 为斜桩轴线与垂线间的夹角。

3. 深水中采用打桩船沉桩时,其允许偏差应符合设计规定。

4. 当贯入度符合设计规定但桩尖高程未达到设计高程,应按施工技术规范的规定进行检验,并得到设计认可时,桩尖高程为合格。

四、承台

1. 基本要求

(1)所用的水泥、砂、石、水、外掺剂及混合材料的质量和规格必须符合有关规范的要求，按规定的配合比施工。

(2)必须采取措施控制水化热引起的混凝土内最高温度及内外温差在允许范围内，防止出现温度裂缝。

(3)不得出现露筋和空洞现象。

2. 实测项目(表3-25)

承 台 实 测 项 目　　　　　　　　　　表3-25

项次	检 查 项 目	规定值或允许偏差	检查方法和频率
1	混凝土强度(MPa)	在合格标准内	按《公路工程质量检验评定标准》(JTG 80/1—2012)附录D检查
2	尺寸(mm)	±30	尺量:长、宽、高检查各2点
3	顶面高程(mm)	±20	水准仪:检查5处
4	轴线偏位(mm)	15	全站仪或经纬仪:纵、横各测量2点

思考与练习

3-1　桩基础有何特点？它适用什么情况？

3-2　端承桩和摩擦桩受力情况有什么不同？你认为各种条件具备时，应优先考虑采用哪种桩？

3-3　桩基础内的基桩，在平面布设上有什么基本要求？

3-4　高桩承台和低桩承台各有哪些优缺点，它们各自适用于什么情况？

3-5　试述单桩轴向荷载的传递机理？

3-6　单桩轴向容许承载力如何确定？哪几种方法比较符合实际？

3-7　什么是桩的负摩阻力？它产生的条件是什么？对基桩有什么影响？

3-8　打入桩与钻孔灌注桩的单桩轴向容许承载力计算的经验公式有什么不同？

3-9　考虑基桩的纵向挠曲时，桩的计算长度应如何确定？为什么？

3-10　如何保证钻孔灌注桩的施工质量？

3-11　钻孔灌注桩成孔时，泥浆起什么作用？制备泥浆应控制哪些指标？

3-12　钻孔灌注桩有哪些成孔方法？各适用什么条件？

3-13　打入桩的施工应注意哪些问题？

3-14　什么是"m"法，它的理论根据是什么？该方法有什么优缺点？

3-15　地基土的水平向土抗力大小与哪些因素有关？

3-16　用"m"法对单排桩基础的设计和计算包括哪些内容？

3-17　什么是地基系数？确定地基系数的方法有哪几种？目前我国公路桥梁桩基础设计计算时采用的是哪一种？

第四章 沉井基础

第一节 概　述

沉井是一个井筒状结构物(图4-1)，是在井孔内不断除土，井体借自重力克服井壁与土的摩阻力而不断下沉至设计高程，并经过封底、填芯以后，使其成为桥梁墩台或其他结构物的基础(图4-2)。

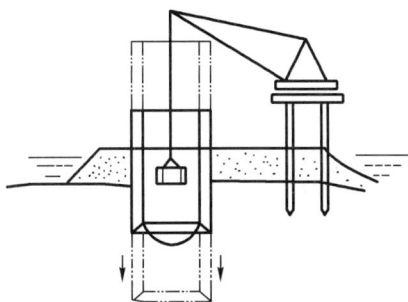

图4-1　沉井下沉示意图

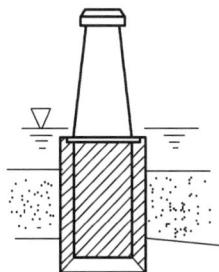

图4-2　沉井基础

沉井基础是实体基础的一种。沉井基础的特点是埋置深度可以很大，整体性强、稳定性好，有较大的承载面积，能承受较大的垂直荷载和水平荷载；下沉过程中，沉井作为坑壁围护起挡土、挡水作用；施工中不需要很复杂的机械设备，施工技术也较简单。因此，沉井在桥梁工程中得到了较为广泛的应用。在桥梁工程中使用的沉井平面尺寸较小，而下沉深度则较大。设置沉井的目的是将上部的重量和使用荷载传递到比较坚硬的土层中去，沉井下沉到设计高程后，井内空腔一般用片石圬工和混凝土等材料填塞。

但沉井施工期往往比桩基础长。有些情况，不宜采用沉井，如土层中夹有孤石、大树干或被淹没的旧建筑物等障碍物时，使沉井下沉受阻而很难克服；沉井在饱和细砂、粉砂和亚砂土层中采取排水挖土时，易发生严重的流沙现象，致使挖土下沉无法继续进行下去；基岩层面倾斜、起伏很大时，常致使沉井底部有一部分在岩层上，又有一部分仍支承在软土上，当基础受力后将发生倾斜。当水深较大，流速适宜时亦可考虑采用浮运沉井。

根据经济上合理、施工上可行的原则，一般在下列情况下可以采用沉井基础。

(1)上部荷载较大，而表层地基土的容许承载力不足，做扩大基础开挖工作量大，以及支撑困难，但在一定深度下有较好的持力层，采用沉井基础与其他基础相比较，经济上较为合理时。

(2)在山区河流中，虽然土质较好，但冲刷大或河中有较大卵石不便桩基础施工时。

(3)岩层表面较平坦且覆盖层薄，但河水较深，采用扩大基础施工设置围堰有困难时。

第二节　沉井的类型与构造

一、沉井的类型

1.按使用材料分类

制作沉井的材料,可按下沉的深度、受荷载的大小,结合就地取材的原则选定。

(1)混凝土沉井。混凝土的特点是抗压强度高,抗拉能力低,因此这种沉井宜做成圆形,并适用于下沉深度不大于7m的松软土层,其井壁竖向接缝应设置接缝钢筋。沉井刃脚不宜采用混凝土结构。

(2)钢筋混凝土沉井。这种沉井的抗拉及抗压能力较好,下沉深度可以很大;当下沉深度不很大时,井壁上部用混凝土,下部(刃脚)用钢筋混凝土的沉井,在桥梁工程中得到了较广泛的应用。当沉井平面尺寸较大时,可做成薄壁结构,沉井外壁采用泥浆润滑套,壁后压气等施工辅助措施就地下沉或浮运下沉。此外,钢筋混凝土沉井井壁隔墙可分段(块)预制,工地拼接,做成装配式。

(3)钢沉井。用钢材制造沉井,其强度高、重量较轻、易于拼装、宜于做浮运沉井,但用钢量大,国内较少采用。

2.按平面形状分类

沉井的平面形状,应与桥墩、桥台底部的形状相适应。公路桥梁中所采用的沉井,平面形状多为圆端形和矩形,也有用圆形的。根据平面尺寸的大小,沉井井孔又分单孔、双孔和多孔,双孔和多孔沉井中间设隔墙。沉井棱角处宜做成圆角或钝角,顶面襟边宽度应根据沉井施工容许偏差而定,不应小于沉井全高的1/50,且不应小于0.2m,浮式沉井另加0.2m。沉井顶部需设置围堰时,其襟边宽度应满足安装墩台身模板的需要。如图4-3所示。

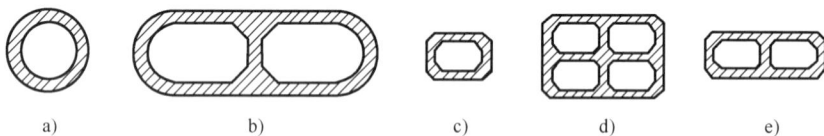

图4-3　沉井平面图

a)圆形;b)圆端形;c)正方形;d)多孔矩形;e)双孔矩形

(1)圆形沉井。当墩身是圆形或河流流向不定以及桥位与河流主流方向斜交比较大时,采用圆形沉井可减小阻水、冲刷现象。圆形沉井中挖土较容易,没有影响机械抓土的死角部位,易使沉井较均匀地下沉;此外,在侧压力作用下,圆形沉井井壁受力情况好,主要是受压;在截面面积和入土深度相同的条件下,与其他形状沉井比较,其周长最小,故下沉摩阻力较小。但墩台底面形状多为圆端形或矩形,故圆形沉井的适应性较差。

(2)矩形沉井。矩形沉井对墩台底面形状的适应性较好,模板制作、安装都较简单。但采用不排水下沉时,边角部位的土不易挖除,容易使沉井因挖土不均匀而造成下沉倾斜的现象。与圆形沉井比较,井壁受力条件较差,存在较大的剪力与弯矩,故井壁跨度受到限制;矩形沉井有较大的阻水特性,故在下沉过程中易使河床受到较大的局部冲刷;此外,在下沉中侧壁摩阻力也较大。

（3）圆端形沉井。这种沉井能更好地与桥墩平面形状相适应，故用得较多。除模板制作较复杂一些外，其优缺点介于前两种沉井之间。

3. 按沉井的立面形状分类

按沉井的立面形状可分为竖直式、倾斜式及台阶式等（图 4-4）。采用形式应视沉井通过土层性质和下沉深度而定。外壁竖直形式的沉井，它在下沉过程中对沉井周围的土体的扰动较小，可以减少沉井周围的土方坍塌，当沉井周围有构造物时，这一点就很重要。另外，这种沉井不易倾斜，井壁接长较简单，模板可重复使用。故当土质较松软且沉井下沉深度不大时，可以采用这种形式。倾斜式及台阶式井壁可以减小土与井壁的摩阻力，其缺点是施工较复杂，消耗模板多，同时沉井下沉过程中容易发生倾斜。故在土质较密实，沉井下沉深度大，要求在不增加沉井本身重量的情况下沉至设计高程，可采用这类沉井。倾斜式的沉井井壁斜面坡度一般为 20/1 ~ 50/1（竖/横），台阶式井壁的台阶宽度为 100 ~ 200mm，其坡度与倾斜式坡度相当。

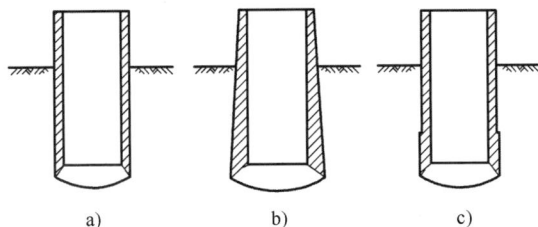

图 4-4　沉井剖面形式
a)外壁垂直无台阶式 b)外壁倾斜式;c)台阶式

二、沉井基础的构造

一般沉井构造上主要由井壁、刃脚、隔墙、井孔、凹槽、射水管、封底和盖板等组成（图4-5）。

1. 井壁

井壁是沉井的主体部分，其作用是：①作为施工时的围堰，用以挡土、隔水；②提供足够的重量，使沉井能克服阻力顺利下沉；③沉至设计高程并经填芯后，作为墩台基础。因此井壁须有足够的结构强度，一般要根据施工时的受力条件，在井壁内配以竖向和水平向的受力筋；水平钢筋不宜在井壁转角处有接头。浇筑沉井的混凝土强度等级不应低于 C20。沉井井壁的厚度应根据结构强度、施工下沉需要的重力、便于取土和清基等因素而定，可采用 0.8 ~ 1.5m；但钢筋混凝土薄壁浮运沉井及钢模薄壁浮运沉井的壁厚不受此

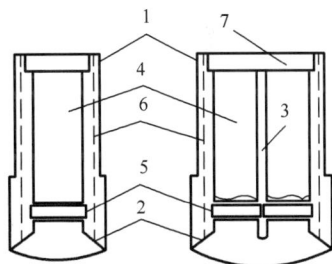

图 4-5　沉井结构示意图
1-井壁;2-刃脚;3-隔墙;4-井孔;5-凹槽;
6-射水管;7-盖板

限。沉井高度如果很高，为便于施工，沉井每节高度可视沉井的平面尺寸、总高度、地基土情况和施工条件而定，不宜高于 5m。

2. 刃脚

沉井井壁下端形如刀刃状，故称为刃脚。其作用是在沉井自重作用下易于切土下沉，同时有支承沉井的作用。它是应力最集中的地方，必须有足够的强度。沉井刃脚根据地质情况，可采用尖刃脚或带踏面刃脚。如土质坚硬，刃脚面应以型钢加强或底节外壳采用钢结构。刃脚

底面宽度可为 0.1~0.2m,如为软土地基可适当放宽。刃脚斜面与水平面交角不宜小于45°。下沉深度大,且土质较硬时,刃脚底面应以型钢(角钢或槽钢)加强(图4-6),以防刃脚损坏。

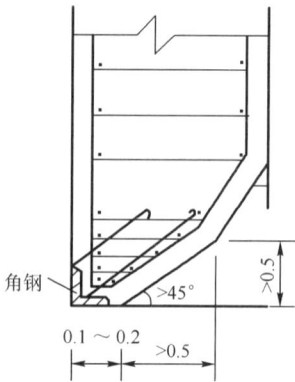

图4-6 刃脚构造(尺寸单位:m)

刃脚高度视井壁厚度、便于抽除垫木而定,一般在 1.0m 以上。由于刃脚在沉井下沉过程中受力较集中,宜采用强度等级 C25 以上的混凝土制成。当沉井需要下沉至稍有倾斜的岩面上时,在掌握岩层高低差变化的情况下,可将刃脚做成与岩面倾斜度相适应的高低刃脚。

3. 隔墙

当沉井的长宽尺寸较大时,应在沉井内设置隔墙,以加强沉井的刚度,使井壁的挠曲应力减小。因其不承受土压力,厚度一般小于井壁。在软土或淤泥质土中下沉时,隔墙底面应高出刃脚底面 0.5m 以上,避免沉井突然下沉或下沉速度过快。但在硬土或砂土层中下沉时,为防止隔墙底面受土的阻碍,隔墙底面应高出刃脚踏面 1.0~1.5m,也可在刃脚与隔墙连接处设置梗肋加强刃脚与隔墙的连接。如为人工挖土,在隔墙下端应设置过人孔,便于工作人员在井间往来。

4. 井孔

井孔是挖土排土的工作场所和通道。井孔尺寸应满足施工要求,宽度(直径)不宜小于 2.5m。井孔布置应对称于沉井中心轴,便于对称挖土使沉井均匀下沉。对顶部设置围堰的沉井,宜结合井顶围堰统一考虑。

5. 凹槽

凹槽设在井孔下端近刃脚处,其作用是使封底混凝土与井壁有较好的结合,封底混凝土底面的反力能更好地传给井壁(如井孔全部填实的实心沉井也可不设凹槽)。凹槽深度一般为 0.15~0.25m,高度约为 1.0m。

6. 射水管

当沉井下沉深度大,穿过的土质又较好,估计下沉会产生困难时,可在井壁中预埋射水管组。射水管应均匀布置,以利于控制水压和水量来调整下沉方向。一般水压不小于 600kPa。

7. 封底和盖板

沉井沉至设计高程进行清基后,便浇筑封底混凝土。混凝土达到设计强度后,可从井孔中抽干水并填满混凝土或其他圬工材料。如井孔中不填料或仅填以砂砾则须在沉井顶面筑钢筋混凝土盖板。封底混凝土底面承受地基土和水的反力,这就要求封底混凝土有一定的厚度(可由应力验算决定)。沉井封底混凝土厚度由计算确定,根据经验取不小于井孔最小边长的 1.5 倍,但其顶面应高出刃脚根部(即刃脚斜面的顶点处)不小于0.5m。封底混凝土强度等级为非岩石地基不应低于 C25,岩石地基不应低于 C20。盖板厚度一般为 1.5~2.0m。井孔中充填的混凝土,其强度等级不应低于 C15。

第三节 沉井的施工

沉井的施工方法与墩台基础所在地点的地质和水文情况有关。在水中修筑沉井时,应对河流汛期、通航、河床冲刷进行调查研究,并制订施工计划。尽量利用枯水季节进行施工,如施工须经过汛期时,应采取相应的措施,以确保安全。

一、旱地上沉井的施工(图4-7)

1.定位放样,整平场地

旱地沉井施工时,应首先根据设计图纸进行定位放样,即在地面上定出沉井的纵横两方向的中心轴线,基坑的轮廓线,以及水准点等作为施工的依据。如天然地面土质较好,只需将地面杂物清掉并整平地面,就可在其上制造沉井。如为了减小沉井的下沉深度也可在基础位置处挖基坑,在坑底制造沉井下沉,基坑的平面尺寸比沉井平面尺寸大一些,即在沉井四周各加宽一根垫木长度以上,以确保垫木在必要时能向外抽出,同时还应考虑支模、搭设脚手架和排水等项工作的需要。基坑底应高出地下水面0.5~1.0m。如土质松软,应整平夯实或换土夯实。一般情况下,应在整平场地上铺设不小于0.5m厚的砂或砂砾层,目的是为了便于整平、支模及抽出垫木,同时,可使沉井的荷载通过砂垫层向下扩散。

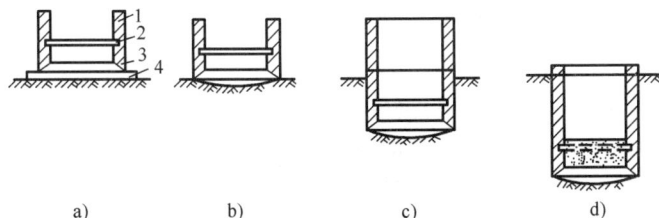

图4-7 沉井施工顺序图
a)制作第一节沉井;b)抽垫木,挖土下沉;c)沉井接高下沉;d)封底
1-井壁;2-凹槽;3-刃脚;4-承垫木

2.制造第一节沉井

由于沉井自重力较大,刃脚踏面尺寸小,应力集中,场地土往往承受不了这样大的压力。所以在整平的场地上应在刃脚踏面位置处对称铺满一层垫木以加大支承面积。垫木一般为方木。其数量应使沉井重力在垫木下产生的压应力不大于100kPa。垫木在平面布置上应均匀对称,每根垫木长度中心应与刃脚踏面中线相重合,以便把沉井重量较均匀地传到砂垫层上。垫木可单根或几根编组铺设,但组与组之间最少应留出20~30cm的间隙,以便工具能伸入间隙把垫木抽出。为了便于抽出垫木,还需设置一定数量的定位垫木,确定定位垫木位置时,以沉井井壁在抽出垫木时产生的正、负弯矩的大小接近相等为原则。然后在刃脚位置处放上刃脚角钢,竖立内模,绑扎钢筋,立外模,最后灌注第一节沉井混凝土(图4-8)。模板应有较大的刚度,以免发生挠曲变形。外模板应平滑以利下沉。钢模较木模刚度大,周转次数多,也易于安装。在场地土质较好处,也可采用土模。

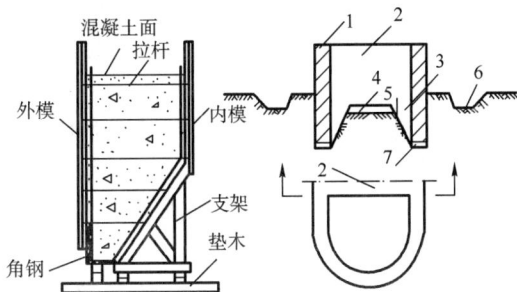

图4-8 沉井刃脚立模
1-井壁;2-隔墙;3-隔墙梗肋;4-木板;5-黏土土模;
6-排水坑;7-水泥砂浆

3. 拆模及抽垫

混凝土达到设计强度的75%时可拆除模板。强度达到设计强度后才能抽撤垫木。抽撤垫木应按一定的顺序进行，以免引起沉井开裂、移动或倾斜。其顺序是：①撤除内隔墙下的垫木；②撤沉井短边下的垫木；③撤长边下的垫木。拆长边下的垫木时，以定位垫木（最后抽撤的垫木）为中心，对称地由远到近拆除，最后拆除定位垫木。注意在抽垫木过程中，每抽除一根垫木应立即用砂回填进去并捣实，以使沉井的重力转移到砂垫层上。

4. 挖土下沉

沉井下沉施工可分为排水下沉和不排水下沉。当沉井穿过的土层较稳定，不会因排水而产生大量流沙时，可采用排水下沉。土的挖除可采用人工挖土或机械除土，排水下沉常用人工挖土，它适用于土层渗水量不大且排水时不会产生涌土或流沙的情况，人工挖土可使沉井均匀下沉和清除井下障碍物，但应采取措施，确实保证施工安全。排水下沉时，有时也用机械除土。对开挖总的要求是：必须有规律，分层、对称地开挖，使沉井均匀下沉，开挖程序是先将拆垫木时回填的护土分层挖去，每层挖土的顺序原则上是与拆除垫木的顺序相同，定位垫木处的土最后挖除，挖完一层后再挖第二层，切不可盲目乱挖而造成沉井严重倾斜，发生事故。在井底挖土的办法依土层情况而异：①遇松软土层时，应由中间向四周分层开挖，均匀扩大。每层厚度不宜超过50cm，一般挖到距离刃脚1m左右，沉井开始下沉，随即再挖中央部分；如沉井不下沉，可由中央向四周再挖一层，必要时可继续向刃脚挖进，但以距离刃脚0.5m为限，不可掏挖刃脚。②遇到砂夹卵石时，与松软土层相似，仍从中央向四周分层均匀开挖，但要挖得深一些，并可向刃脚多挖一些，沉井才能下沉，一般情况下，也不可掏挖刃脚。③遇坚硬黏土和固结卵石层时，刃脚下的土不会在沉井的自重下自行坍落，在这种情况下，可以掏挖刃脚，掏挖时应参照拆除垫木的顺序分段开挖，切不可乱挖，每段挖完后应立即用砂砾回填。一般地，最后几段掏挖之后，沉井即可下沉，如不下沉或下沉很少时，可由内向外，分层均匀地开挖回填的砂粒，使沉井下沉。④遇到岩石时，沉井下沉至最后阶段到达岩层，对风化或软质岩层，可用风镐或风铲开挖，对较硬岩石层应打眼爆破。

不排水下沉一般都采用机械除土，挖土工具可以是抓土斗或水力吸泥机。抓土斗适用于砂卵石等松散地层，如土质较硬，水力吸泥机需配以水枪射水将土冲松。抓土斗起吊出土，可利用吊车或吊船，既方便灵活，功效也高。采用挖土斗挖土时，应注意以下事项：

(1) 为防止沉井突然下沉，造成偏斜，锅底不宜挖得过深，从刃脚底面算起，不得大于1.5～2.0m。因此，抓土时应经常以测绳沿井壁探测挖掘深度，一般情况下，沉井应均匀地随挖随沉，如果发现锅底的深度超过刃脚过多，沉井仍不下沉时，应查明原因进行处理，不得盲目下挖，防止产生过大倾斜。

(2) 沉井如有两个以上的取土井时，应注意均匀挖土，各个井孔内的高差不得超过0.5m。

(3) 井孔抓土时，要经常转动抓土斗的开口方向，使挖土均匀。

(4) 在砂夹卵石较多时，为避免斗口夹石露土，应适当降低起斗速度。

(5) 挖出的土石应及时运走，不可在沉井外侧堆积，增加土压力，引起坍塌，应经常检查。如发现土层开裂后吊车台发生变形，应及时处理。

吸泥机适用砂、砂夹卵石及黏砂土等。在黏土层、胶结层或岩石层中，可用高压射水，冲碎土层后用吸泥机吸出碎块。吸泥机有空气吸泥机、水利吸泥机和水利吸石筒等，其中空气吸泥机的适应性最强，能吸砂、黏砂土和砂夹卵石。管径250mm的吸泥机可吸出20kg的大卵石。

吸泥机吸泥时沉井内大量的水被吸走,使井内水位下降,为避免发生涌土或流沙现象,故需经常向井内加水维持井内水位高出井外水位 1～2m。

5. 接高沉井

当沉井顶面下沉至距地面还剩 1～2m 时,应停止挖土,接筑第二节沉井。接筑前应使第一节沉井位置正直,为防止沉井在接高时突然下沉或倾斜,必要时应回填刃脚下的土。接高过程中应尽量均匀加重,接缝处凿毛顶面,然后立模浇筑混凝土,待强度达到设计要求后再拆模继续挖土下沉。

6. 筑井顶围堰

如沉井顶面低于地面或水面,应在沉井上接筑围堰,围堰的平面尺寸略小于沉井,其下端与井顶上预埋锚杆相连。围堰是临时性的,待墩台身出水后可拆除。

7. 地基检验与处理

沉井下沉至设计高程后,应检查地基土质是否与设计相符,地基是否平整,同时对地基进行必要的处理,验校承载力。如果是排水下沉的沉井,应由潜水工进行检查或钻取土样鉴定地基为砂土还是黏土,可以在其上铺一层砾石或碎石至刃脚底面以上200mm。地基是风化岩石时,应将风化岩层凿掉,岩层倾斜时,应凿成阶梯形。若岩层与刃脚间局部有不大的孔洞,由潜水工清除软层并用水泥砂浆封住,待砂浆有一定强度后再抽水清基。不排水的情况下,可以由潜水工或用水枪或吸泥机清基。总之,要保证井底地基平整,浮土及软土清除干净,并保证封底混凝土、沉井和地基紧密相连。

8. 封底、填充井孔及浇筑顶盖

地基经检验、处理合格以后,应立即进行封底。如果封底在不排水的情况下进行,可以用导管法灌注水下混凝土,待混凝土达到设计要求后,抽干井孔中的水,填筑井内坞工。如果不填料或仅填砾石,井顶面应浇筑钢筋混凝土顶盖,然后砌筑墩身,墩身出土(或水面)后可以拆除临时性的井顶围堰。

二、水中沉井的施工

当基础处于水下时,沉井施工可以采用筑岛法或浮运法,一般根据水深、流速、施工设备及施工技术等条件确定。

1. 筑岛法(图4-9)

水流流速不大,水深在 3m 或 4m 以内,可以用水中筑岛的方法,即先修筑人工砂岛,再在岛上进行沉井的制作和挖土下沉。筑岛法与围堰法相比,不需要抽水,对岛体无防渗要求,构造简单,同时还可以就地取材,降低工程造价,施工方便。

筑岛前应清理河床上的淤泥和软土,筑岛的材料是砾石、中砂或粗砂,不可使用粉砂、黏土、淤泥、黄土等,除用作护面材料,筑岛材料也不宜用大块筑岛材料。筑岛的施工期,应尽可

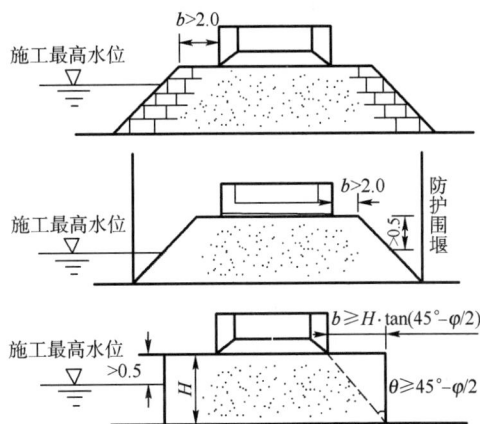

图 4-9　水上筑岛下沉沉井(尺寸单位:m)

能选择在河流的枯水季节,这样不仅可以减少筑岛的填方量,降低工程造价,而且施工较为安全。如果筑岛的施工期限必须经过汛期时,可采取分期建造,容许岛面汛期暂时过水等措施,以降低岛面高程,节约人力和物力,但应确保在汛期后岛体不能被洪水冲塌造成事故。

常用的筑岛法有土岛、草袋围堰筑岛、板桩围堰筑岛、石笼围堰筑岛等。

不用围堰填筑的土岛,一般易在水深较浅且流速不大时采用。由于流速、水深及筑岛土质的不同,筑岛材料与允许流速可参考表4-1。如边坡用其他方法加固时,容许流速可不受表值的限制。

筑岛材料与容许流速 表4-1

筑 岛 材 料	容许流速（m/s）		筑 岛 材 料	容许流速（m/s）	
	土表面处	平均流速		土表面处	平均流速
细砂	0.25	0.3	中等砾石	1.0	1.2
粗砂	0.65	0.8	粗砾石	1.2	1.5

土岛施工时,水中土岛应由中央向四周均匀扩大,靠近河边的半岛可从岸边平行向前填筑。土岛投土料前,可在其上游修筑小型丁坝,或先抛块石做成护脚菱体,以形成静水区。当岛体露出水面时,因未压实尚在继续下沉,故应继续加高。但水面以上部分应分层捣实,直至岛体沉降稳定,并达设计高程为止。岛面宽度应比沉井周围宽出2m以上,岛面高度应高出施工最高水面0.5m以上。

草袋围堰筑岛是先用草袋填装砂或土筑围堰,然后再在围堰内填砂筑岛。这种岛比土岛减少了阻水面积和填方数量。一般水深在3.5m以下,流速在1~2m/s时采用。但河床应为砂、砂夹卵石或硬黏土等不易沉陷的基底。对于淤泥或沉陷性的基底,应采用其他加固措施,或加大围堰边坡。用草袋填装松散的黏土,有芯墙时也可装砂土,但不宜装得太满,可装草袋容量的1/2或1/3即可,袋口用麻线或细铁丝封口。施工时,要求草袋上下左右相错开,草袋分层之间,应用土填实,并堆放整齐。当流速较大时,外圈草袋宜改装小卵石或粗砂,以免流失。必要时还可以抛块石防护。

在水深流急的河道中,当直接填筑土岛或草袋围堰有困难或因修建断面较大的土岛使河道阻水面积过大时,可采用板桩围堰筑岛,但河床土质应满足能打入板桩的条件。板桩有木板桩、混凝土板桩、钢板桩等。由于沉井围堰主要采用钢板桩,对沉井制作需人工筑岛,围堰与砂岛同时使用,防水要求不高,故也可用槽钢代替钢板桩。钢板桩的构造:当水深较浅,桩所受外力较小,或围堰为圆形,并采用拉条加固时,可采用单排板桩加固;当围堰为矩形,因设置支撑和拉杆影响沉井下沉时,应采用双排板桩围堰。两排板桩之间可以填砂或填土,并且由于围堰与筑岛是同时使用,内板桩不起挡土作用,而只起锚固作用,为了节约材料,内板桩还可间隔施打。沉井筑岛时的钢板桩围堰计算内容包括钢板桩或槽钢的断面、最小入土深度、拉杆的间距和截面面积,以及整体的稳定性核算等。板桩一般都在水上用打桩船施打,也可以将陆上打桩机置于平底的铁方驳上,或采用其他悬吊式导向架的起重船进行施打。当沉井施工完后,在拆除板桩围堰之前,一般应先拆除一部分支撑和拉杆,拆除时应采取适当措施,特别是要确保人身安全。有时因桩尖打卷、锁口变形、水下板桩锈蚀和摩阻力恢复等原因,使拔桩工作极为困难,因此,可采用拔前略为锤击,或用振动拔桩机拔出,必要时还应配合水下切割等措施。

如筑岛压缩水面较大,可以用钢板桩围堰筑岛,但要考虑沉井重力对其产生的侧向压力。围堰距离井壁外缘:$b \geqslant H \cdot \tan\left(45° - \dfrac{\varphi}{2}\right)$,$H$ 为筑岛高度,φ 为砂在水中的内摩擦角。

其他施工方法与旱地施工相同。

2. 浮运沉井施工

在深水河道中,水深如超过 10m 时,筑岛法很不经济,施工也困难,这时可采用浮运法施工。

采用浮运法时,沉井在岸边做成,利用在岸边铺成的滑道滑入水中,然后用绳索引到设计墩位。沉井井壁可做成空体形式或采用其他措施(如带木底或装上钢气筒)使沉井浮于水上,也可以在船坞内制成用浮船定位和吊放下沉,或利用潮汐水位上涨浮起,再浮运至设计位置。沉井就位后,用水或混凝土灌入空腔、徐徐下沉直至河底,或依靠在悬浮状态下接长沉井及填充混凝土使它逐步下沉。这时每个步骤均需保证沉井本身足够的稳定性。沉井切入河床深度后,可按前述下沉方法施工。

三、沉井下沉过程中遇到的问题及处理

1. 沉井发生倾斜和偏移

下沉中的沉井常常由于以下原因造成倾斜偏转:

(1)人工筑岛被水流冲坏,或沉井一侧的土被水流冲走。

(2)沉井刃脚下土层软硬不均。

(3)没有对称地抽出垫木,或没有及时地回填夯实。

(4)没有均匀地除土下沉,使井孔内土面高度相差很多。

(5)刃脚下掏空过多,沉井突然下沉,易于产生倾斜,没有及时发现和处理。

(6)刃脚一角或一侧被障碍物搁住,没有及时发现和处理。

(7)由于井外弃土或其他原因造成对沉井井壁的偏压。

(8)排水下沉时,井内产生大量流沙等。

沉井开始下沉阶段,井体入土不深,下沉阻力较小,且由于沉井大部分还在地面以上,侧向土体的约束作用很小,所以沉井最容易产生偏移和倾斜。这一阶段应严格控制挖土的程序和深度,注意要均匀挖土。实际上,沉井不可能始终是理想地竖直均匀下沉的,每沉一次,难免有些倾斜,继续挖土时,可在沉得少的一边多挖一些。所以在开始阶段,要经常检查沉井的平面位置,随时注意防止较大的倾斜。

在下沉过程中应随时观测沉井的位置和方向,发现与设计位置有过大的偏差应及时纠正。有时也可能因沉井底部的一部分遇到了障碍物,致使沉井倾斜,这时应立即停止挖土,查清情况,在不排水挖土的情况下,甚至派潜水员下去观察,然后根据具体情况,采取不同的措施排除障碍。遇到较小孤石时,可将障碍四周的土挖掉取出;如为较大的孤石或旧建筑物的残破圬工体,则可用小量爆破方法,使其变为碎块取出,但不能把炸药放在孤石表面临空爆破。对刃脚

下的孤石应不使炮眼的最小抵抗线朝向刃脚，装药量应控制在 0.2kg 以内，并在其上压放土袋，以防炸损刃脚和井壁。遇到成层的大块卵石，可先清除覆盖的泥沙，然后找寻松动或薄弱处，用挖、铲、撬的办法挖掉。对较大的卵石，在不排水的情况下，也可用直径大于卵石的吸泥机吸出。遇到钢件时，可切割排除。

当沉井的入土深度逐渐增大，沉井四周的土层对井壁的约束也相应增大，给沉井的纠偏工作带来很大困难，因此，当沉井的下沉深度较大时，纠正沉井的偏斜，关键在于破坏土层的被动土压力。高压射水管沿沉井高的一侧井壁外面插入土中，破坏土层结构，使土层的被动土压力大为降低，这时再采用上述方法，可使沉井的倾斜逐步得到纠正。

按照公路桥涵施工技术规范要求，沉井沉至设计高程时，其位置误差应不超过下述规定：

（1）底面中心和顶面中心在纵横向的偏差不大于沉井高度的 1/50，对于浮式沉井，允许偏差值还可增加 25cm。

（2）沉井最大倾斜度不大于 1/50。

（3）矩形沉井的平面扭角偏差（就地制作的沉井）不大于 1°。

2. 克服沉井下沉困难的措施

在沉井下沉的中间阶段，可能会开始出现下沉困难的现象，但接高沉井后，下沉又会变得顺利。当下沉到后阶段，主要问题将是下沉困难，偏斜可能性就很小了。沉井下沉发生困难的主要原因是井壁摩阻力太大，超过了沉井的重力。通常可用以下几种助沉措施：

（1）加重法

在沉井顶面铺设平台，然后在平台上放置重物，如钢轨、铁块或砂袋等，但应防止重物倒坍，故垒置高度不宜太高。此法多在平面面积不大的沉井中使用。

（2）抽水法

对不排水下沉的沉井，可从井孔中抽出一部分水，从而减小浮力，增加向下压力使沉井下沉。此法对渗水性大的砂、卵石层效果不大，对易发生流沙现象的土也不宜采用。

（3）射水法

在井壁腔内的不同高度处对称地预埋几组高压射水管，在井壁外侧留有喇叭口朝上方的射水嘴。高压水把井壁附近的土冲松，水沿井壁上升，还起润滑作用，从而减小井壁摩阻力，帮助沉井下沉。此法对砂性土较有效。采用射水法，应加强下沉观测，掌握各孔的出水量，防止因射水不均匀而使沉井偏斜。

（4）炮震法

沉井下沉至一定深度后，如下沉有困难，可采用炮震法强迫沉井下沉。此法是在井孔的底部埋置适量的炸药，引爆后所产生的振动力，一方面减小了刃脚下土的反力和井壁上土的摩阻力，另一方面增加了沉井向下的冲击力，迫使沉井下沉。要注意炸药量过大，有可能炸坏沉井；药量太少，则振动效果不显著。一般每个爆炸点用药量以 0.2kg 左右为宜，大而深的沉井可增至 0.3kg。不排水下沉时，炸药应放至水底，水较浅或无水时，应将炸药埋入井底数十厘米处，这样既不易炸坏沉井，效果也较好。如沉井有几个井孔，应在几个井孔内同时起爆。否则有可能使隔墙震裂，甚至会使沉井产生偏斜。有可能采用炮震法的沉井，结构上应适当加强，以免沉井被炸坏。对下沉深度不大的沉井最好不采用此法。

（5）采用泥浆润滑套

用触变性较大的泥浆在沉井外侧形成一个具有润滑作用的泥浆套,可以大大减少沉井在下沉时作用于井壁上的摩阻力。这种泥浆在静止时处于凝胶状态,具有一定强度,当沉井下沉时,泥浆受机械扰动变为流动的溶胶,从而减小井壁摩阻力,使沉井顺利下沉。这种泥浆的主要成分为黏土、水及适量的化学处理剂。一般的重量配合比为黏土 35% ~ 45%、水 55% ~ 65%、碳酸钠(Na_2CO_3)化学处理剂 0.4% ~ 0.6%(按泥浆总重计)。黏土要选择颗粒细、分散性高,并具有一定触变性的微晶高岭土,塑性指数不小于 15,含砂率小于 6%。下沉时用的泥浆有三个特点:①泥浆本身是稳定的,在长时间静置下没有水分的离析,保持泥浆适量的稠度,不发生土颗粒的沉淀;②泥浆和土壁接触不会大量失去水分,也不为地下水稀释,泥浆和土壁接触,失去少量的水分后,能形成一层不透水的固体颗粒胶结物即泥皮,维持内部泥浆的稳定;③泥浆具有触变性,静止时流动性很小,在泥沟槽中能防止土体坍塌,在搅动时具有足够的流动性,便于工程使用。

泥浆润滑套的构成主要包括:射口挡板、地表围圈、压浆管。

射口挡板可用角钢或钢板弯制,置于每个泥浆射出口处,固定在井壁台阶上,它的作用是防止泥浆管射出的泥浆直冲土壁而起缓冲作用,防止土壁局部坍落堵塞射浆口。

地表围圈是埋设在沉井周围保护泥浆的围壁(图 4-10)。它的作用是沉井下沉时防止土壁坍落;保持一定数量的泥浆储存量,以保证在沉井下沉过程中泥浆补充到新造成的空隙内;通过泥浆在围圈内的流动,调整各压浆管出浆的不均衡。地表围圈

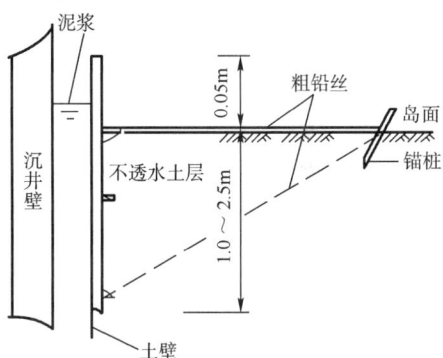
图 4-10 泥浆润滑套地表围圈

的宽度即沉井台阶的宽度,其高度一般在 1.5 ~ 2.0m,顶面高出地面或岛面约 0.5m,圈顶面宜加盖,可用木板或钢板制作。

压浆管根据井壁的厚度有内管法和外管法,薄壁沉井宜采用外管法(图 4-11)。

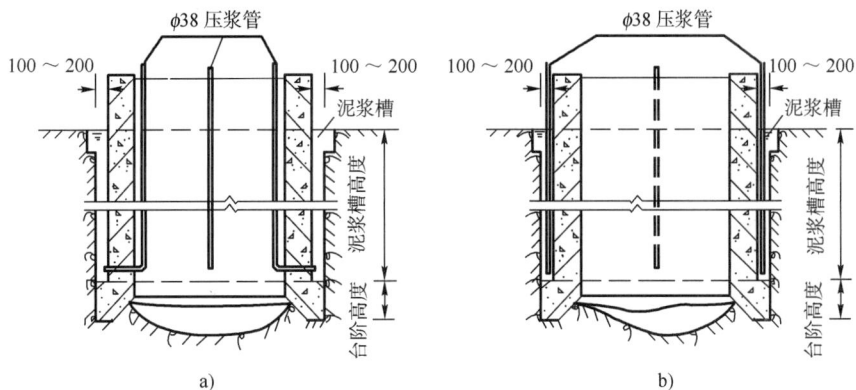
图 4-11 井内外压浆管布置图(尺寸单位:mm)
a)井内布置图;b)井外布置图

沉井下沉过程中要勤补浆,勤观测,发现倾斜、漏浆等问题要及时纠正。当沉井沉到设计

高程时，若基底为一般土质，因井壁摩阻力较小，会形成边清基边下沉的现象，为此，应压入砂浆换置泥浆，以增大井壁的摩阻力。另外，在卵石、砾石层中采用泥浆润滑套效果一般较差。

（6）气幕法

气幕法也是减少沉井下沉时井壁摩阻力的有效方法。它是通过对沉井壁内周围预埋的气管中喷射高压气流，气流沿喷气孔射出再沿沉井外壁上升，形成一圈压气层使沉井顺利下沉。

施工时压气管分层分布设置，竖管可用塑料管或钢管，水平环管则采用直径 25mm 的硬质聚氯乙烯管，沿井壁外缘埋设。每层水平环管可按四角分为四个区，以便分别压气调整沉井倾斜。压气沉井所需的气压可取静水压力的 2.5 倍。

与泥浆润滑套相比，壁后压气沉井法在停气后即可恢复土对井壁的摩阻力，下沉量易于控制，且所需施工设备简单，可以水下施工，经济效果好。现认为在一般条件下该法较泥浆润滑套更为方便，它适用于细、粉砂类土和黏性土中，但设计方法和施工措施尚待积累更多的资料。

第四节　沉井基础工程质量控制及检验方法

沉井基础工程质量控制及检验方法，着重从以下几个方面的内容进行。

（1）沉井工程中的模板、钢筋、混凝土、砌砖、砌石、钢壳制作等均应符合公路桥梁基础施工规范的规定。

（2）混凝土抗压强度和抗渗等级及下沉前混凝土的强度等级必须符合设计要求和施工规范的规定。

（3）沉井下沉至设计高程时，应检查基底，确认符合设计要求后方可封底。

（4）沉井下沉中出现开裂，必须查明原因，进行处理后，方可继续下沉。

（5）沉井外壁应平滑，砖石砌筑的沉井，外表应抹一层水泥砂浆。

（6）沉井封底必须符合设计要求和施工规范的规定。基底检验合格后，宜及时封底。对于排水下沉的沉井，在清基时，如渗水量上升速度小于或等于 6mm/min，可按普通混凝土浇筑方法进行封底；如渗水量大于上述规定时，宜采用水下混凝土进行封底。

（7）基底平面位置和高程允许偏差规定如下：

①平面周线位置：不小于设计要求。

②基底高程：土质 ±50mm；石质 +50mm，−200mm。

③沉井下沉至设计高程时，应进行沉降观测，满足设计要求后方可封底。

（8）井孔填充及顶板浇筑。

①井孔填充应按设计规定处理。

②不排水封底的沉井，应在封底混凝土强度满足设计要求时方可抽水。

③当沉井顶部需要浇筑钢筋混凝土顶板时，应保持无水施工。

（9）沉井制作和下沉后的允许偏差及检验方法应符合表 4-2 的规定。

（10）沉井的最大倾斜度为 1/50。

（11）矩形、圆端形沉井的平面扭矩转角偏差，就地制作的沉井不得大于 1°，浮式沉井不得大于 2°。

沉井制作和下沉后的允许偏差和检验方法 　　　　　　　　　表 4-2

序号	项　目			允 许 偏 差	检 验 方 法
1	制作质量	沉井平面尺寸	长度、宽度	±0.5%，当长、宽大于 24m 时，±120mm	尺量检查
			曲线部分的半径	±0.5%，当半径大于 12m 时，±60mm	拉线和尺量检查
			两对角线的差异	对角线长度的 ±1%，最大 ±180mm	尺量检查
		沉井井壁厚度	混凝土	+40mm，−30mm	尺量检查
			钢壳和钢筋混凝土	±15mm	尺量检查
2	下沉后质量	刃脚平均高程		±100mm	用水准仪检查
		底面中心位置偏移	$H>10m$	$\leqslant H/100mm$	吊线、尺量或用经纬仪检查
			$H\leqslant 10m$	100mm	
		刃脚底面高差	$L>10m$	小于 $L/100$ 且大于 300mm	用水准仪检查
			$L\leqslant 10m$	100mm	

思考与练习

4-1　沉井基础与扩大基础、桩基础相比，简述其在工程中的应用范围和优缺点。

4-2　沉井是由哪几部分组成？各部分有何作用？

4-3　沉井基础在施工中产生偏斜的原因有哪些？常用的纠偏措施有哪些？

第五章 软弱地基处理

第一节 概　　述

土木工程建设中,浅基础软土或软弱地基承载力不足或沉降量大于容许沉降量时,应采取人工加固处理,这种处理后的地基也称为人工地基。

地基处理的目的是针对软土地基上建造建筑物可能产生的问题,采取人工的方法改善地基土的工程性质,达到满足上部结构对地基稳定和变形的要求。这些方法主要包括提高地基土的抗剪强度,增大地基承载力,防止剪切破坏或减轻土压力;改善地基土压缩特性,减少沉降和不均匀沉降;改善其渗透性,加速固结沉降过程;改善土的动力特性,防止液化,减轻振动;消除或减少特殊土的不良工程特性。

近几十年来,大量的土木工程实践推动了软弱土地基处理技术的迅速发展,地基处理的方法多样化,地基处理的新技术、新理论不断涌现并日趋完善,地基处理已成为基础工程领域中一个较有生命力的分支。根据地基处理方法的基本原理,基本上可以分为如表5-1所示的几类。

地基处理方法的分类　　　　　　　　　　　　　　　表5-1

物 理 处 理				化 学 处 理		热 学 处 理	
置换	排水	挤密	加筋	搅拌	灌浆	热加固	冻结

但必须指出,很多地基处理方法具有多重加固处理的功能,例如碎石桩具有置换、挤密、排水和加筋的多重功能;而石灰桩则具有挤密、吸水和置换等功能。地基处理的主要方法、适用范围及加固原理,参见表5-2。

地基处理的主要方法、适用范围和加固原理　　　　　　　　表5-2

分类	方　法	加 固 原 理	适 用 范 围
置换	换土垫层法	采用开挖后换好土回填的方法;对于厚度较小的淤泥质土层,亦可采用抛石挤淤法。地基浅层性能良好的垫层,与下卧层形成双层地基。垫层可有效地扩散基底压力,提高地基承载力和减小沉降量	各种浅层的软弱土地基
	振冲置换法	利用振冲器在高压水的作用下边振、边冲,在地基中成孔,在孔内回填碎石料且振密成碎石桩。碎石桩柱体与桩间土形成复合地基,提高承载力,减小沉降量	$C_u < 20kPa$ 的黏性土、松散粉土和人工填土、湿陷性黄土地基等
	强夯置换法	采用强夯时,夯坑内回填块石、碎石挤淤置换的方法,形成碎石墩柱体,以提高地基承载力和减小沉降量	浅层软弱土层较薄的地基
	碎石桩法	采用沉管法或其他技术,在软土中设置砂或碎石桩柱体,置换后形成复合地基,可提高地基承载力,降低地基沉降。同时,砂、石柱体在软黏土中形成排水通道,加速固结	一般软土地基

续上表

分类	方法	加固原理	适用范围
置换	石灰桩法	在软弱土中成孔后,填入生石灰或其他混合料,形成竖向石灰桩柱体,通过生石灰的吸水膨胀、放热以及离子交换作用改善桩柱体周围土体的性质,形成石灰桩复合地基,以提高地基承载力,减小沉降量	人工填土、软土地基
	EPS轻填法	发泡聚苯乙烯(EPS)重度只有土的1/50～1/100,并具有较高的强度和低压缩性,用于填料,可有效减小作用于地基的荷载,且根据需要用于地基的浅层置换	软弱土地基上的填方工程
排水固结	加载预压法	在预压荷载作用下,通过一定的预压时间,天然地基被压缩、固结,地基土的强度提高,压缩性降低。在达到设计要求后,卸去预压荷载,再建造上部结构,以保证地基稳定和变形满足要求。当天然土层的渗透性较低时,为了缩短渗透固结的时间,加速固结速率,可在地基中设置竖向排水通道,如砂井、排水板等。加载预压的荷载,一般有利用建筑物自身荷载、堆载或真空预压等	软土、粉土、杂填土、冲填土等
	超载预压法	基本原理同加载预压法,但预压荷载超过上部结构的荷载。一般在保证地基稳定的前提下,超载预压方法的效果更好,特别是对降低地基次固结沉降十分有效	淤泥质黏性土和粉土
振密挤密	强夯法	采用重量10～40t的夯锤,从高处自由落下,在强烈的冲击力和振动力作用下,地基土密实,可以提高承载力,减小沉降量	松散碎石土、砂土,低饱和度粉土和黏性土,湿陷性黄土、杂填土和素填土地基
	振冲密实法	振冲器的强力振动,使得饱和砂层发生液化,砂粒重新排列,孔隙率降低;同时,利用振冲器的水平振冲力,回填碎石料使得砂层挤密,达到提高地基承载力,降低沉降的目的	黏粒含量少于10%的疏松散砂土地基
	挤密碎(砂)石桩法	施工方法与排水中的碎(砂)石桩相同,但是,沉管过程中的排土和振动作用,将桩柱体之间土体挤密,并形成碎(砂)石桩柱体复合地基,达到提高地基承载力和减小地基沉降的目的	松散砂土、杂填土、非饱和黏性土地基、黄土地基
	土、灰土桩法	采用沉管等技术,在地基中成孔,回填土或灰土形成竖向加固体,施工过程中排土和振动作用,挤密土体,并形成复合地基,提高地基承载力,减小沉降量	地下水位以上的湿陷性黄土、杂填土、素填土地基
加筋	加筋土法	在土体中加入起抗拉作用的筋材,例如土工合成材料、金属材料等,通过筋土间作用,达到减小或抵抗土压力,调整基底接触应力的目的。可用于支挡结构或浅层地基处理	浅层软弱土地基处理、挡土墙结构
	锚固法	主要有土钉和土锚法,土钉加固作用依赖于土钉与其周围土间的相互作用;土锚则依赖于锚杆另一端的锚固作用,两者主要功能是减小或承受水平向作用力	边坡加固;土锚技术应用中,必须有可以锚固的土层、岩层或构筑物
	竖向加固体复合地基法	在地基中设置小直径刚性桩、低等级混凝土桩等竖向加固体,例如CFG桩、二灰混凝土桩等,形成复合地基,提高地基承载力,减小沉降量	各类软弱土地基,尤其是较深厚的软土地基

续上表

分类	方　法	加 固 原 理	适 用 范 围
化学固化	深层搅拌法	利用深层搅拌机械,将固化剂(一般的无机固化剂为水泥、石灰、粉煤灰等)在原位与软弱土搅拌成桩柱体,可以形成桩柱体复合地基、格栅状或连续墙支挡结构。作为复合地基,可以提高地基承载力和减少变形;作为支挡或防渗结构,可以用作基坑开挖时、重力式支挡结构或深基坑的止水帷幕。水泥系深层搅拌法,一般有两大类方法,即喷浆搅拌法和喷粉搅拌法	饱和软黏土地基,对于有机质较高的泥炭质土或泥炭、含水率很高的淤泥和淤泥质土,适用性宜通过试验确定
	灌浆或注浆法	有渗入灌浆、劈裂灌浆、压密灌浆以及高压注浆等多种工法,浆液的种类较多	类软弱土地基,岩石地基加固,建筑物纠偏等加固处理

表5-2中的各类地基处理方法,均有各自的特点和作用机理,在不同的土类中产生不同的加固效果,并存在局限性。地基的工程地质条件是千变万化的,工程对地基的要求也是不尽相同的,材料、施工机具和施工条件等亦存在显著差别。因此,对于每一工程必须进行综合考虑,通过方案的比选,选择一种技术可靠、经济合理、施工可行的方案,既可以是单一的地基处理方法,也可以是多种方法的综合处理。

第二节　软 土 地 基

软土是指沿海的滨海相、三角洲相、内陆平原或山区的河流相、湖泊相、沼泽相等主要由细粒土组成的土,具有空隙比大(一般大于1)、天然含水率高(接近或大于液限)、压缩性高($a_{1-2} > 0.5MPa^{-1}$)和强度低的特点,多数还具有高灵敏度的结构性。主要包括淤泥、淤泥质土、冲填土、素填土、杂填土、饱和软黏土以及其他高压缩性土层等。各类软土虽然成因有别,但物理力学特征基本相同。

一、软土的成因及划分

软土按沉积环境分类主要有下列几种类型。

(一) 滨海沉积

(1)滨海相:常与海浪岸流及潮汐的水动力作用形成较粗的颗粒(粗、中、细砂)相掺杂,使其不均匀和极松软,增强了淤泥的透水性能,易于压缩固结。

(2)泻湖相:颗粒微细、空隙比大、强度低、分布范围较宽阔,常形成海滨平原。在泻湖边缘,表层常有厚0.3~2.0m的泥炭堆积,底部含有贝壳和生物残骸碎屑。

(3)溺谷相:空隙比大、结构松软、含水率高,有时甚于泻湖相。分布范围略窄,在其边缘表层也常有泥炭沉积。

(4)三角洲相:由于河流及海潮的复杂交替作用,而使淤泥与薄层砂交错沉积,受海流与波浪的破坏,分选程度差,结构不稳定,多交错成不规则的尖灭层或透镜体夹层,结构疏松,颗粒细小。如上海地区深厚的软土层中夹有无数的极薄的粉砂层,为水平渗流提供了良好条件。

(二) 湖泊沉积

湖泊沉积是近代淡水盆地和咸水盆地的沉积。沉积物中夹有粉砂颗粒,呈现明显的层理。

淤泥结构松软,呈暗灰、灰绿或暗黑色,厚度一般为 10m 左右,最厚者可达 25m。

(三) 河滩沉积

河滩沉积主要包括河漫滩相和牛轭湖相。成层情况较为复杂,成分不均一,走向和厚度变化大,平面分布不规则。一般常呈带状或透镜状,间与砂或泥炭互层,其厚度不大,一般小于 10m。

(四) 沼泽沉积

沼泽沉积分布在地下水、地表水排泄不畅的低洼地带,多以泥炭为主,且常出露于地表。其下部分布有淤泥层或底部与泥炭互层。

软土由于沉积年代、环境的差异,成因的不同,它们的成层情况、粒度组成、矿物成分有所差别,工程性质也有所不同。不同沉积类型的软土,有时其物理性质指标虽较相似,但工程性质并不很接近,不应借用。软土的力学性质参数宜尽可能通过现场原位测试取得。

软土的工程特性:含水率较高,空隙比较大,抗剪强度低,压缩性较高,渗透性很小,结构性明显,流变性显著。

二、软土地基基础工程注意事项

软土地基的强度、变形和稳定是工程中必须全面、充分注意的问题。根据目前国内的勘察、设计、施工的现状,从基础工程的角度出发,在软土地基上修筑高速公路应注意下列一些事项。

(一) 要取得具有代表性的地质资料

软土地基上高速公路的设计与施工质量很大程度上取决于地质资料的真实性和代表性,应认真收集沿线的地形、地貌、工程地质、水文地质、气象等资料,合理地利用钻探、触探、十字板剪切等现场综合勘探测试方法,做好软土地基各层土样的物理、力学、水理性质的室内试验,并对上述各项资料进行统计与分析,选择有代表性的技术指标作为设计和施工的依据。

(二) 软土地基路堤处治设计注意事项

(1)软土路堤的稳定性分析。

(2)软土路堤的变形分析。

(3)软土地基处理方案的合理选择。

(4)观测和试验。

(三) 软土地区的桥涵基础设计注意事项

1. 全面掌握相关资料,合理布设桥涵

在软土地区,桥梁位置(尤其是大型桥梁)既要与路线走向协调,又要注意构造物对工程地质的要求,如果地基土层是深、厚软黏土,特别是淤泥、泥炭和高灵敏度的软土,不仅设计技术条件复杂,而且将给施工、养护、运营带来许多困难,工程造价也将增大,应力求避免;另外,选择软土较薄、均匀、灵敏度较小的地段可能更为有利。对于小桥涵,可优先考虑地表"硬壳"层较厚、下卧层为均匀软土处,以争取采用明挖刚性扩大基础,降低造价。

在确定桥梁总长、桥台位置时,除应考虑泄洪、通航要求外,宜进一步结合桥台和引道的结构和稳定考虑。如能利用地形、地质条件,适当地布置或延长引桥,使桥台置于地基土质较好或软土较薄处，以引桥代替高路堤，减小桥台和填土高度，有利于桥台、路堤的结构和稳定。在综合考虑造价、占地、养护费用、运营条件等因素后，在技术上、经济上都是合理的。

软土地基上桥梁宜采用轻型结构，应减轻上部结构及墩台自重。由于地基易产生较大的不均匀沉降，一般以采用静定结构或整体性较好的结构为宜。如桥梁上部可采用钢筋混凝土空心板或箱形梁；桥台采用柱式、支撑梁轻型桥台或框架式等组合式桥台；桥墩宜用桩柱式、排架式、空心墩等。涵洞宜用钢筋混凝土管涵、整体基础钢筋混凝土盖板涵、箱涵，以保证涵身刚度和整体性满足要求。

2. 软土地基桥梁基础设计应注意的事项

我国软土地区的桥梁基础，常用的是刚性扩大基础（天然地基或人工地基）和桩基础，也有用沉井基础的，现结合软土地基的特点，介绍设计时应注意的几个问题。

（1）刚性扩大浅基础

在较稳定、均匀、有一定强度的软土上修筑对沉降要求不高的矮、小桥梁，常优先采用天然地基（或配合砂砾垫层）上的刚性扩大浅基础。如软土表层有较厚的"硬壳"，也可考虑利用。刚性扩大基础常因软土的局部塑性变形而使墩、台发生不均匀沉降，或由于台后填土的影响使桥台前后端沉降不均而发生后仰也是常见的工程事故，有时还同时使桥台向前滑移。因此，在设计时应注意对基础受力不同的边缘（如桥台基础的前趾和后踵）沉降的验算及抗滑动、倾覆的验算。

防治措施：可采用人工地基如有针对性地布设砂砾垫层，对地基进行加载预压以减小地基的沉降量和调整沉降差，或采用深层搅拌法，以水泥土搅拌桩或粉体喷射搅拌桩加固软土地基，按复合地基理论验算地基各控制点的承载力和沉降（加固范围应包括桥头路堤地基的一部分）；采取结构措施如改用轻型桥台、埋置式桥台，必要时改用桩基础等；也有建议对小桥（如单孔跨径不超过8m，孔数不多于3孔）可将相邻墩台刚性扩大基础联合成整体，形成联合基础板，在满足地基承载力和沉降的同时，可以解决桥台前倾后仰和滑移问题。但此时为避免基础板过厚，常需配置受力钢筋改为柔性基础，应先进行技术、经济方案比较，全面分析后选用。为了防止小桥基础向桥孔滑移，也可仅在基础间设置钢筋混凝土支撑梁。

（2）桩基础

在较深厚的软土地基，大中型桥梁常采用桩基础，它能获得较好的技术效果，如达到经济上合理，应是首选的方案。施工方法可以是打入桩、钻孔灌注桩等。要求基桩穿过软土深入硬土（基岩）层以保证足够的承载力和很小的沉降量。软土很厚需采用长的摩擦桩时，应注意桩底软土承载力和沉降的验算，必要时可对桩周软土进行压浆处理或做成扩底桩。

打入桩的桩距应较一般土质的适当加大，并注意安排好桩的施打顺序，避免已打入的邻桩被挤移或上抬，影响质量。钻孔灌注桩一般应先试桩取得施工经验，避免成孔时发生缩孔、坍孔。

软土地基桩基础设计中，应充分注意由于软土侧向移动而使基桩挠曲和受到的附加水平压力。由于软土下沉而对基桩发生的负摩阻力，现分述如下：

①地基软土侧向移动对基桩的影响。在软土上的桩基础的桥台、挡墙等，由于台后填土重力的挤压，地基软土侧向移动，桩土间产生附加水平压力，引起桩身挠曲，使桥台后仰或向河槽

倾移,甚至基桩折损等事故。在深厚软土上修桥,特别是较高填土的桥台日益增多,这类事故时有发生,已引起国内外基础工程界广泛重视。

为了避免桥台后仰前倾,可采取加强桩顶约束及平衡(或减少)土压力的措施,如采用低桩承台、埋置式桥台或台前加筑反压护道和挡墙,也可采用刚度较大的基桩和多排桩基础(打入桩可采用部分斜桩),对软土地基加载预压等。

②地基软土下沉对基桩的影响。软土下沉使基桩承受到负摩阻力,将产生较大的沉降或使桩身纵向压屈破坏,必须予以重视。

(3)沉井基础

在较厚较软弱土上下沉沉井,往往因下沉速度较快而发生沉井倾斜、位移等,应事先注意采取防备措施,如选用轻型沉井、平面形状采用圆形或长宽比较小的矩形、立面形状采用竖直式等,施工时尽量对称挖土控制均匀下沉并及时纠偏。

第三节 换土垫层法

在冲刷较小的软土地基上,地基的承载力和变形达不到基础设计要求,且当软土层不太厚(如不超过3m)时,可采用较经济、简便的换土垫层法进行浅层处理。即将软土部分或全部挖除,然后换填工程特性良好的材料,并予以分层压实,这种地基处理方法称为换填垫层法。垫层处治应达到增加地基持力层承载力,防止地基浅层剪切变形的目的。

换填的材料主要有砂、碎石、高炉干渣和粉煤灰等,应具有强度高、压缩性低、稳定性好和无侵蚀性等良好的工程特性。按垫层回填材料的不同,可分别称为砂砾垫层、碎石垫层等。

换填垫层法设计的主要指标是垫层厚度和宽度,一般可将各种材料的垫层设计都近似地按砂砾垫层的计算方法进行设计。

一、砂垫层的设计计算

1. 砂垫层厚度及宽度的确定

砂砾垫层厚度计算实质上是软弱下卧层顶面承载力的验算,计算方法有多种。一种方法是按弹性理论的土中应力分布公式计算,即将砂砾垫层及下卧土层视为一均质半无限弹性体,在基底附加应力作用下,计算不同深度的各点土中附加应力并加上土的自重应力,同时以第二章所介绍的"规范"方法计算地基土层随深度变化的容许承载力,并以此确定砂垫层的设计厚度,如图5-1所示;也可将加固后的地基视为上层坚硬、下层软弱的双层地基,用弹性力学公式计算。另一种是我国目前常用的近似按应力扩散角进行计算的方法,即认为砂砾垫层以"θ"角向下扩散基底附加压力,到砂砾垫层底面(下卧层顶面)处的土中附加压应力与土中自重应力之和不超过该处下卧层顶面地基深度修正后的容许承载力,如图5-2所示。垫层的厚度 z 应根据下卧土层的承载力确定,并符合下列公式要求:

$$p_{0k} + p_{gk} \leqslant \gamma_R [f_a] \tag{5-1}$$

条形基础:

$$p_{0k} = \frac{b(p'_{0k} - p'_{gk})}{b + 2z \cdot \tan\theta} \tag{5-2}$$

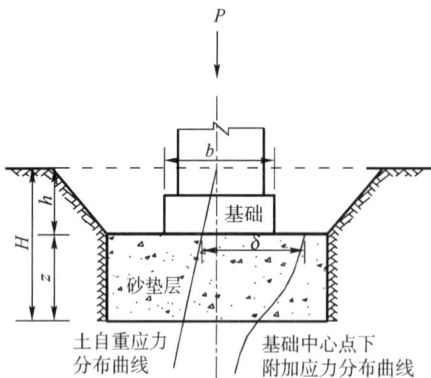

图 5-1 砂垫层及应力分布

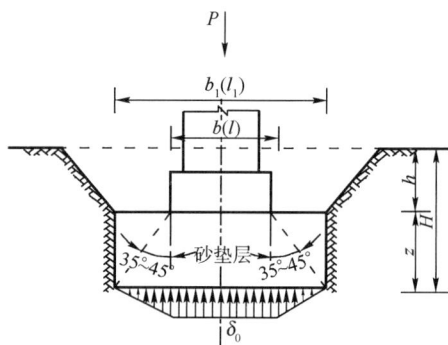

图 5-2 砂垫层及应力扩散图

矩形基础：

$$p_{0k} = \frac{bl(p'_{0k} - p'_{gk})}{(b + 2z \cdot \tan\theta) \cdot (l + 2z \cdot \tan\theta)} \qquad (5\text{-}3)$$

注：条形基础为长宽比等于或大于 10 的矩形基础。

式中：p_{0k}——垫层底面处的附加压应力（kPa）；

p_{gk}——垫层底面处土的自重压应力（kPa）；

$[f_a]$——垫层底面处地基的承载力容许值（kPa）；

b——矩形基础或条形基础底面的宽度（m）；

l——矩形基础底面的长度（m）；

p'_{0k}——基础底面压应力（kPa）；

p'_{gk}——基础底面处的自重压应力（kPa）；

z——基础底面下垫层的厚度（m）；

θ——垫层的压力扩散角，可按表 5-3 采用。

垫层压力扩散角 $\theta(°)$　　　　　　　　　　　　　　表 5-3

垫层材料 z/b	中砂、粗砂、砾砂、圆砾、角砾、卵石、碎石	垫层材料 z/b	中砂、粗砂、砾砂、圆砾、角砾、卵石、碎石
≤0.25	20	≥0.5	30

注：当 $0.25 < z/b < 0.5$ 时，θ 值可内插确定。

垫层的宽度应满足基底压力扩散的要求，可按公式（5-4）或根据当地经验确定。

$$b_1 = b + 2z \cdot \tan\theta \qquad (5\text{-}4)$$

式中：b_1——垫层底面宽度（m）。

垫层承载力容许值 $[f_{cu}]$ 宜通过现场确定，当无试验资料时，可按表 5-4 参考采用。

2. 基础最终沉降量的计算

砂砾垫层地基的沉降量，可按下列公式计算：

$$s = s_{cu} + s_s \qquad (5\text{-}5)$$

$$s_{cu} = p_m \cdot \frac{h_z}{E_{cu}} \qquad (5\text{-}6)$$

式中：s——砂砾垫层地基沉降量(mm)；

s_{cu}——垫层本身的压缩量(mm)；

s_s——下卧层沉降量(mm)；

p_m——垫层内的平均压应力(MPa)，即基底平均压应力与砂砾垫层底平均压应力的平均值；

h_z——砂砾垫层厚度(mm)；

E_{cu}——砂砾垫层的压缩模量(MPa)，如无实测资料时，可采用 12~24MPa。

各种垫层承载力容许值(f_{cu}) 表5-4

施工方法	垫层材料	压实系数 λ_c	承载力容许值(kPa)
碾压、振密或夯实	碎石、卵石	0.94~0.97	200~300
	砂夹石(其中碎石、卵石占总质量的30%~50%)		200~250
	土夹石(其中碎石、卵石占总质量的30%~50%)		150~200
	中砂、粗砂、砾砂		150~200

注：1. 压实系数 λ_c 为土的控制干密度 ρ_d 与最大干密度 $\rho_{d,max}$ 的比值。土的最大干密度宜采用击实试验确定；碎石最大干密度可取 2.0~2.2t/m³。

2. 当采用轻型击实试验时，压实系数 λ_c 宜取高值；采用重型击实试验时，压实系数 λ_c 可取低值。

二、砂砾垫层的施工

1. 材料要求

垫层材料要求就地取材，但必须符合质量要求。砂砾垫层材料可采用中砂、粗砂、砾砂和碎(卵)石，不含植物残体等杂质，其中黏粒含量不应大于5%，粉粒含量不应大于25%，砾料粒径以不大于50mm为宜。砂砾垫层顶面尺寸应为基底尺寸每边加宽不小于0.3m，垫层厚度不宜小于0.5m且不宜大于3m。

2. 施工要点

(1)砂砾垫层施工宜采用振动碾压或振动压实机等机具。

(2)砂砾垫层应分层填筑，分层压实。要求分层压密达到设计要求的密实度(应在90%以上)。分层厚度、压实遍数应根据具体方法和机具确定，一般为15~20cm。

(3)根据不同的施工方法确定材料的最佳含水率。

(4)不要扰动垫层下的软弱土层，防止践踏、受冻、浸泡或曝晒过久；在基坑挖好经检验后，应迅速进行垫层材料铺压。

(5)垫层底面宜尽量水平。

第四节 排水固结法

饱和软黏土地基在荷载作用下，孔隙中的水慢慢排出，孔隙体积慢慢地减小，地基发生固结变形。同时，随着超静孔隙水压力逐渐消散，有效应力逐渐提高，地基土的强度逐渐增长。如在建筑场地上先加一个和上部结构相同的压力进行加载预压使土层固结，然后卸除荷载，再施工建筑物，可以使地基沉降减少；如进行超载预压(预压荷载大于建筑物荷载)效果将更好，但预压荷载不应大于地基土的容许承载力。

排水固结法加固软土地基是一种比较成熟、应用广泛的方法,它主要解决沉降和稳定问题。

一、砂井堆载预压法

软黏土渗透系数很低,为了缩短加载预压后排水固结的历时,对较厚的软土层,常在地基中设置排水通道,使土中孔隙水较快排出。可在软黏土中设置一系列的竖向排水通道(砂井、袋装砂井或塑料排水板),在软土顶层设置横向排水砂砾垫层,如图 5-3 所示,借此缩短排水途程,增加排水通道,改善地基渗透性能。

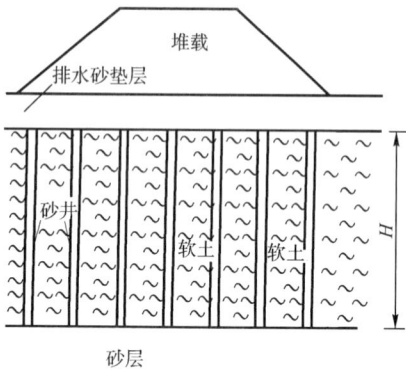

图 5-3　砂井堆载预压

砂井预压法适用于处理淤泥质土、淤泥和冲填土等饱和黏性土地基。

砂井预压法主要有普通砂井、袋装砂井和塑料排水板等。普通砂井直径可取 $d_w = 300 \sim 500\text{mm}$,袋装砂井直径可取 $d_w = 70 \sim 100\text{mm}$。塑料排水板当量换算直径可按下列公式计算:

$$D_p = \alpha \frac{2(b + \delta)}{\pi} \tag{5-7}$$

式中:D_p——塑料排水板的当量换算直径;

α——换算系数,无试验资料时,可取 $\alpha = 0.75 \sim 1.00$;

b——塑料排水板宽度;

δ——塑料排水板厚度。

砂井的平面布置可采用等边三角形或正方形排列。砂井中距 l_s 按下列公式计算:

等边三角形布置

$$l_s = \frac{d_e}{1.05} \tag{5-8}$$

正方形布置

$$l_s = \frac{d_e}{1.13} \tag{5-9}$$

$$d_e = n d_w \tag{5-10}$$

普通砂井

$$n = 6 \sim 8 \tag{5-11}$$

袋装砂井或塑料排水板

$$n = 15 \sim 20 \tag{5-12}$$

式中:d_e——一根砂井的有效排水圆柱体直径;

d_w——砂井直径;

n——井径比。

砂井的深度应根据桥涵对地基的稳定性和变形的要求确定。

对于以地基抗滑稳定性为主要因素的结构,如拱式结构的墩台,砂井深度至少应超过最危险滑动面 2m。

对于以沉降控制的桥涵,如压缩土层厚度不大,砂井深度宜贯穿压缩层;当压缩土层深厚时,砂井深度应根据在限定的预压时间内需消除的变形量确定;若施工设备条件达不到设计深度要求,则可采用超载预压等方法来满足工程要求。

砂井预压法处理地基应在地表铺设排水砂砾垫层,其厚度宜大于 400mm。砂砾垫层砂料宜用中粗砂,含泥量应小于 5%,砂料中可混有少量粒径小于 50mm 的石粒。砂砾垫层的干密度应大于 $1.5t/m^3$。

在预压区内宜设置与砂砾垫层相连的排水盲沟,并把地基中排出的水引出预压区。

砂井的砂料宜用中粗砂,含泥量应小于 3%。

用普通砂井法处理软土地基时,如地基土变形较大或施工质量稍差,常会出现砂井被挤压截断,不能保持砂井在软土中排水通道的畅通,影响加固效果。近年来出现了以袋装砂井和塑料排水板代替普通砂井的方法,避免了砂井不连续的缺点,而且施工简便,加快了地基土的固结,节约用砂,在工程中得到了日益广泛的应用。

目前,国内应用的袋装砂井砂袋可采用聚丙烯或聚乙烯等长链聚合物编织制成,应具有足够的抗拉强度、耐腐蚀、对人体无害等特点。装砂后砂袋的渗透系数不应小于砂的渗透系数。灌入砂袋的砂应为中、粗砂并振捣密实。砂袋留出孔口长度应保证伸入砂垫层至少 300mm,并不得卧倒。

袋装砂井的施工已有相应的定型埋设机械,与普通砂井相比,其优点是:施工工艺和机具简单、用砂量少;间距较小,排水固结效率高,井径小,成孔时对软土扰动也小,有利于地基土的稳定,有利于保持其连续性。

塑料排水板预压法是将塑料排水板用插板机插入加固的软土中,然后在地面加载预压,使土中水沿塑料板的通道溢出,经砂垫层排除,从而使地基加速固结。

塑料板排水与普通砂井比较具有如下优点:

(1)塑料板由工厂生产,材料质地均匀可靠,排水效果稳定。

(2)塑料板重量轻,便于施工操作。

(3)施工机械轻便,能在超软弱地基上施工;施工速度快,工程费用低。

塑料排水板所用材料、制造方法不同,结构也不同,基本上分两类。一类是用单一材料制成的多孔管道的板带,表面刺有许多微孔(图 5-4);另一类是两种材料组合而成,板芯为各种规律变形断面的芯板或乱丝、花式丝的芯板,外面包裹一层无纺土工织物滤套(图 5-5)。

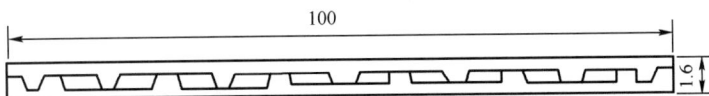

图 5-4 多孔质单一结构型塑料排水板(尺寸单位:mm)

目前应用的塑料排水板产品成卷包装,每卷长数百米,用专门的插板机插入软土地基,先在空心套管装入塑料排水板,并将其一端与预制的专用钢靴连接,入地基下预定高程处,拔出空心套管,由于土对钢靴的阻力,塑料板留在软土中,在地面将塑料板切断,即可移动插板机进行下一个循环作业。

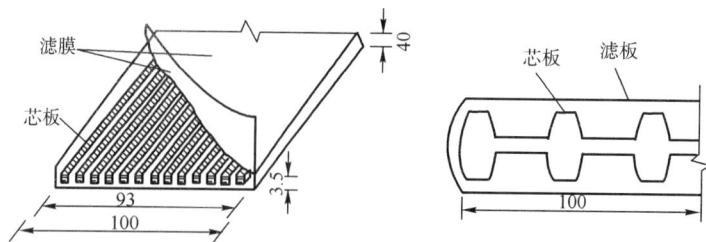

图 5-5　复合结构型塑料排水板(尺寸单位:mm)

二、天然地基堆载预压法

天然地基堆载预压法是在建筑物施工前,用与设计荷载相等(或略大)的预压荷载(如砂、土、石等重物)堆压在天然地基上,使地基软土得到压缩固结,以提高其强度(也可以利用建筑物本身的重量分级缓慢施工),减少工后的沉降量,待地基承载力、变形达到设计预期要求后,将预压荷载撤除,在经预压的地基上修建建筑物。此方法费用较少,但工期较长。当软土层不太厚,或软土中夹有多层细、粉砂夹层渗透性能较好,无须很长时间就可获得较好预压效果时,可考虑采用,否则排水固结时间很长,应用会受到限制。

三、真空预压法和降水位预压法

真空预压法实质上是以大气压作为预压荷重的一种预压固结法。在需要加固的软土地基表面铺设砂砾垫层,然后埋设垂直排水通道(普通砂井、袋装砂井或塑料排水板),再用不透气的封闭薄膜覆盖软土地基,使其与大气隔绝,将薄膜四周埋入土中,通过砂砾垫层内埋设的吸水管道,用真空泵进行抽气,使其形成真空。当真空泵抽气时,先后在地表砂砾垫层及竖向排水通道内逐渐形成负压,使土体内部与排水通道、垫层之间形成压力差,在此压力差作用下,土体中的孔隙水不断排水,从而使土体固结。

降低水位预压法是借井点抽水降低地下水位,以增加土的自重应力,达到预压的目的。其降低地下水位原理、方法和需要设备基本与井点法基坑排水相同。地下水位降低使地基中的软弱土层承受了相当于水位下降高度水柱的重量而固结,增加了土中的有效应力。这一方法最适用于渗透性较好的砂土或粉土或在软黏土层中存在砂土层的情况,使用前应摸清土层分布及地下水位情况等。

对采用各种排水固结方法加固后的地基,均应进行质量检验。检验方法可采用十字板剪切试验、旁压试验、荷载试验或常规土工试验,以测定其加固效果。

第五节　挤（振）密法

在不发生冲刷或冲刷深度不大的松散土地基(包括松散中、细、粉砂土,粉土,松散细粒炉渣,杂填土以及 $I_L < 1$、空隙比接近或大于1的含砂量较多的松软黏性土),如其厚度较大,用砂

垫层处理施工困难时,可考虑采用砂桩深层挤密法,以提高地基承载力,减小沉降量和增强抗液化能力。对于厚度大的饱和软黏土地基,由于土的渗透性小,此法加固不易将土挤密实,还会破坏土的结构强度,主要起到置换作用,加固效果不大,宜考虑采用其他加固方法,如砂井预压、高压喷射、深层搅拌法等。下面介绍常用的挤密砂桩法、夯(压)实法和振动法三类。

一、挤密砂桩法

挤密砂(或砂石)桩法是用振动、冲击或打入套管等方法在地基中成孔(孔径一般为300～600mm),然后向孔中填入含泥量不大于5%的中、粗砂、粉、细砂料,同时掺入25%～35%碎石或卵石,再加以夯挤密实形成土中桩体从而加固地基的方法。对松散的砂土层,砂桩的加固机理有挤密作用、排水减压作用和砂土地基预振作用。对于松软黏性土地基,主要通过桩体的置换和排水作用加速桩间土的排水固结,并形成复合地基,提高地基的承载力和稳定性,改善地基土的力学性质。对于砂土与黏性土互层的地基及冲填土,砂桩也能起到一定的挤实加固作用。砂桩适用于挤密松散砂土、素填土和杂填土地基。对饱和黏土地基,如不以沉降控制,也可采用砂桩处理。砂桩内填料宜用砾砂、粗砂、中砂、圆砾、角砾、卵石、碎石等,填料中含泥量不应大于5%,并不宜含有粒径大于50mm的粒料。

砂桩直径可采用0.3～0.8m,需根据地基土质和成桩设备确定。对饱和黏性土地基宜选用较大直径。

砂桩挤密地基宽度应超出基础宽度,每边放宽宜为1～3排。砂桩用于防止砂层液化时,每边放宽不宜小于处理深度的1/2,并不宜小于5m;当可液化层上覆盖有厚度大于3m的非液化层时,每边放宽不宜小于液化层厚度的1/2,但不应小于3m。

砂桩的中距应通过现场试验确定,但不宜大于砂桩直径的4倍,砂桩的布置如图5-6所示。砂桩中距可按下式计算:

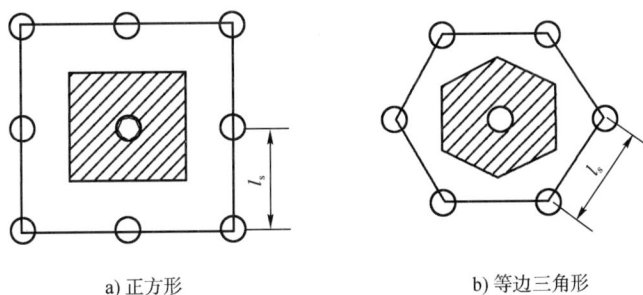

a) 正方形   b) 等边三角形

图5-6 砂桩的布置及中距

1. 松散砂土地基
等边三角形布置:

$$l_s = 0.95d \sqrt{\frac{1+e_0}{e_0 - e_1}} \tag{5-13}$$

正方形布置：

$$l_\text{s} = 0.90d \sqrt{\frac{1 + e_0}{e_0 - e_1}} \tag{5-14}$$

$$e_1 = e_\text{max} - D_\text{rl}(e_\text{max} - e_\text{min}) \tag{5-15}$$

式中：l_s——砂桩中距；

d——砂桩直径；

e_0——地基处理前砂土的空隙比，可按原状土样试验确定，也可根据动力或静力触探等对比试验确定；

e_1——地基挤密后要求达到的空隙比；

e_max、e_min——分别为砂土的最大、最小空隙比；

D_rl——地基挤密后要求达到的相对密度，可取 $0.70 \sim 0.85$。

2. 黏性土地基

等边三角形布置：

$$l_\text{s} = 1.08\sqrt{A_\text{e}} \tag{5-16}$$

正方形布置：

$$l_\text{s} = \sqrt{A_\text{e}} \tag{5-17}$$

一根砂桩承担的处理面积：

$$A_\text{e} = \frac{A_\text{p}}{m} \tag{5-18}$$

$$m = \frac{d^2}{d_\text{e}^2} \tag{5-19}$$

式中：A_p——砂桩截面面积；

m——面积置换率；

d_e——等效影响直径，砂桩等边三角形布置，$d_\text{e} = 1.05l_\text{s}$；砂桩正方形布置，$d_\text{e} = 1.13l_\text{s}$；

其余符号意义同前。

除用砂作为挤密填料外，还可用碎石、石灰、二灰（石灰、粉煤灰）、素土等填实桩孔。石灰、二灰还有吸水膨胀及化学反应而挤密软弱土层的作用。这类桩的加固原理与设计方法与砂桩挤密法相同。

二、夯(压)实法

夯(压)实法对砂土地基及含水率在一定范围内的软弱黏性土可提高其密实度和强度，减少沉降量。此法也适用于加固杂填土和黄土等。按采用夯实手段的不同可对浅层或深层土起加固作用，浅层处理的换土垫层法需要分层压实填土，常用的压实方法是碾压法、夯实法和振动压实法，还有浅层处理的重锤夯实法和深层处理的强夯法（也称动力固结法）。

1. 重锤夯实法

重锤夯实法是运用起重机械将重锤（一般不轻于 1.5t）提到一定高度（3 ~ 4m），然后锤自由落下，这样重复夯击地基，使它表层（在一定深度内）夯击密实而提高强度。它适用于砂土、稍湿的黏性土、部分杂填土、湿陷性黄土等，是一种浅层的地基加固方法。

重锤的式样常为一截头圆锥体(图5-7),重为 1.5~3t,锤底直径 0.7~1.5m,锤底面自重静压力为15~25kPa,落距一般采用2.5~4.0m。

重锤夯实的有效影响深度与锤重、锤底直径、落距及地质条件有关。国内某地经验,一般砂质土,当锤重为1.5t,锤底直径为1.15m,落距为3~4m时,夯击6~8遍,夯击有效深度为1.10~1.20m。为达到预期加固密实度和深度,应在现场进行试夯,确定需要的落距、夯击遍数等。

夯击时,土的饱和度不宜太高,地下水位应低于击实影响深度,在此深度范围内也不应有饱和的软弱下卧层,否则会出现"橡皮土"现象,严重影响夯实效果。含水率过低,消耗的夯击能量较大,还往往达不到预期效果。一般含水率应尽量控制接近击实土的最佳含水率或控制在塑液限之间而稍接近塑限,也可由试夯确定含水率与锤击能量的规律,以求能用较少的夯击遍数达到预期的设计加固深度和密实度,从而指导施工。一般夯击遍数不宜超过8~12遍,否则应考虑增加锤重、落距或调整土层含水率。

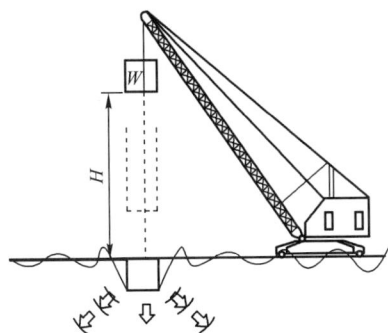

图 5-7 夯锤

重锤夯实法加固后的地基应经静载试验确定其承载力,需要时还应对软弱下卧层承载力及地基沉降进行验算。

2.强夯法

强夯法,亦称为动力固结法,是一种将较大的重锤(一般为8~400t,最重达2 000t)从6~20m高处(最高达40m)自由落下,对较厚的软土层进行强力夯实的地基处理方法,如图5-8所示。

它的显著特点是夯击能量大,因此影响深度也大。另外,它还具有工艺简单、施工速度快、费用低、适用范围广、效果好等优点。

图 5-8 强夯法示意图

强夯法适用于碎石类土、砂类土、杂填土、低饱和粉土和黏土、湿陷性黄土等地基的加固,效果较好。对于高饱和软黏土(淤泥及淤泥质土),强夯处理效果较差,但若结合夯坑内回填块石、碎石或其他粗粒料,强行夯入形成复合地基(称为强夯置换),处理效果较好。

强夯法虽然在实践中已被证实是一种较好的地基处理方法,但其加固机理研究尚待完善。目前根据土的类别和强夯施工工艺的不同,强夯加固机理可分为以下3种。

(1)动力挤密

在冲击型荷载作用下,在多孔隙、粗颗粒、非饱和土中,土颗粒发生相对位移,孔隙中气体被挤出,从而使得土体的孔隙减小、密实度增加、强度提高以及变形减小。

(2)动力固结

在饱和的细粒土中,土体在夯击能量作用下产生孔隙水压力使土体结构被破坏,土颗粒间出现裂隙,形成排水通道,渗透性改变。随着孔隙水压力的消散,土开始密实,抗剪强度、变形模量增大。在夯击过程中同时伴随土中气体体积的压缩,触变的恢复,黏粒结合水向自由水转化等。

（3）动力置换

在饱和软黏土特别是淤泥及淤泥质土中，通过强夯将碎石填充于土体中，形成复合地基，从而提高地基的承载力。

强夯法施工前，应先在现场进行原位试验（旁压试验、十字板试验、触探试验等），取原状土样测定含水率、塑限液限、粒度成分等，然后在实验室进行动力固结试验或现场进行试验性施工，以取得有关数据。为按设计要求（地基承载力、压缩性、加固影响深度等）确定施工时每一遍夯击的最佳夯击能、每一点的最佳夯击数、各夯击点间的间距以及前后两遍锤击之间的间歇时间（孔隙承压力消散时间）等提供依据。

强夯法施工过程中还应对现场地基土层进行一系列对比的观测工作，包括：地面沉降测定，孔隙水压力测定，侧向压力、振动加速度测定等。对强夯加固后效果的检验可采用原位测试的方法，如现场十字板、动力触探、静力触探、荷载试验、波速试验等；也可采用室内常规试验、室内动力固结试验等。

近年来，国内外已有采用强夯法作为软土的置换手段，用强夯法将碎石挤入软土形成碎石垫层或间隔夯入形成碎石墩（桩），构成复合地基，且已有相关的行业规范。

强夯法除了尚无完整的设计计算方法，施工前后及施工过程中需进行大量测试工作外，还有诸如噪声大、振动大等缺点，不宜在建筑物或人口密集处使用；加固范围较小（5 000 cm^2）时采用不经济。

三、振冲法

振冲法主要的施工机具是振冲器、吊机和水泵。振冲器是一个类似插入式混凝土振捣器的机具，其外壳直径为 0.2 ~ 0.45 m，长 2 ~ 5 m，重 2 ~ 5 t。筒内主要由一组偏心块、潜水电机和通水管三部分组成，如图 5-9 所示。

振冲器有两个功能，一是产生水平向振动力（40 ~ 90 kN）作用于周围土体；二是从端部和侧部进行射水和补给水。振动力是加固地基的主要因素，射水起协助振动力在土中使振冲器钻进成孔，并在成孔后清孔及实现护壁作用。

施工时，振冲器由吊车或卷扬机就位后（图 5-10），打开下喷水口，启动振冲器，在振动力和水冲作用下，在土层中形成孔洞，直至设计高程。然后经过清孔，用循环水带出孔中稠泥浆后，向桩孔逐段添加填料（粗砂、砾砂、碎石、卵石等），填料粒径不宜大于 80 mm，碎石常用 20 ~ 50 mm，每段填料均在振冲器振动作用下振挤密实，达到要求密实度后就可以上提。重复上述操作直至地面，从而在地基中形成一根具有相当直径的密实桩体，同时孔周围一定范围的土也被挤密。孔内填料的密实度可以从振动所耗的电量来反映，通过观察电流变化来控制。不加填料的振冲法仅适用于处理黏粒含量不大于 10% 的粗砂、中砂地基。

振冲法的显著优点是用一个较轻便的机具，将强大的水平振动（有的振冲器也附有垂直向的振动）直接递送到深度可达 20 m 左右的软弱地基内，施工设备较简单，操作方便，施工速度快，造价较低。其缺点是加固地基时要排出大量的泥浆，环境污染比较严重。

振冲法根据其加固机理不同，可分为振冲置换和振冲密实两类。

1. 对砂类土地基

振动力除直接将砂层挤压密实外，还向饱和砂土传播加速度，因此在振冲器周围一定范围内砂土产生振动液化。液化后的土颗粒在重力、上覆土压力及外添填料的挤压下重新排列变得密实,空隙比大为减小,从而提高了地基承载力及抗震能力;另一方面,依靠振冲器的重复水平振动力,在加回填料的情况下,通过填料使砂层挤压加密。

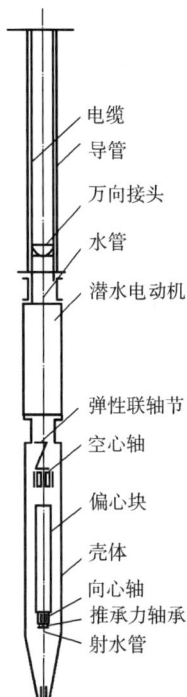

图 5-9　振冲器构造示意图

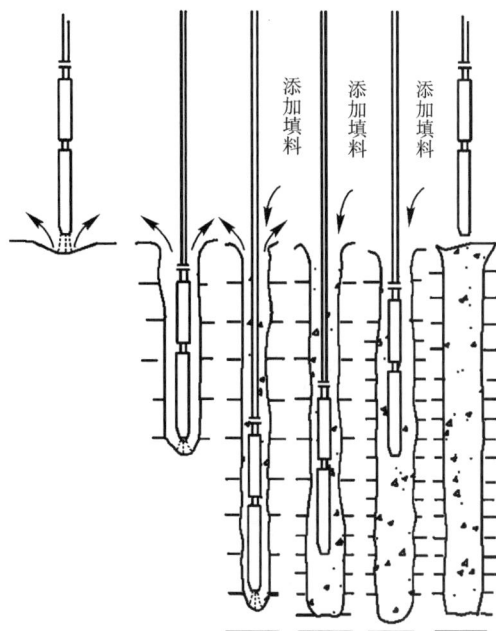

图 5-10　振冲施工过程

2. 对黏性土地基

软黏性土透水性很低,振动力并不能使饱和土中孔隙水迅速排除而减小孔隙比,振动力主要是把添加料振密并挤压到周围黏土中去,形成粗大密实的桩柱,桩柱与软黏土组成复合地基。复合地基承受荷载后,由于地基土和桩体材料的变形模量不同,故土中应力集中到桩柱上,从而使桩周软土负担的应力相应减少。与原地基相比,复合地基的承载力得到了提高。

振冲法处理地基最有效的土层为砂类土和粉土;其次为黏粒含量较小的黏性土,对于黏粒含量大于30%的黏性土,则挤密效果明显降低,主要是产生置换作用。

振冲桩加固砂类土的设计计算,类似于挤密砂桩的计算,即根据地基土振冲挤密前后空隙比进行;对黏性土地基应按复合地基理论进行;另外也可通过现场试验取得各项参数。当缺乏资料时,可参考表5-5进行设计。

振冲法加固砂性土地基,宜在加固半个月后进行效果检验,对黏性土地基则至少要一个月后才能进行。检验方法可采用静载试验、标准贯入试验、静力触探或土工试验等方法,对加固前后进行对比。

振冲桩加固砂性土设计资料 　　　　　表 5-5

加 固 方 法	振 冲 置 换 法	振 冲 密 实 法
孔位的布置	等边三角形和正方形	等边三角形和正方形
孔位的间距和桩长	间距应根据荷载大小、原地基土的抗剪强度确定，可用 1.5～2.5m。荷载大或原土强度低时，宜取较小间距；反之，宜取较大间距；对桩端未达到相对硬层的短桩，应取小间距。桩长的确定，当相对硬层的埋深不大时，按其深度确定；当相对硬层的埋深较大时，按地基的变形允许值确定，不宜短于4m。在可液化的地基中，桩长应按要求的抗震处理深度确定。桩直径按所用的填料量计算，常为0.8～1.2m	孔位的间距视砂土的颗粒组成、密实要求、振冲器功率等而定，砂的粒径越细，密实要求越高，则间距应越小。使用 30kW 振冲器，间距一般为 1.3～2.0m；使用 55kW 振冲器间距可采用 1.4～2.5m；使用 75kW 大型振冲器，间距可加大到 1.6～3.0m
填料	碎石、卵石、角砾、圆砾等硬质材料，最大直径不宜大于 80mm，对碎石常用粒径为 20～50mm	宜用碎石、卵石、角砾、圆砾、砾砂、粗砂、中砂等硬质材料，在施工不发生困难的前提下，粒径越大，加密效果越好

第六节　化学固化法

化学固化法是在软土地基土中掺入水泥、石灰等，用喷射、搅拌等方法使与土体充分混合固化；或把一些能固化的化学浆液（水泥浆、水玻璃、氯化钙溶液等）注入地基土孔隙，以改善地基土的物理力学性质，达到加固目的。按加固材料的状态可分为粉体类（水泥、石灰粉末）和浆液类（水泥浆及其他化学浆液）。按施工工艺可分为低压搅拌法（粉体喷射搅拌桩、水泥浆搅拌桩）、高压喷射注浆法（高压旋喷桩等）和胶结法（灌浆法、硅化法）三类，下面分别予以介绍。

一、粉体喷射搅拌(桩)法和水泥浆搅拌(桩)法

深层搅拌法是用于加固饱和软黏土地基的一种新颖方法，它是通过深层搅拌机械，在地基深处就地利用固化剂，与软土之间所产生的一系列物理化学反应，使软土固化成具有整体性、水稳性和一定强度的桩体，其与桩间土组成复合地基。固化剂主要采用水泥、石灰等材料，与砂类土或黏性土搅拌均匀，在土中形成竖向加固体。它对提高软土地基承载能力，减小地基的沉降量有明显效果。

当采用的固化剂形态为浆液固化剂时，常称为水泥浆搅拌桩法；当采用粉状固化剂时，常称粉体喷射搅拌(桩)法。这两者的加固原理、设计计算方法和质量检验方法基本一致，但施工工艺有所不同。

1. 粉体喷射搅拌法（粉喷桩法）

粉体喷射搅拌法是通过专用的施工机械，将搅拌钻头下沉到预计孔底后，用压缩空气将固化剂（生石灰或水泥粉体材料）以雾状喷入加固部位的地基土，凭借钻头和叶片旋转使粉体加

固料与软土原位搅拌混合,自下而上边搅拌边喷粉,直到设计停灰高程。为保证质量,可再次将搅拌头下沉至孔底,重复搅拌。

粉体喷射搅拌法的优点是以粉体作为主要加固料,不需向地基注入水分,因此加固后地基土初期强度高,可以根据不同土的特性、含水率、设计要求合理选择加固材料及配合比,对于含水率较大的软土,加固效果更为显著;该法施工时不需高压设备,安全可靠,如严格遵守操作规程,可避免对周围环境产生污染、振动等不良影响。其缺点是由于目前施工工艺的限制,加固深度不能过深,一般为 8~15m。

粉体喷射搅拌法的加固机理因加固材料的不同而稍有不同,当采用石灰粉体喷搅加固软黏土,其原理与公路常用的石灰加固土基本相同。石灰与软土主要发生如下作用:石灰的吸水、发热、膨胀作用;离子交换作用;碳酸化作用(化学胶结反应);火山灰作用(化学凝胶作用)以及结晶作用。这些作用使土体中水分降低,土颗粒凝聚而形成较大团粒,同时土体化学反应生成复合的水化物 $4CaO \cdot Al_2O_3 \cdot 13H_2O$ 和 $2CaO \cdot Al_2O_3 \cdot SiO_26H_2O$ 等在水中逐渐硬化,而与土颗粒黏结在一起,从而提高了地基土的物理力学性质。当采用水泥作为固化剂材料时,其加固软黏土的原理是在加固过程中发生水泥的水解和水化反应(水泥水化成 $Ca(OH)_2$、含水硅酸钙、含水铝酸钙、含水铁铝酸钙等化合物,在水中和空气中逐渐硬化)、黏土颗粒与水泥水化物的相互作用(水泥水化生成钙离子与土粒的钠、钾离子交换使土粒形成较大团粒的硬凝反应)和碳酸化作用(水泥水化物中游离的 $Ca(OH)_2$ 吸收 CO_2 生成不溶于水的 $CaCO_3$)三个过程。这些反应使土颗粒形成凝胶体和较大颗粒,颗粒间形成蜂窝状结构,生成稳定的不溶于水的结晶化合物,从而提高软土强度。

石灰、水泥粉体加固形成的桩柱的力学性质变形幅度相差较大,主要取决于软土特性、掺加料种类、质量、用量、施工条件及养护方法等。石灰用量一般为干土重的 6%~15%,软土含水率以接近液限时效果较好,水泥掺入量一般为干土重的 5% 以上(7%~15%)。粉体喷射搅拌法形成的粉喷桩直径为 50~100cm,加固深度可达 10~30m。石灰粉体形成的加固桩柱体抗压强度可达 800kPa,压缩模量为 20 000~30 000kPa;水泥粉体形成的桩柱体抗压强度可达 5 000kPa,压缩模量为 100 000kPa 左右,地基承载力一般可提高 2~3 倍,减少沉降量 1/3~2/3。桩柱长度确定原则上与砂桩相同。

粉体喷射搅拌桩施工作业顺序如图 5-11 所示。

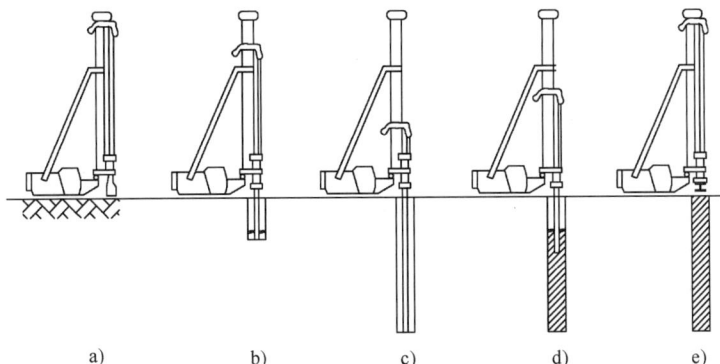

图 5-11 粉体喷射搅拌施工作业顺序
a)搅拌机对准设计柱位;b)下钻;c)钻进结束;d)提升喷射搅拌;e)提升结束

施工结束后，对加固的地基应作质量检验，包括标准贯入试验、取芯抗压试验、荷载试验等。桩柱体的强度、压缩模量、搅拌的均匀性以及尺寸均应符合设计要求。

我国粉体材料资源丰富，粉体喷射搅拌法常用于公路、铁路、水利、市政、港口等工程软土地基的加固，较多用于边坡稳定及筑成地下连续墙或深基坑支护结构。被加固软土中有机质含量不应过多，否则效果不大。

2. 水泥浆搅拌法（深搅桩法）

水泥浆搅拌法是用回转的搅拌叶将压入软土内的水泥浆与周围软土强制拌和形成水泥加固体。搅拌机由电动机、中心管、输浆管、搅拌轴和搅拌头组成，并有灰浆搅拌机、灰浆泵等配套设备。我国生产的搅拌机现有单搅头和双搅头两种，加固深度达30m，形成的桩柱体直径为60～80cm（双搅头形成8字形桩柱体）。

水泥浆搅拌法加固原理基本和水泥粉喷搅拌桩相同，与粉体喷射搅拌法相比有其独特的优点：①加固深度加深；②由于将固化剂和原地基软土就地搅拌，因而最大限度地利用了原土；③搅拌时不会侧向挤土，环境效应较小。

施工顺序大致为：在深层搅拌机起吊就位后，搅拌机先沿导向架切土下沉；下沉到设计深度后开启灰浆泵将制备好的水泥浆压入地基；边喷边旋转搅拌头，并按设计确定的提升速度进行提升、喷浆、搅拌作业，使软土与水泥浆搅拌均匀，提升到上面设计高程后再次控制速度将搅拌头搅拌下沉，到设计加固深度再搅拌提升出地面。为控制加固体的均匀性和加固质量，施工时应严格控制搅拌头的提升速度，并保证喷压阶段不出现断桩现象。

加固形成桩柱体强度与加固时所用水泥强度等级、用量、被加固土含水率等有密切关系，应在施工前通过现场试验取得有关数据。一般用42.5级水泥，水泥用量为加固土干重度的2%～15%，3个月龄期试块变形模量可达75 000kPa以上，抗压强度在1 500～3 000kPa（加固软土含水率为40%～100%）。按复合地基设计计算加固软土地基可提高承载力2～3倍以上，沉降量减小，稳定性也明显提高，而且施工方便，是目前公路、铁路厚层软土地基加固常用技术措施的一种，也用于深基坑支护结构、港口码头护岸等。由于水泥浆与原地基软土搅拌结合对周围建筑物影响很小，施工无振动和噪声，对环境无污染，更适用于市政工程。但不适用于含有树根、石块等的软土层。

二、高压喷射注浆法

高压喷射注浆法是20世纪60年代后期由日本提出的，我国在70年代开始用于桥墩、房屋等地基处理。它是利用钻机将带有喷嘴的注浆管钻进至土层的预定位置后，以20MPa左右的高压将加固用浆液（一般为水泥浆）从喷嘴喷射出冲击土层，土层在高压喷射流的冲击力、离心力和重力等作用下，与浆液搅拌混合，浆液凝固后，便在土中形成一个固结体。

高压喷射注浆法按喷射方向和形成固体的形状可分为旋转喷射、定向喷射和摆动喷射3种。旋转喷射时，喷嘴边喷边旋转和提升，固结体呈圆柱状，称为旋喷法，主要用于加固地基；定向喷射时，喷嘴边喷边提升，喷射定向的固结体呈壁状；摆动喷射固结体呈扇状墙。后两种方式常用于基坑防渗和边坡稳定等工程。按注浆的基本工艺可分为单管法（浆液管）、二重管法（浆液管和气管）、三重管法（浆液管、气管和水管）和多重管法（水管、气管、浆液管和抽泥浆管等）。

高压喷射注浆法适用于砂类土、黏性土、湿陷性黄土、淤泥和人工填土等多种土类,加固直径(厚度)为 0.5~1.5m,固结体抗压强度加固软土为 5~10MPa,加固砂类土为 10~20MPa。对于砾石粒径过大,含腐殖质过多的土加固效果较差;对地下水流较大,对水泥有严重腐蚀的地基土也不宜采用。

旋喷法加固地基的施工程序如图 5-12 所示,图中①表示钻机就位后先进行射水试验;②、③表示钻杆旋转射水下沉,直到设计高程为止;④、⑤表示压力升高到 20MPa 喷射浆液,钻杆约以 20r/min 旋转,提升速度约每喷射 3 圈提升 25~50mm,这与喷嘴直径,加固土体所需加固液量有关(加固液量经试验确定);⑥表示已旋喷成桩,再移动钻机重新以②~⑤程序进行加固土层。旋喷桩的平面布置可根据加固需要确定,当喷嘴直径为 1.5~1.8mm,压力为 20MPa 时,形成的固结桩柱体的有效直径可参考下列经验公式估算。

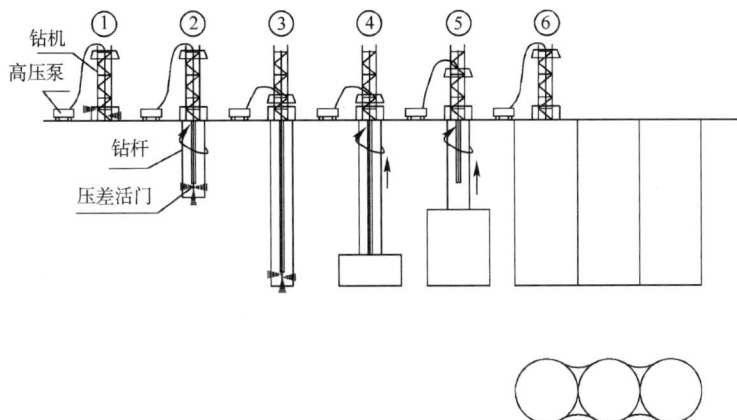

图 5-12　旋喷法施工程序

对于标准贯入击数 $N=0~5$ 的黏性土:

$$D = \frac{1}{2} - \frac{1}{200}N^2 \ (\text{m}) \qquad (5\text{-}20)$$

对于 $5 \leqslant N \leqslant 15$ 的砂类土:

$$D = \frac{1}{1\,000}(350 + 10N - N^2)\ (\text{m}) \qquad (5\text{-}21)$$

此法因加固费用较高,我国只在其他加固方法效果不理想的情况下考虑选用。

第七节　土工合成材料加筋法

目前,土工合成新材料中,具有代表性的有土工格栅、土工网等及其组合产品。在近 20 年中,这类材料相继在岩土工程中应用获得成功,成为建材领域中继木材、钢材和水泥之后的第四大类材料,目前已成为土工加筋法中最具代表性的加筋材料,并被誉为岩土工程领域的一次"革命",已成为岩土工程学科中的一个重要的分支。

土工合成材料一般具有多功能,在实际应用中,往往是一种功能起主导作用,而其他功能则不同程度地发挥作用。土工合成材料的功能包括隔离、加筋、反滤、排水、防渗和防护六大类。各类土工合成材料应用中的主要功能见表5-6。

各类土工合成材料的主要功能 表5-6

功能 类型	土工合成材料的功能分类					
	隔离	加筋	反滤	排水	防渗	防护
土工织物（GT）	P	P	P	P	P	S
土工格栅（GG）		P				
土工网（GN）				P		P
土工膜（GM）	S				P	S
土工垫块（GCL）	S				P	
复合土工材料（GC）	P或S	P或S	P或S	P或S	P或S	P或S

注:P表示主要功能,S表示辅助功能。

一、土工合成材料的排水反滤作用

用土工合成材料代替砂石做反滤层,能起到排水反滤作用。

1.排水作用

具有一定厚度的土工合成材料具有良好的三维透水特性,利用这一特性可以使水经过土工合成材料的平面迅速沿水平方向排走,也可和其他排水材料(如塑料排水板等)共同构成排水系统或深层排水井,如图5-13所示为土工合成材料埋设方法。

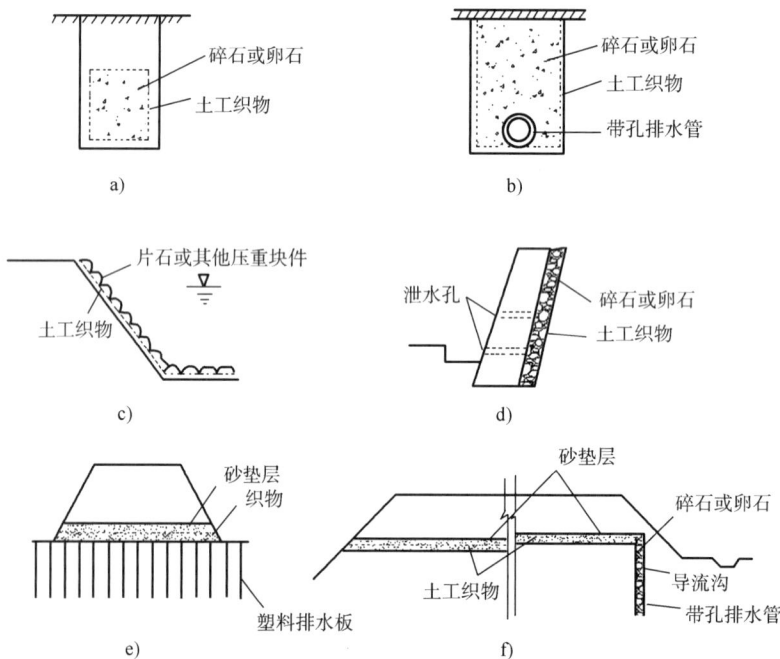

图5-13 土工合成材料用于排水过滤的典型实例

a)暗沟;b)渗沟;c)地面防护;d)支挡结构壁墙后排水;e)软基路堤地基表面排水垫层;f)处置翻浆冒泥和季节性过滤的导流沟

2.反滤作用

在渗流出口铺设土工合成材料作为反滤层,这和传统的砂砾石滤层一样,均可以提高被保护土的抗渗强度。

多数土工合成材料在单向渗流的情况下,紧贴在土体中,发生细颗粒逐渐向滤层移动,同时还有部分细颗粒通过土工合成材料被带走,遗留下来的是较粗的颗粒,从而与滤层相邻一定厚度的土层逐渐自然形成一个反滤带和一个骨架网,阻止土粒的继续流失,最后趋于稳定平衡。亦即土工合成材料与其相邻接触部分土层共同形成了一个完整的反滤系统,如图5-13所示。具有这种排水作用的土工合成材料,要求在平面方向有较大的渗透系数。

具有相同孔径尺寸的无纺土工合成材料和砂的渗透性大致相同,但土工合成材料的空隙比比砂高得多;其密度约为砂的1/10,因而当它与砂具有相同的反滤特征时,则所需的质量要比砂少90%。此外,土工合成材料滤层的厚度为砂砾反滤层的1/100 ~ 1/1 000,之所以能如此,是因为土工合成材料的结构保证了它的连续性。

此外,土工合成材料放在两种不同的材料之间,或用在同一材料不同粒径之间以及地基与基础之间会起到隔离作用,不会使两者之间相互混杂,从而保持材料的整体结构和功能。

二、土工合成材料的加筋作用

当土工合成材料用作土体加筋时,其基本作用是给土体提供抗拉强度。其应用范围有:土坡和堤坝、地基、挡土墙。

由于土工合成材料有较高的强度和韧性等力学性能,且能紧贴于地基表面,所以能使其上部施加的荷载均匀分布在地层中。当地基可能产生冲切破坏时,铺设的土工合成材料将阻止破坏面的出现,从而提高地基承载力。当受集中荷载作用时,在较大的荷载作用下,高模量的土工合成材料受力后将产生一垂直分力,抵消部分荷载。在沼泽地、泥炭土和软黏土上建造临时道路是土工合成材料最重要的用途之一。

利用土工合成材料在建筑物地基中加筋已开始在我国大型工程中应用。根据实测的结果和理论分析,认为土工合成材料加筋垫层的加固原理主要是:

(1)增强垫层的整体性和刚度,调整不均匀沉降。

(2)扩散应力,由于垫层刚度增大的影响,扩大了荷载扩散的范围,使应力均匀分布。

(3)约束作用,亦即约束下卧软弱土地基的侧向变形。

三、土工合成材料在应用中的问题

1.施工方面

(1)铺设土工合成材料时应注意均匀平整;在斜坡上施工时应保持一定的松紧度;在护岸工程坡面上铺设时,上坡段土工合成材料应搭接在下坡段土工合成材料之上。

(2)对土工合成材料的局部地方,不要加过重的局部应力。如果用块石保护土工合成材料,施工时应将块石轻轻铺放,不得在高处抛掷,块石下落的高度大于1m时,土工合成材料很可能被击破。如块石下落的情况不可避免时,应在土工合成材料上先铺砂层保护。

(3)土工合成材料用于反滤层作用时,要求保证连续性,不使其出现扭曲、折皱和重叠。

(4)在存放和铺设过程中,应尽量避免长时间的曝晒而使材料劣化。

（5）土工合成材料的端部要先铺填，中间后填，端部锚固必须精心施工。

（6）不要使推土机的刮土板损坏所铺填的土工合成材料。当土工合成材料受到损坏时，应予立即修补。

2.连接方面

土工合成材料是按一定规格的面积和长度在工厂进行定型生产，因此这些材料运到现场后必须进行连接。连接时可采用搭接、缝合、胶结或 U 形钉钉住等方法（图5-14）。

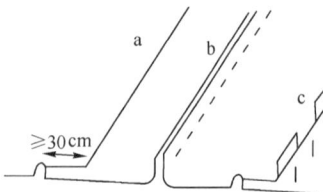

图 5-14　连接图示

a-搭接;b-缝合;c-用 U 形钉钉位

采用搭接法时，搭接必须保证足够的长度，一般在 0.3～1.0m 之间。坚固水平的路基一般需 0.2m，软而不平的路基则需 1m。在搭接处应尽量避免受力，以防土工合成材料移动。搭接法施工简便，但用料较多。

缝合法是指用移动式缝合机，将尼龙或涤纶线面对面缝合，缝合处的强度一般可达纤维强度的 80%。缝合法节省材料，但施工费时。

3.材料方面

土工合成材料在使用中应防止曝晒和被污染，在作为加筋土中的筋带使用时，应具有较高的强度，受力后变形小，能与填料产生足够的摩擦力，抗腐蚀性和抗老化性好。

思考与练习

5-1　工程中常采用的地基处理方法可分为哪几类？概述各类地基处理方法的特点及适用条件。

5-2　换土垫层法适用于什么情况？换土垫层的厚度和宽度如何确定？应验算哪些内容？

5-3　试说明排水固结法加固地基的机理。

5-4　排水固结法中砂井的作用是什么？挤密砂桩和排水砂井的作用有何不同？

5-5　简述水泥搅拌法和高压喷射注浆法是如何加固地基的？

5-6　土工合成材料的加固原理是什么？

第六章　特殊地基处理

我国地域辽阔,从沿海到内陆,从山区到平原,分布着多种多样的土类。有些土类,由于不同的地理环境、气候条件、地质成因、历史过程、物质成分等原因,而具有与一般土类不同的特殊性质,如分布于我国西北地区的湿陷性黄土,分布于高纬度和高海拔地区的多年冻土,分布于南方地区的膨胀土等。由于这些土类的承载能力往往达不到设计要求,故常常需要进行地基处理。本章主要阐述湿陷性黄土、冻土地基的特性与分布以及常用的地基处理措施,同时,对不良地质条件——地震区的基础工程也作了相应介绍。

第一节　湿陷性黄土地基

黄土是一种在第四纪时期形成的黄色粉状土。具有天然含水率的黄土,若未受水浸湿,往往具有较高的强度和较小的压缩性。但有的黄土遇水浸湿后,土的结构迅速破坏,发生显著的湿陷变形,强度也随之下降的,称为湿陷性黄土。湿陷性黄土分为自重湿陷性和非自重湿陷性两种。在上覆土层自重压力下受水浸湿后发生湿陷称为自重湿陷性黄土;而在此压力下受水浸湿不发生湿陷,需要在自重应力和由外荷载引起的附加应力共同作用下,受水浸湿才发生湿陷的称为非自重湿陷性黄土。湿陷性黄土地基的湿陷特性,会对结构物带来不同程度的危害,使结构物大幅度沉降、倾斜,甚至严重影响其安全和使用。从世界范围看,湿陷性黄土在中国、美国和前苏联分布面积较大。在我国,湿陷性黄土分布很广,主要分布在内蒙古、河北、山西、陕西、甘肃、宁夏等地,大致以祁连山、秦岭为界,主要分布在其北部。它占我国黄土地区总面积的60%以上,约为60万 km²,而且又多出现在地表浅层,因此,在黄土地区修筑桥涵结构物对湿陷性黄土地基应有可靠的判断方法和全面的认识,在设计施工中要因势利导,做好合理而经济的设计施工方案,防止或消除它的湿陷性。

一、黄土湿陷性的判定和地基的评价

1. 黄土湿陷性的判定

湿陷性黄土具备黄土的一般特征,如呈黄色或黄褐色;粒度成分以粉土颗粒为主,约占50%以上;具有肉眼可见的孔隙;呈松散多孔结构状态,空隙比常在 1.0 以上;天然剖面上具有垂直节理;含水溶性盐(碳酸盐、硫酸盐类等)较多等。而垂直大孔性、松散多孔结构,遇水时土颗粒间的加固凝聚力即降低或消失,则是湿陷性黄土的特有特征。

黄土湿陷性的判定可用室内浸水侧限压缩试验来判定。把保持天然含水率和结构的黄土土样,逐步加压,达到规定的压力,土样压缩稳定后,进行浸水,使含水率接近饱和,土样就迅速下沉,达到稳定后,得到土样的高度 h'_p,计算土的湿陷系数:

$$\delta_s = \frac{h_p - h'_p}{h_0} \tag{6-1}$$

式中：δ_s——湿陷系数；

h_p——保持天然湿度和结构的土样，加压至规定的压力时，下沉稳定后的高度(mm)；

h'_p——上述加压稳定后的土样，在浸水(饱和)作用下，附加下沉稳定后的高度(mm)；

h_0——土样的原始高度(mm)。

测定湿陷系数 δ_s 的压力：对于基础底面压应力不大于300kPa的桥涵，自基底算起10m以上的土层采用200kPa；10m以下至非湿陷性层顶面，采用其上面覆土的饱和自重压应力(当上面覆土的饱和自重压应力大于300kPa时，采用300kPa)。对于基础底面压应力大于300kPa的桥涵，应采用实际压应力。对压缩性较高的新堆积黄土，基底以下5m以内土层宜用100~150kPa的压应力；5~10m及10m以下至非湿陷性黄土层顶面，应分别采用200kPa和上面覆土的饱和自重压应力。

《湿陷性黄土地区建筑规范》(GB 50025—2004)也规定 $\delta_s \geq 0.015$ 为湿陷性黄土，$\delta_s < 0.015$ 为非湿陷性黄土。一般认为 $\delta_s < 0.03$ 为弱湿陷性黄土，$0.03 < \delta_s \leq 0.07$ 为中等湿陷性黄土，$\delta_s > 0.7$ 为强湿陷性黄土。

2. 湿陷性黄土地基湿陷等级的判定

如上所述，湿陷性黄土分为非自重湿陷性和自重湿陷性两种，自重湿陷性黄土浸水后，在其上覆土自重压力作用下，迅速发生比较强烈的湿陷，要求采取有效的措施，以保证桥涵等结构物的安全和正常使用。《湿陷性黄土地区建筑规范》(GB 50025—2004)规定用自重湿陷量 (Δ_{zs}) 来划分两种地基：

$$\Delta_{zs} = \beta_0 \sum_{i=1}^{n} \delta_{zsi} h_i \tag{6-2}$$

式中：Δ_{zs}——自重湿陷量(mm)；

δ_{zsi}——地基中第 i 层土的自重湿陷系数；

h_i——地基中第 i 层土的厚度(mm)；

β_0——因地区土质而异的修正系数，采用《湿陷性黄土地区建筑规范》(GB 50025—2004)有关数据：陇西地区可取1.5，陇东—陕北—晋西地区可取1.2，关中地区可取0.9，其他地区可取0.5；

n——计算总厚度内土层数。

自重湿陷系数 δ_{zs} 可按下列公式计算：

$$\delta_{zs} = \frac{h_z - h'_z}{h_0} \tag{6-3}$$

式中：δ_{zs}——自重湿陷系数；

h_z——保持天然湿度和结构的土样，加压至该土样上覆土的饱和自重压力时，下沉稳定后的高度(mm)；

h'_z——上述加压稳定后的土样，在浸水(饱和)作用下，附加下沉稳定后的高度(mm)；

h_0——土样的原始高度(mm)。

当自重湿陷量 $\Delta_{zs} \leq 70$mm 时，为非自重湿陷性黄土地基；当 $\Delta_{zs} > 70$mm 时，为自重湿陷性黄土地基。

自重湿陷量 Δ_{zs} 自天然地面算起累计，至其下面的非湿陷性黄土层的顶面为止，其中自重

湿陷系数 δ_{zs} 小于 0.015 的土层可不计。

湿陷性黄土地基的湿陷等级,即地基土受水浸湿后发生湿陷的程度,可以用基底以下各土层湿陷下沉稳定后所发生湿陷量的总和(总湿陷量)来衡量,总湿陷量越大,对桥涵等结构物的危害性越大,其设计、施工和处理措施要求也应越高。

《湿陷性黄土地区建筑规范》(GB 50025—2004)对基底以下地基总湿陷量 Δ_s (cm)用式(6-4)计算:

$$\Delta_s = \sum_{i=1}^{n} \beta \delta_{si} h_i \tag{6-4}$$

式中:Δ_s——基底以下地基的湿陷量(mm);

δ_{si}——自基底算起第 i 层土的湿陷系数;

β——考虑地基土侧向挤出或浸水几率等因素的修正系数,在基底以下 5m 以内可取 1.5;5~10m 取 1.0;10m 以下至非湿陷性黄土层顶面及非自重湿陷性黄土取零,自重湿陷性黄土可采用公式(6-2)中的 β_0 值;

h_i——基底以下第 i 层土的厚度(mm);

n——计算总厚度内土层数。

基底以下地基的湿陷量 Δ_s 应自基底算起,对于非自重湿陷性黄土,累计至基底以下 10m(或地基压缩层)深度为止。对于自重湿陷性黄土,累计至非湿陷性黄土层顶面为止,其中湿陷系数 δ_s (10m 以下为 δ_{zs})小于 0.015 的土层可不累计。

湿陷性黄土地基的湿陷等级,应根据自重湿陷量 Δ_{zs} 和基底以下地基湿陷量 Δ_s 的数值按表 6-1 确定。

湿陷性黄土地基的湿陷等级 表 6-1

湿陷性类型		非自重湿陷性地基	自重湿陷性地基	
自重湿陷量 Δ_{zs} (mm)		$\Delta_{zs} \leq 70$	$70 < \Delta_{zs} \leq 350$	$\Delta_{zs} > 350$
基底以下地基的湿陷量 Δ_s (mm)	$\Delta_s \leq 300$	I(轻微)	II(中等)	—
	$300 < \Delta_s \leq 700$	II(中等)	II(中等)或III(严重)	III(严重)
	$\Delta_s > 700$	II(中等)	III(严重)	IV(很严重)

注:当湿陷量的计算值 $\Delta_s > 600$mm,且自重湿陷量的计算值 $\Delta_{zs} > 300$mm 时,可判定为III级,其他情况可判定为II级。

二、湿陷性黄土地基的处理与结构措施

1. 湿陷性黄土的处理

对湿陷性黄土地基进行处理的目的,主要是改善土的性质和结构,减少地基因浸水而引起的湿陷性变形。同时,湿陷性黄土地基经处理后,承载能力也有所提高。常用的处理湿陷性黄土地基的方法有:换填法(垫层法)、强夯法、灰土挤密桩法、预浸水处理法、振冲法、高压喷射注浆法等,可根据地基湿陷类型、等级、结构物要求等条件选用,以下对其作简要介绍。

(1)灰土或素土换填法(垫层法)

挖出基础底下一定厚度的湿陷土层,然后用体积比为 3:7 的石灰与土(黏性土)回填,分层夯实。这种方法施工简易,效果显著。但施工时要求保证施工质量,对回填的灰土或素土,

应通过室内击实试验,控制最佳含水率和最大干密度,否则达不到预期效果。

（2）重锤夯实及强夯法

重锤夯实法能消除浅层的湿陷性,如用 1.5~4t 的重锤,落高 2.5~4.5m,在最佳含水率情况下,可消除在 1.0~1.6m 深度内土层的湿陷性。强夯法根据国内使用记录,在锤重 10~20t,自由下落高度 10~20m 锤击 2 遍,可消除 4~6m 范围内土层的湿陷性。

该两种方法均应事先在现场进行夯击试验,确定达到预期处理效果所必需的夯点、锤击数、夯沉量等,以指导施工,保证质量。

（3）石灰土或二灰（石灰与粉煤灰）挤密桩

用打入桩、冲钻或爆扩等方法在土中成孔,然后用石灰土或将石灰与粉煤灰混合分层夯填桩孔而成（少数也有用素土）,用挤密的方法破坏黄土地基的松散、大孔结构,达到消除或减轻地基的湿陷性。此方法适用于消除 5~10m 深度内地基土的湿陷性。

（4）预浸水处理法

利用自重性湿陷黄土地基的自重湿陷性,在结构物修筑之前,将地基充分浸水,使其在自重作用下发生湿陷,然后再修建筑物。这样可以消除地表以下数米黄土的自重湿陷性,更深的土层需另外处理。但这种方法需水量大,可能使附近地表发生开裂、下沉。

2. 桥涵地基处理

湿陷性黄土地区桥涵根据其重要性、结构特点、受水浸湿后的危害程度和修复难易分为 A、B、C、D 四类：

A 类:20m 及以上高墩台和超静定桥梁。

B 类:一般桥梁基础,拱涵。

C 类:一般涵洞及倒虹吸。

D 类:桥涵附属工程。

湿陷性黄土地区的桥涵应根据湿陷性黄土的等级、结构物分类和水流特征,采取相应的设计措施和处理方案,以满足沉降控制的要求。处理措施见表 6-2。

湿陷性黄土地区桥涵地基处理的措施 表 6-2

水流特征及湿陷等级 类型及措施		经常性流水（或浸湿可能性较大）				季节性流水（或浸湿可能性较小）			
		I	II	III	IV	I	II	III	IV
A	措施	①				①			
B	措施	②、③	②、③	①、②	①	③		②、③	②
	处理深度（m）	2.0~3.0	3.0~5.0	4.0~6.0	6.0	0.8~1.0	1.0~2.0	2.0~3.0	5.0
C	措施	③			②	③			
	处理深度（m）	0.8~1.0	1.0~1.5	1.5~2.0	3.0	0.5~0.8	0.8~1.2	1.2~2.0	2.0
D	措施	④				④			

注:表中①、②、③、④为措施编号,各编号的处理措施如下:①墩台基础采用明挖、沉井或桩基,置于非湿陷性土层中;②采用强夯法或挤密桩法,并采取防水和结构措施;③采取重锤夯实,并采取防水和结构措施;④地基表层夯实。

3. 地基处理时设计和施工应注意的问题

(1)湿陷性黄土地基上的桥涵设计应注意下列事项:

①湿陷性黄土地基可采用垫层法(换填法)、强夯法、振冲法、土或灰土挤密桩法等方法进行处理。选择地基处理方案时,应经过技术经济比较,选用加强上部结构、基础和处理地基相结合的方案。

②湿陷性黄土地区的桥涵,宜设置在原有沟床上,并宜采用适应沉降的结构。涵洞不应采用分离式基础。

③处理后的地基承载力应满足设计要求,且其下卧层的顶面的承载力应不小于下卧层顶面的附加压力与自重压力之和。

④处理后的地基干密度不应小于 $1.6t/m^3$。

(2)在湿陷性黄土地基上设置的垫层,可采用灰土垫层、素土垫层和砂砾垫层。灰土垫层应用最广;素土垫层主要用于灰土垫层下面挖出的湿土的回填处理。砂砾垫层则仅适用于地下水位较高及黄土层下卧卵砾石或岩石出露地段。灰土垫层按石灰与土以 3∶7 拌和,在设计与施工中应符合下列要求:

①采用优质石灰,与土料拌和均匀,加水至最佳含水率后充分闷料。

②灰土垫层应分层压实或夯实,分层厚度不大于 150mm,按重型击实标准的压实度不小于 95%。

③灰土垫层总厚度。对于非自重湿陷性黄土地基,垫层总厚度不宜小于 1.0m,并使其下面各天然土层所受的压力小于湿陷起始压力;对于自重湿陷黄土地基,垫层总厚度不宜小于 2.0m,并应保证其下卧层的顶面的承载力不小于下卧层顶面的总压力(附加压力与土自重压力之和)。

④灰土垫层每边应超出基础边缘外的宽度不应小于其厚度,且不宜小于 1.5m。灰土垫层以下宜设置一层 1.0 ~1.5m 厚的素土垫层,其基底应夯实。

(3)湿陷性黄土地基采用强夯法处理应注意以下事项:

①强夯前应先进行试夯,试夯应按设计要求选点进行。

②被处理的地基的天然含水率宜低于塑限含水率的 1% ~3%。当含水率低于 10% 时,宜加水至塑限含水率;当土的天然含水率大于塑限含水率的 3% 时,宜采取措施适当降低含水率。

(4)湿陷性黄土地基采用灰土挤密桩法,石灰和土的比例可取 2∶8 ~3∶7。石灰宜采用新鲜消石灰,其颗粒不应大于 5mm。灰土填料中的土料宜选蒙脱石、高岭石、伊利石等矿物成分的黏土,且不应含有有机物;土料 pH 值不宜小于 7,且土颗粒不应大于 15mm。

灰土桩沉管机的吨位一般为 0.5 ~2.5t,其相应沉管直径为 0.3 ~0.6m,处理深度为 5 ~15m。

4. 结构措施

结构物的结构形式尽量采用简支梁等对不均匀沉降不敏感的结构;加大基础刚度,使受力均匀;对长度较大、形体复杂的结构物可采用沉降缝等将其分为若干独立单元等。

桥梁工程中,对较高的墩、台和超静定结构,采用刚性扩大基础、桩基础或沉井基础等形式,并将其基底设置到非湿陷的土层中;对一般结构的大中桥梁,重要的道路人工结构物,如属于Ⅱ级非自重湿陷性黄土,也应将基础置于非湿陷性黄土层中或对全部湿陷性黄土层进行处理或加强结构措施。如属于Ⅰ级非自重湿陷性黄土,也应对全部湿陷性黄土进行处理。

三、湿陷性黄土地基的容许承载力和沉降

湿陷性黄土地基的容许承载力,可根据地基荷载试验、规范级经验数据确定。对各种深层挤密桩、强夯等处理的地基,其承载力应通过静载试验来确定。经灰土垫层、重锤夯实的地基土承载力也应由静载试验确定,一般不宜超过250kPa(素土垫层为200kPa)。

对湿陷性黄土地基上的桥台,应验算沉降。湿陷性黄土地基沉降的计算,应结合地基的情况进行,除考虑地层的压缩变形以外,对全部消除湿陷性处理的地基,可不计算湿陷性;对消除部分湿陷性的地基,应计算地基在处理后的剩余湿陷量;对仅进行结构处理或防水处理的地基,应计算其全部湿陷量。

第二节　冻土地区的地基与基础

凡是温度为0℃或负温,含有冰且与土颗粒呈胶结状态的土称为冻土。根据冻结延续时间可分为多年冻土和季节性冻土两大类。冻结状态保持3年或3年以上的称为多年冻土,多年冻土常存在地面下一定深度。土层冬季冻结,夏季全部融化,冻结延续时间一般不超过一个季节的是季节性冻土。季节性冻土的下边界线,称为冻深线或冻结线,如图6-1所示。

季节性冻土在我国分布很广,东北、华北、西北是季节性冻土分布的主要地区。多年冻土分布在严寒地区,这些地区冰冻期长达7个月,基本上集中在两大区域:纬度较大的内蒙古和黑龙江大、小兴安岭一带;海拔较高的青藏高原部分地区和甘肃、新疆的高山区。

冻土是由土的颗粒、水、冰、气体等组成的多相成分的复杂体系。冻土与未冻土的物理力学性质有着共同性,但因冻结时水相变化及其对结构和物理力学性质的影响,使冻土含有若干不同于未冻土的特点,如冻结过程水的迁移;冰的析出、冻胀和融沉等。这些特点会使多年冻土和季节性冻土对结构物带来不同的危害,因而对冻土区基础工程除按一般地区的要求进行设计和施工外,还要考虑季节性冻土或多年冻土的特殊要求。

一、季节性冻土基础工程

1.季节性冻土按冻胀性的分类

季节性冻土地区结构物的破坏很多是由地基土冻胀造成的。由于水冻结成冰后,体积约增大9%,加上水分的转移,使冻土的膨胀量更大。由于冻土的侧面和底面都有约束,所以多表现为向上的隆胀。

公路桥涵地基土的季节性冻胀性分类,可按表6-3分为不冻胀、弱冻胀、冻胀、强冻胀、特强冻胀和极强冻胀。

图6-1 季节性冻土

公路桥涵地基土的季节性冻胀性分类

表 6-3

土 的 名 称	冻前天然含水率 w（%）	冻前地下水位至地表距离 z（m）	平均冻胀率 K_d（%）	冻胀等级	冻胀类别
岩石、碎石土、砾砂、粗砂、中砂（粉黏粒含量≤15%）	不考虑	不考虑	$K_d \leq 1$	I	不冻胀
碎石土、砾砂、粗砂、中砂（粉黏粒含量 >15%）	$w \leq 12$	$z > 1.5$	$K_d \leq 1$	I	不冻胀
		$z \leq 1.5$	$1 < K_d \leq 3.5$	II	弱冻胀
	$12 < w \leq 18$	$z > 1.5$			
		$z \leq 1.5$	$3.5 < K_d \leq 6$	III	冻胀
	$w > 18$	$z > 1.5$			
		$z \leq 1.5$	$6 < K_d \leq 12$	IV	强冻胀
细砂、粉砂	$w \leq 14$	$z > 1.0$	$K_d \leq 1$	I	不冻胀
		$z \leq 1.0$	$1 < K_d \leq 3.5$	II	弱冻胀
	$14 < w \leq 19$	$z > 1.0$			
		$1.0 > z \geq 0.25$	$3.5 < K_d \leq 6$	III	冻胀
		$z \leq 0.25$	$6 < K_d \leq 12$	IV	强冻胀
	$19 < w \leq 23$	$z > 1.0$	$3.5 < K_d \leq 6$	III	冻胀
		$1.0 > z \geq 0.25$	$6 < K_d \leq 12$	IV	强冻胀
		$z \leq 0.25$	$12 < K_d \leq 18$	V	特强冻胀
	$w > 23$	$z > 1.0$	$6 < K_d \leq 12$	IV	强冻胀
		$z \leq 1.0$	$12 < K_d \leq 18$	V	特强冻胀
粉土	$w \leq 19$	$z > 1.5$	$K_d \leq 1$	I	不冻胀
		$z \leq 1.5$	$1 < K_d \leq 3.5$	II	弱冻胀
	$19 < w \leq 22$	$z > 1.5$			
		$z \leq 1.5$	$3.5 < K_d \leq 6$	III	冻胀
	$22 < w \leq 26$	$z > 1.5$			
		$z \leq 1.5$	$6 < K_d \leq 12$	IV	强冻胀
	$26 < w \leq 30$	$z > 1.5$			
		$z \leq 1.5$	$K_d > 12$	V	特强冻胀
	$w > 30$	不考虑			
黏性土	$w \leq w_p + 2$	$z > 2.0$	$K_d \leq 1$	I	不冻胀
		$z \leq 2.0$	$1 < K_d \leq 3.5$	II	弱冻胀
	$w_p + 2 < w \leq w_p + 5$	$z > 2.0$			
		$2.0 > z \geq 1.0$	$3.5 < K_d \leq 6$	III	冻胀
		$1.0 > z \geq 0.5$	$6 < K_d \leq 12$	IV	强冻胀
		$z \leq 0.5$	$12 < K_d \leq 18$	V	特强冻胀
	$w_p + 5 < w \leq w_p + 9$	$z > 2.0$	$3.5 < K_d \leq 6$	III	冻胀
		$2.0 > z \geq 0.5$	$6 < K_d \leq 12$	IV	强冻胀
		$0.5 > z \geq 0.25$	$12 < K_d \leq 18$	V	特强冻胀
		$z \leq 0.25$	$K_d > 18$	VI	极强冻胀
	$w_p + 9 < w \leq w_p + 15$	$z > 2.0$	$6 < K_d \leq 12$	IV	强冻胀
		$2.0 > z \geq 0.25$	$12 < K_d \leq 18$	V	特强冻胀
		$z \leq 0.25$	$K_d > 18$	VI	极强冻胀
	$w_p + 15 < w \leq w_p + 23$	$z > 2.0$	$12 < K_d \leq 18$	V	特强冻胀
		$z \leq 2.0$	$K_d > 18$	VI	极强冻胀
	$w > w_p + 23$	不考虑			

注：1. w_p-塑限含水率（%）；w-在冻土层内冻前天然含水率的平均值。

2. 本分类不包括盐渍化冻土。

2.墩、台和基础(含条形基础)抗冻拔稳定性验算

确定基础埋置深度后,基底法向冻胀力基本消失。季节性冻土地基墩台基础抗冻拔稳定性按下式计算:

$$F_k + G_k + Q_{sk} \geqslant kT_k \tag{6-5}$$

$$T_k = z_d \tau_{sk} u \tag{6-6}$$

$$z_d = z_0 \psi_{zs} \psi_{zw} \psi_{ze} \psi_{zg} \psi_{zf} \tag{6-7}$$

式中:F_k——作用在基础上的结构自重力(kN);

G_k——基础自重力及襟边上的土重力(kN);

Q_{sk}——基础周边融化层的摩阻力标准值(kN),按公式 $Q_{sk} = q_{sk} \cdot A_s$ 计算,其中 A_s 为融化层中基础的侧面面积(m²),q_{sk} 为基础侧面与融化层的摩阻力标准值(kPa);无实测资料时,对黏性土可采用 20~30kPa,对砂土及碎石土可采用 30~40kPa;

k——冻胀力修正系数,砌筑或架设上部结构之前,k 取 1.1;砌筑或架设上部结构之后,对外静定结构 k 取 1.2,对超静定结构 k 取 1.3;

T_k——对基础的切向冻胀力标准值(kN);

z_d——设计冻深(m),当基础埋置深度 h 小于 z_d 时,z_d 采用 h;

z_0——标准冻深(m);

τ_{sk}——季节性冻土切向冻胀力标准值(kPa),按表6-4选用;

u——在季节性冻土层中基础和墩身的平均周长(m);

ψ_{zs}——土的类别对冻深的影响系数,按表6-5查取;

ψ_{zw}——土的冻胀性对冻深的影响系数,按表6-6查取;

ψ_{ze}——环境对冻深的影响系数,按表6-7查取;

ψ_{zg}——地形坡向对冻深的影响系数,按表6-8查取;

ψ_{zf}——基础对冻深的影响系数,取 $\psi_{zf} = 1.1$。

季节性冻土切向冻胀力标准值 τ_{sk}(kPa) 表6-4

基础形式 \ 冻胀类别	不冻胀	弱冻胀	冻胀	强冻胀	特强冻胀	极强冻胀
墩、台、柱、桩基础	0~15	15~80	80~120	120~160	160~180	180~200
条形基础	0~10	10~40	40~60	60~80	80~90	90~100

注:1.条形基础系指基础长宽比等于或大于10的基础。

2.对表面光滑的预制桩,τ_{sk} 乘以 0.8。

土的类别对冻深的影响系数 ψ_{zs} 表6-5

土 的 类 别	ψ_{zs}	土 的 类 别	ψ_{zs}
黏性土	1.00	中砂、粗砂、砾砂	1.30
细砂、粉砂、粉土	1.20	碎石土	1.40

土的冻胀性对冻深的影响系数 ψ_{zw} 表6-6

冻 胀 性	ψ_{zw}	冻 胀 性	ψ_{zw}
不冻胀	1.00	强冻胀	0.85
弱冻胀	0.95	特强冻胀	0.80
冻胀	0.90	极强冻胀	0.75

环境对冻深的影响系数 ψ_{ze}　　　　　　　　　　　表 6-7

周围环境	ψ_{ze}	周围环境	ψ_{ze}
村、镇、旷野	1.00	城市市区	0.90
城市近郊	0.95	—	—

注：当城市市区人口为 20 万～50 万时，按城市近郊取值；当城市市区人口大于 50 万小于或等于 100 万时，按城市市区取值；当城市市区人口超过 100 万时，按城市市区取值，5km 以内的郊区应按城市近郊取值。

地形坡向对冻深的影响系数 ψ_{zg}　　　　　　　　　表 6-8

地形坡向	平　坦	阳　坡	阴　坡
ψ_{zg}	1.0	0.9	1.1

二、多年冻土地区基础工程

1. 多年冻土按其融沉性的等级划分

多年冻土的融沉性是评价其工程性质的重要指标，公路桥涵地基土的多年冻土分类，可按表 6-9 分为不融沉、弱融沉、融沉、强融沉和融陷 5 类。

多年冻土分类表　　　　　　　　　　　　　　表 6-9

土 的 名 称	含水率 $w(\%)$	平均融沉系数 δ_0	融沉等级	融沉类别	冻土类型
碎(卵)石、砾、粗、中砂(粒径小于 0.074mm 的颗粒含量不大于 15%)	$w < 10$	$\delta_0 \leqslant 1$	I	不融沉	少冰冻土
	$w \geqslant 10$	$1 < \delta_0 \leqslant 3$	II	弱融沉	多冰冻土
碎(卵)石、砾、粗、中砂(粒径小于 0.074mm 的颗粒含量不大于 15%)	$w < 12$	$\delta_0 \leqslant 1$	I	不融沉	少冰冻土
	$12 \leqslant w < 15$	$1 < \delta_0 \leqslant 3$	II	弱融沉	多冰冻土
	$15 \leqslant w < 25$	$3 < \delta_0 \leqslant 10$	III	融沉	富冰冻土
	$w \geqslant 25$	$10 < \delta_0 \leqslant 25$	IV	强融沉	饱冰冻土
粉、细砂	$w < 14$	$\delta_0 \leqslant 1$	I	不融沉	少冰冻土
	$14 \leqslant w < 18$	$1 < \delta_0 \leqslant 3$	II	弱融沉	多冰冻土
	$18 \leqslant w < 28$	$3 < \delta_0 \leqslant 10$	III	融沉	富冰冻土
	$w \geqslant 28$	$10 < \delta_0 \leqslant 25$	IV	强融沉	饱冰冻土
粉土	$w < 17$	$\delta_0 \leqslant 1$	I	不融沉	少冰冻土
	$17 \leqslant w < 21$	$1 < \delta_0 \leqslant 3$	II	弱融沉	多冰冻土
	$21 \leqslant w < 32$	$3 < \delta_0 \leqslant 10$	III	融沉	富冰冻土
	$w \geqslant 32$	$10 < \delta_0 \leqslant 25$	IV	强融沉	饱冰冻土
黏性土	$w < w_p$	$\delta_0 \leqslant 1$	I	不融沉	少冰冻土
	$w_p \leqslant w < w_p + 4$	$1 < \delta_0 \leqslant 3$	II	弱融沉	多冰冻土
	$w_p + 4 \leqslant w < w_p + 15$	$3 < \delta_0 \leqslant 10$	III	融沉	富冰冻土
	$w_p + 15 \leqslant w < w_p + 35$	$10 < \delta_0 \leqslant 25$	IV	强融沉	饱冰冻土
含土冰层	$w \geqslant w_p + 35$	$\delta_0 > 25$	V	融陷	含土冰层

注：1. 总含水率 w，包括冰和未冻水。
　　2. 盐渍化冻土、冻结泥炭化土、腐殖土、高塑黏性土不在表列。

平均融沉系数按式(6-8)计算：

$$\delta_0 = \frac{h_1 - h_2}{h_1} = \frac{e_1 - e_2}{1 + e_1} \times 100\%　\quad (6-8)$$

式中：h_1、e_1——冻土试样融化前的厚度和空隙比；

h_2、e_2——冻土试样融化后的厚度和空隙比。

2. 多年冻土地基设计原则

(1)保持冻结原则

保持基础底部多年冻土在施工和营运过程中处于冻结状态,适用于多年冻土较厚、地温较低和冻土比较稳定的地基或地基土为融沉、强融沉时。采用本设计原则应考虑技术的可行性和经济的合理性。

(2)容许融化原则

容许基底下的多年冻土在施工和使用过程中融化:①自然融化。宜用于冻土厚度不大、地温较高的不稳定状态冻土及地基土为不融沉或弱融沉冻土。②人工融化。砌筑基础前采用人工融化冻土或挖出换填,宜用于较薄的、不稳定状态的融沉、强融沉冻土地基。

基础类型的选择应与冻土地基设计原则协调。如采用保持冻结原则时,应首先考虑桩基,因桩基施工对冻结土暴露面小,有利于保持冻结。施工方法宜以钻孔灌注桩、挖孔灌注桩等为主,小桥涵基础埋置深度不大时可用扩大基础。采用容许融化原则时,地基土取用融化土的物理力学指标进行强度和沉降验算,上部结构形式以静定结构为宜,小桥涵可采用整体性较好的基础形式或采用箱形涵等。

根据我国多年冻土的特点,凡常年流水的较大河流沿岸,由于洪水的渗透和冲刷,多年冻土多退化呈不稳定状态,甚至没有,在这些地带,地基基础设计一般不宜保持冻结原则。

3. 多年冻土地区基础抗拔验算

(1)多年冻土地基墩、台和基础(含条基)抗冻拔稳定性按下列公式验算(图6-2):

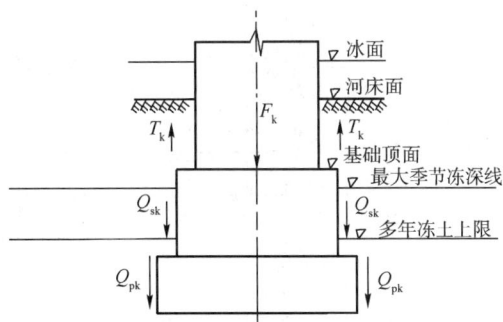

图6-2　多年冻土地基冻胀力图

$$F_k + G_k + Q_{sk} + Q_{pk} \geq kT_k \quad (6-9)$$

$$Q_{sk} = q_{sk} \cdot A_s \quad (6-10)$$

$$Q_{pk} = q_{pk} \cdot A_p \quad (6-11)$$

式中：Q_{sk}——基础周边融化层的摩阻力标准值(kN),当季节冻土层与多年冻土层衔接时,$Q_{sk}=0$;当季节冻土与多年冻土层不衔接时,按公式(6-10)计算;

A_s——融化层中基础的侧面面积(m^2);

q_{sk}——基础侧面与融化层的摩阻力标准值(kPa),无实测资料时,对黏性土可采用20~30kPa,对砂土及碎石土可采用30~40kPa;

Q_{pk}——基础周边与多年冻土的冻结力标准值(kN)，按公式(6-11)计算；

A_p——在多年冻土内的基础侧面面积(m^2)；

q_{pk}——多年冻土与基础侧面的冻结力标准值(kPa)，可按表6-10选用；

其余符号意义同式(6-5)~式(6-7)。

多年冻土与基础间的冻结力标准值 q_{pk}(kPa)

表6-10

土类及融沉等级	温度(℃)	-0.2	-0.5	-1.0	-1.5	-2.0	-2.5	-3.0
粉土、黏性土	Ⅲ	35	50	85	115	145	170	200
	Ⅱ	30	40	60	80	100	120	140
	Ⅰ、Ⅳ	20	30	40	60	70	85	100
	Ⅴ	15	20	30	40	50	55	65
砂土	Ⅲ	40	60	100	130	165	200	230
	Ⅱ	30	50	80	100	130	155	180
	Ⅰ、Ⅳ	25	35	50	70	85	100	115
	Ⅴ	10	20	30	35	40	50	60
砾石土(粒径小于0.074mm的颗粒含量小于或等于10%)	Ⅲ	40	55	80	100	130	155	180
	Ⅱ	30	40	60	80	100	120	135
	Ⅰ、Ⅳ	25	35	50	60	70	85	95
	Ⅴ	15	20	30	40	45	55	65
砾石土(粒径小于0.074mm的颗粒含量大于10%)	Ⅲ	35	55	85	115	150	170	200
	Ⅱ	30	40	70	90	115	140	160
	Ⅰ、Ⅳ	25	35	50	70	85	95	115
	Ⅴ	15	20	30	35	45	55	60

注：1. 多年冻土融沉等级见表6-9。

2. 对于预制混凝土、木质、金属的冻结力标准值，表列数值分别乘以1.0、0.9和0.66的系数。

3. 多年冻土与沉桩的冻结力标准值按融沉等级Ⅳ类取值。

(2)桩(柱)基础抗冻拔稳定性按下列公式验算：

$$F_k + G_k + Q_{fk} \geqslant kT_k \tag{6-12}$$

$$Q_{fk} = 0.4u\sum q_{ik} \cdot l_i \tag{6-13}$$

式中：F_k——作用在桩(柱)顶上的竖向结构自重力(kN)；

G_k——桩(柱)自重力(kN)，对于水位以下且桩(柱)底为透水土时取浮重度；

Q_{fk}——桩(柱)在冻结线以下各土层的摩阻力标准值之和，按公式(6-13)计算；

u——桩的周长(m)；

q_{ik}——冻结线以下各层土的摩阻力标准值(kPa)，见表3-3或表3-6；

l_i——冻结线以下各层土的厚度(m)；

T_k——每根桩(柱)的切向冻胀力标准值(kN)，按公式(6-13)计算；

u ——桩(柱)周长(m);

其余符号意义同式(6-5)~式(6-7)。

三、冻胀、融沉防止措施

1. 防冻胀措施

目前多从减少冻胀力和改善周围冻土的冻胀性来防治冻胀。

(1)基础四侧换土,采用较纯净的砂、砂砾石等粗颗粒土换填基础四周冻土,填土夯实。

(2)改善基础侧表面平滑度,基础必须浇筑密实,具有平滑表面。基础侧面在冻土范围内还可用工业凡士林、渣油等涂刷,以减小切向冻胀力。对桩基础也可用混凝土套管来减除切向冻胀力。

(3)选用抗冻胀性基础改变基础断面形状,利用冻胀反力的自锚作用增加基础抗冻拔的能力。

2. 防融沉措施

(1)换填基底土。对采用融化原则的基底土可换填碎、卵、砾石或粗砂等,换填深度可到季节融化深度或到受压层深度。

(2)选择好施工季节。采用冻结原则施工的基础宜在冬季施工,采用融化原则的基础宜在夏季施工。

(3)选择好基础形式。对融沉、强融沉土基宜用轻型墩台,适当增大基底面积,减小压应力,或结合具体情况,加深基础埋置深度。

(4)注意隔热措施。采取冻结原则施工中注意保护地表上覆盖植被,或以保温性能较好的材料铺盖地表,减少热渗入量。施工和养护中,保证建筑物周围排水通畅,防止地表水灌入基坑内。

如抗冻胀稳定性不够,可在季节融化层范围内,按前面介绍的防冻胀措施第(1)、(2)条处理。

第三节 地震区的地基与基础

我国地处环太平洋地震带和地中海南亚地震带之间,是个地震频发的国家。地震对人民的生命财产和社会主义建设造成巨大的损失。桥梁、道路结构物遭到地震破坏的相当多,其中有很多是由于地基和基础遭到震坏而使整个建筑物严重损坏的。因此要重视对地基与基础震害的研究,采取有效的措施减轻或避免地震的损害。

一、地基与基础的震害与防震措施

地震与基础的震害主要有地基土震动液化、地裂、震陷和边坡滑坍,因此而导致基础沉陷、位移、倾斜开裂等。

1. 地基土的液化

地震时地基土的液化是指地面以下一定深度内(一般指20m)的饱和粉细砂土、亚砂土层在地震过程中出现软化、稀释、失去承载能力而形成类似液体性状的现象。砂土液化是造成震害的重要原因之一。

饱和砂土地基在地震作用下，结构破坏，颗粒发生相对位移，有增密的趋势。而细砂、粉砂的透水性较小，导致孔隙水压力暂时显著增大，当孔隙水压力上升到等于土的竖向总应力时，有效应力下降为零，抗剪强度完全丧失，处于没有抵抗外力荷载能力的悬浮状态，发生砂土的液化。砂土在地震作用下是否发生液化，主要与土的性质、地震前土的应力状态、震动的特性有关。

（1）土的性质

地震时砂土的液化主要发生在松散的粉、细砂和亚砂土之中。均匀的砂土比级配良好的砂土易发生液化。另外，相对密度也是影响液化的主要因素。相对密度小于 0.65 的松散砂土，Ⅶ度烈度的地震即液化；相对密度大于 0.75 的砂土，即使Ⅷ度烈度的地震也不液化。试验研究表明，砂土颗粒的排列、土粒间的胶结物等对于矿土的液化也有影响。

（2）土的初始应力状态

试验表明，对于相同条件的土样，发生液化所需要的动应力将随着固结应力的增加而增大。地震时砂土的埋藏深度，就成了影响液化的因素。中国科学院工程力学研究所在《海城地震砂土液化考察报告》中指出：有效覆盖压力小于 0.5kPa 的地区砂土的液化严重；有效应力介于 0.5~1.0kPa 的地区，液化较轻；有效应力大于 1.0kPa 的地区，没有液化。调查资料还表明埋藏深度大于 20m 的地区，松砂发生液化的也很少。

（3）震动的特性

各种条件相同的砂土，地震时是否发生液化还决定于地震的强度和地震持续的时间。在松软地基、可液化土地基及严重不均匀的地基土上，不宜修筑大跨径的超静定结构物。建造其他类型的结构物也应根据具体情况采取下列措施：

①改善土的物理力学性质，提高地基抗震性能。对松软可液化土层位较浅、厚度不大的可采用挖除换土，用砂垫层等浅层处理，此法较适用于小型建筑物；否则应考虑采用砂桩、碎石桩、振冲碎石桩、深层搅拌桩等将地基加固，地基加固范围应适当扩大到基础之外。

②采用桩基础、沉井基础等各种形式的深基础，穿越松软或可液化土层，基础伸入稳定土层足够深度。

③减轻荷载、加大基础底面积。减轻结构物重力，加大基础底面积以减小地基压力，对松软地基抗震是有利的。增加基础及上部结构刚度也是防震的有效措施。

2. 地基与基础的震沉、边坡的滑塌以及地裂

软弱黏土地基与松散砂土地基在地震作用下，因结构物被扰动，强度降低，并产生附加震沉，且往往是不均匀的沉陷，所以使结构物遭到破坏。我国沿海地区及较大河流下游的软土地区，震沉往往也是主要的地基震害。地基土级配情况差、含水率高、空隙比大，震沉也大；在一般情况下，震沉随基础埋置深度的加大而减小；地震烈度愈高，震沉愈大；荷载愈大，震沉也愈大。

陡峻山区土坡，层理倾斜或有软弱夹层等不稳定边坡、岸坡等，在地震时由于附加水平应力的作用或土层强度的降低而发生滑动，会导致修筑其上或邻近的基础、结构物遭到破坏。

构造地震发生时，地面常出现与地下裂带走向一致的呈带状的地裂带。地裂带一般在土质松软的地区、河道、河堤岸边、陡坡、半填半挖处较易出现,它大小不一,有时长达几十公里,对工程建筑常造成破坏和损害。

在此类地段修筑大、中桥墩台时应适当增加桥长,注意桥跨布置等,将基础置于稳定土层上并避开河岸的滑动影响。小桥在墩台基础间设置支撑梁或用片、块石满床铺砌,以提高基础抗位移能力。挡墙也应将基础置于稳定基础上,并在计算中考虑失稳土体的侧压力。

二、基础工程抗震设计

1. 基础工程抗震设计的基本要求

地震后,交通运输是减轻震灾的重要条件,因此,公路工程的抗震是非常重要的。公路结构物的基础工程抗震设计与整个结构物的抗震要求一致,《公路工程抗震设计规范》(JTG B02—2013)中规定,公路工程构筑物抗震设防目标为:①高速公路、一级公路及二级公路的工程构筑物,在 E1(即重现期为 475 年的地震作用)地震作用时,位于抗震有利地段的,经一般整修即可正常使用;位于抗震不利地段的,经短期抢修可恢复使用;位于抗震危险地段的挡土墙、隧道等重要构筑物不发生严重破坏。②三级公路、四级公路工程构筑物,在 E1 地震作用时,位于抗震有利地段的,经短期抢修可恢复使用;位于抗震危险地段的挡土墙、隧道等重要构筑物不发生严重破坏。

2. 选择对抗震有利的场地和地基

我国公路抗震工程中将场地土分为四类。具体分类见表6-11。

场 地 土 分 类 表6-11

类 别	土 质 特 征
Ⅰ类场地土	岩石及紧密的碎石土
Ⅱ类场地土	中密、松散的碎石土,密实、中密的砾、粗中砂;$[\sigma_0] > 250$kPa 的黏性土
Ⅲ类场地土	松散的砾、粗、中砂,中密的细砂、粉砂;$[\sigma_0] \leqslant 250$kPa 的黏性土
Ⅳ类场地土	淤泥土,松散的细、粉砂;新近沉积的黏性土;$[\sigma_0] < 130$kPa 的填土

对于多层土,当建筑物位于Ⅰ类土时,即属于Ⅰ类场地土;位于Ⅱ、Ⅲ、Ⅳ类土上时,则按建筑物所在地表以下 20m 范围内的土层综合评定。

Ⅰ类场地土及开阔平坦、均匀的Ⅱ类场地土对抗震有利,应尽量利用;Ⅳ类场地土、软土、可液化土以及地基土层在平面分布上强弱不匀,非岩质的陡坡边缘等位置,一般震害较严重,河床下基岩向河槽倾斜较大,并被切割成槽状,地基下有暗河、溶洞等地段以及前述抗震危险地段都应注意避开。选择有利的工程地质条件,有利抗震地段布置建筑物可以减轻甚至避免地基、基础的震害,也能使地震反应减少,是提高建筑物抗震效果的重要措施。

3. 地基基础抗震强度和稳定性验算

(1)用反应谱理论计算桥墩基础地震作用

反应谱理论是以大量的强震水平加速度记录为基础,经过动力计算和数理统计分析,按照建筑物作为单质点振动体系,在一定的阻尼比条件下,其自振周期与它发生的平均最大水平加速度反应的函数的关系,用曲线表示的图谱——加速度反应谱,以此作为建筑物地震反应计算荷载的依据。

（2）桥台、挡墙基础地震作用的计算

静力理论认为，结构物为刚性地震时不变形，各部分受到的地震水平加速度与地面相同，也不考虑不同场地土对地震反应的影响。

（3）墩、台、挡墙基础抗震强度及稳定性验算

地震作用是一种偶然性作用，出现几率很小，验算时，要求的安全储备比无地震时小。《公路工程抗震规范》（JTG B02—2013）规定：

①地基土、基桩的抗震容许承载力

地基土的抗震容许承载力，可按经基础宽度、埋深修正后的基底容许承载力，根据地基土的强弱和抗震性能提高10%～50%，Ⅳ类场地的地基土一般不提高。

柱桩的轴向抗震容许承载力一般提高50%，摩擦桩的轴向抗震容许承载力可参考地基土的类别、性能提高10%～50%，或不予提高。

②结构物基底合力偏心距及抗震稳定性

结构物基底合力偏心距 e 可根据地基土的类别、性能提高，对Ⅰ类场地土的地基可提高到 $e \leqslant 2.0\rho$，Ⅱ、Ⅲ类场地土可提高为 $e \leqslant (1.2\rho \sim 1.5\rho)$，Ⅳ类的不予提高，$e \leqslant \rho$。

③可液化地基的强度和稳定

当地基内有液化土层时，液化土层以上地基容许承载力不应修正和提高。液化土层不宜直接作为结构物地基，当难以避免时，应采取有针对性的抗震措施。

④基础本身的结构抗震强度和稳定性验算

基础的结构抗震强度和稳定性验算方法与现行公路桥涵结构设计规范一致，都采取分项系数表达的极限状态法，但其中对荷载安全系数（长期荷载和非长期荷载）予以降低，荷载组合系数也采用了较低的数值。

地震区结构物地基基础的设计应同时保证各种荷载组合作用下（有或无地震作用）验算的强度和稳定要求。

思考与练习

6-1　什么是湿陷性黄土？试述湿陷性黄土的工程特征。

6-2　如何根据湿陷性系数判定黄土的湿陷性？

6-3　如何划分湿陷性黄土地基的等级？

6-4　怎样防止湿陷性黄土地基产生湿陷？有哪些地基处理方法？

6-5　什么是多年冻土、季节性冻土地基？

6-6　工程上如何处理多年冻土地基和季节性冻土地基？

6-7　在多年冻土地区，如何防止融沉和冻胀？

6-8　地基和基础的震害有哪些？一般有哪些防震措施？

6-9　公路抗震工程中是如何划分场地土的？

参 考 文 献

[1] 中华人民共和国行业标准. JTG D63—2007 公路桥涵地基与基础设计规范[S]. 北京: 人民交通出版社, 2007.

[2] 中华人民共和国行业标准. JTG B01—2014 公路工程技术标准[S]. 北京: 人民交通出版社, 2014.

[3] 中华人民共和国行业标准. JTG D60—2004 公路桥涵设计通用规范[S]. 北京: 人民交通出版社, 2004.

[4] 中华人民共和国行业标准. JTG D62—2012 公路钢筋混凝土及预应力混凝土桥涵设计规范[S]. 北京: 人民交通出版社, 2004.

[5] 中华人民共和国行业标准. JTG D61—2005 公路圬工桥涵设计规范[S]. 北京: 人民交通出版社, 2005.

[6] 中华人民共和国行业标准. JTG/T F50—2011 公路桥涵施工技术规范[S]. 北京: 人民交通出版社, 2011.

[7] 中华人民共和国国家标准. GB 50007—2002 建筑地基基础设计规范[S]. 北京: 中国标准出版社, 2002.

[8] 赵明华. 桥梁桩基计算与检测[M]. 北京: 人民交通出版社, 2000.

[9] 赵明华. 桥梁地基与基础计算示例[M]. 北京: 人民交通出版社, 2004.

[10] 冯忠居. 基础工程[M]. 北京: 人民交通出版社, 2001.

[11] 凌治平, 易经武. 基础工程[M]. 北京: 人民交通出版社, 1997.

[12] 周景星, 等. 基础工程[M]. 北京: 清华大学出版社, 1996.

[13] 陈希哲. 土力学地基基础[M]. 3版. 北京: 清华大学出版社, 1998.

[14] 雍景荣, 等. 土力学与基础工程[M]. 成都: 成都科技大学出版社, 1995.

[15] 付润生. 基础工程[M]. 成都: 西南交通大学出版社, 2006.

[16] 刘吉士. 公路桥涵施工技术规范实施手册[M]. 北京: 人民交通出版社, 2001.

[17] 中华人民共和国行业标准. JTG C30—2001 公路工程水文勘测设计规范[S]. 北京: 人民交通出版社, 2001.

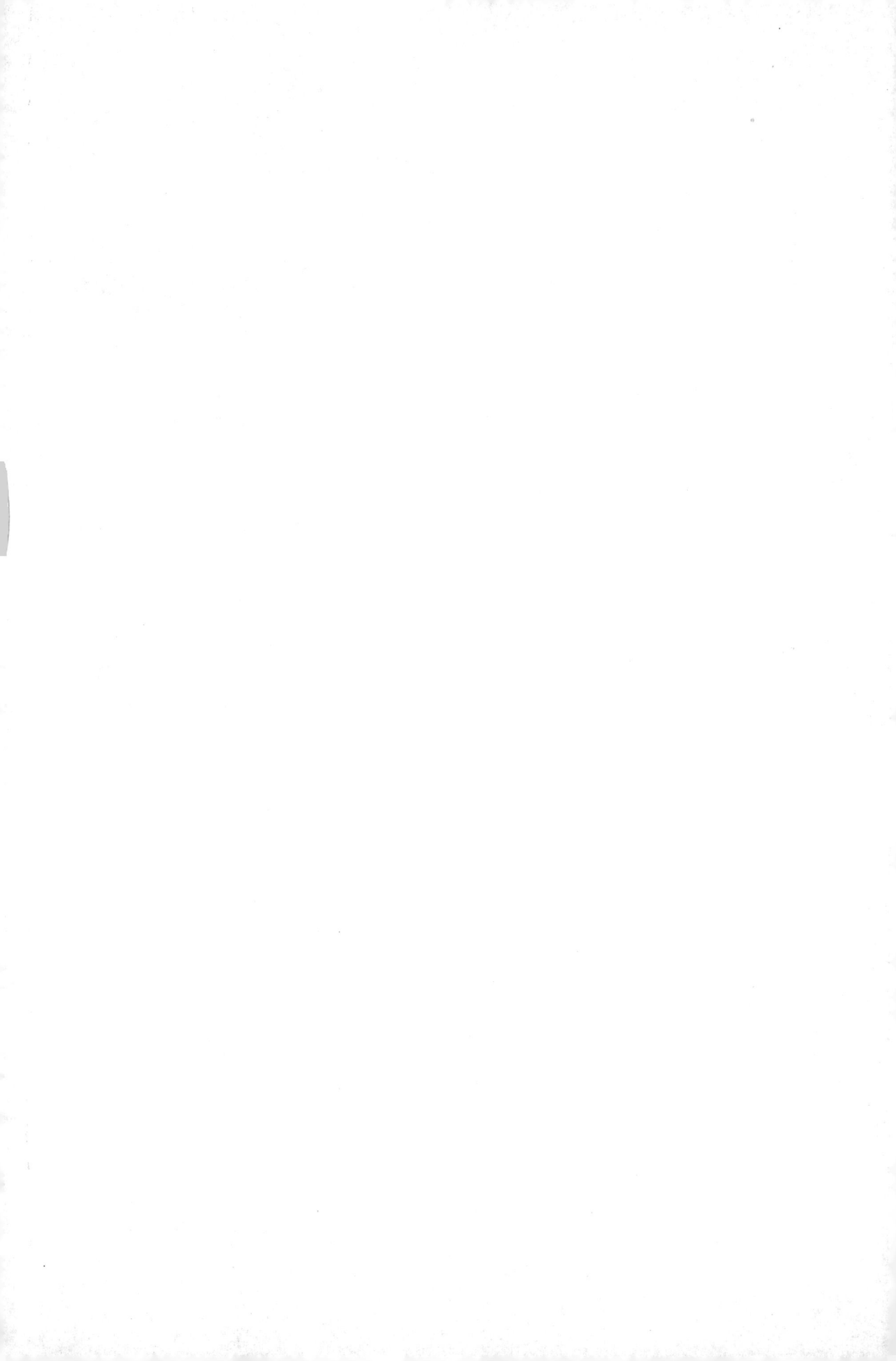